아이 마음 읽어주는 좋은 엄마 되기 솔루션

화 안 내고

아이 키우기

소재은(스윗제니) 지음

일월담

주부가 제일 하기 싫은 것 vs. 엄마가 제일 하기 싫은 것

~~~~~~~~~~~~~~~~~~~~

주부가 되고 또 엄마가 된 후 내 안에 피어오르는 가장 아이러니한 감정 두 가지가 있다.

> ① 주부로서 가장 하기 싫은 것 = 밥하는 것
> ② 엄마로서 가장 하기 싫은 것 = 애 보는 것

바로 이 두 가지 감정상태 때문에 나는 늘 화가 나곤 했다. 마치 직장인이 회사 가기 싫다는 말을 달고 사는 것과 같이, 주부로서 밥하기가 너무 싫고 엄마로서 애 보기가 너무 싫은 날이 8할은 넘었던 것 같다. 그런데 직장인들은 회사 가기 싫다는 말을 해도 모두가 이해하고 공감해주는 반면, 웬일인지 주부가 밥하기 싫다, 엄마가 애 보기 싫다고 하면 알게 모르게 곱지 않은 시선을 받아야 하는 것이 현실이다.

"주부가 밥도 하기 싫으면 도대체 뭘 할 건데?"

4

"애 엄마가 애 보기 싫으면 그게 엄마야?"

직장인들이 회사 가기 싫다고 얘기하면 일단 모두 공감해준다. '직장인이 회사 가기 싫으면 월급은 거저 받냐?'라는 비난의 말은 그 누구도 쉽게 하지 않는다. 반면, 주부로서, 애 엄마로서 자기 역할에 충실하지 않은 모습을 보이면 언제나 '도덕성'과 결부된 외적 비난을 받음과 동시에 주부 스스로도 내적 자기검열의 잣대를 작동시키기 때문에 죄책감에 시달린다.

간혹 요리하는 것을 좋아하는 주부도 있다고 반문하는 분들이 계실지 모르나, 요리와 밥은 엄연히 다른 분야다. '요리'란 좋아서 하는 창의적인 활동이지만 '밥하는 것'은 하루 세 번 반복적이고 소모적인 활동이다. 그럼 하루 세 번 '요리'를 하면 되지 않느냐고 다시 반문할지 모르지만, 내 지인인 쉐프 출신 유명 육아 에디터 박쿤님 역시 하루 세 번 요리 같은 집밥을 하는 것은 요리사라도 어렵다고 했다.

메뉴 구상, 재료 수급과 다듬기, 요리, 설거지 및 뒷정리에 들어가는 품이 결코 녹록치 않을 뿐만 아니라, 결정적으로 보상이 없다. '먹고 땡! 설거지!, 먹고 땡! 설거지!'가 무한 반복되는 다람쥐 쳇바퀴 같은 일상의 한 부분일 뿐이다.

그래서인지 주부로서 나는 정말 밥하기가 싫다. 밥할 때만 되면 짜증이 나고 화가 날 뿐만 아니라, 누가 밥을 사준다고 하면, 특히 누가 밥을 해준다고 하면 그렇게나 고맙고 기분이 좋을 수가 없다. 내 말에 반대하는 대한민국 주부 있으면 손들어 보시라! 오죽하면 이 세상에서 가장 맛있는 밥은 '남이 해준 밥'이라는 유행어가 있겠나.

하지만 그럼에도 불구하고 꾹꾹 참고 나는 매일 같이 밥을 한다. 가끔은 요리를 하는 날도 있다. 그런 날은 즐겁고 엔돌핀이 샘솟는다. 사진을 찍어 인스타에 자랑질도 한다. 하지만 매일 그럴 수는 없는 노릇이다. 매일 짜증을 꾹꾹 눌러 참으니 화가 쌓이는 것은 당연지사. 내가 차곡차곡 모아 놓은 화는 결국 어디로 흐르겠나? 바로 내 아이다.

한편, 애 보는 것은 또 어떤가? 엄마 생활 7년차인 지금, 처음 신생아를 돌보던 때만큼 힘들지 않은 것은 분명하지만 가끔은 지치고 귀찮은 날이 어김없이 찾아온다. '화안키(화 안 내고 아이 키우기)' 3년차이자 일곱 살안 우리 아들 준이는 '눈으로만 봐도 되는' 아이다. 하지만 정말 아이를 눈으로만 보고 있으면 숙제나 학습지를 스스로 알아서 할 리 만무하다. 한글을 깨치긴 했지만 내가 읽어주는 책을 좋아하기 때문에 밤마다 책도 읽어줘야 한다. 재우기 전 1시간은 꼼짝없이 내 성대를 혹사시켜야 하는 날들의 연속이다.

한편, 아이가 어릴 때는 의무감으로 애를 봤다면 아이가 커갈수록 책임감이 커진다. 어쩔 수 없이 해왔던 일들이 점점 줄어드는 대신, 엄마로서 더 잘해줘야 될 것 같다 싶은 일들이 더 늘어만 간다.

'내가 빚어놓은 대로 아이가 자랄 것이라는 생각'이 엄마로서의 책임감을 더욱 가중시킨다. 아이가 자란 모습이 아무래도 나의 노력의 결과물, 나의 책임의 산물일 것만 같은 기분이 들어, 때로는 열심히 하려는 동기부여가 되기도 하지만, 때로는 지독하게도 벗어나고 싶은 족쇄로 느껴지기도 한다.

심리학자 황상민 박사는 '황심소(황상민의 심리 상담소)'라는 인터넷 방송에서 자식과 부모의 관계를 '외나무다리 위의 원수'라고 규정하면서, 피할 수 없는 곳에서 만난 원수이니 싸워서 이기든가 잘 타일러서 내 편으로 만들든가 양자택일을 해야 한다고 했다. 허나 싸워서 이기려고 하면 외나무다리에서 같이 굴러떨어질 수밖에 없으니 잘 타일러서 내 편으로 만드는 수밖에는 없단다.

내 경우 7년 만에 아이를 내 편으로 만들기는 잘 만들었는데, 그 내 편이 외나무다리 위에서 내 등에 업혀 있으려고까지 한다. 업혀 있는 아이를 잘 내려놓고, 앞서거니 뒤서거니 하며 함께 걸어갈 수 있는 사이가 되려면 우선 내 감정조절과 화 조절이 관건이다. 원수를 외나무다리에서 업고 가야 하는데, 화가 나지 않을 사람이 어디 있겠나. 얌전히 업혀만 있어줘도 감사한 것이 바로 아이 키우기다.

이 책에서는 아이에게 늘 버럭버럭 화를 내고 그 결과 내 아이를 신경질쟁이로 키워왔던 나의 과거와, 아동심리 관련 자격증을 딴 후 아이에 대한 양육 태도를 180도 변화시켜 '화안키'를 한 후 달라진 아이의 모습, 그리고 엄마의 평정심 유지 방법에 대해 최대한 자세히 적었다. 전문가의 육아서에서는 상황별, 아이별 팁이 주를 이루겠지만 나는 엄마라는 주체와 자아, 그리고 심리의 변화에 대해 한 호흡으로 써내려갔다. 어떤 엄마라도, 어떤 아이라도 달라질 수 있다는 믿음 하에 팁이 아닌 근본을 변화시키겠다는 마음으로 책을 읽어주시면 감사하겠다.

화안키의 탄생

아이가 36개월이 되어갈 무렵이었다. 서울에 있는 한 친구네 집에 놀러 가게 되었다. 친구는 뒤늦은 나이에 간호조무사 자격증에 도전하여 1년간 교육 및 연수를 받고 있는 상황이었다. 친구와 이런저런 얘기를 하던 중 '병원 코디네이터 자격증'에 대한 이야기가 나왔다. 간호조무사 자격증 과정을 공부하면서 알게 된 자격증인데, 운전면허 시험만큼 쉽다며 나에게도 한번 도전해보라는 것이었다. 내게는 너무나 생소한 분야라 자신이 없었지만 너무나 쉽다는 친구의 설득에 예상 문제집을 받아들고 집에 돌아오게 되었다.

그리고 집에 와서 자격증 정보에 대한 검색을 해보기 시작했고, 이내 인터넷 자격증 전문 사이트를 통해 병원 코디네이터 자격증 외에도 엄청나게 다양한 자격시험이 있다는 것을 알게 되었다. 그중에는 아동심리상담 관련 자격증도 여러 종류 포함되어 있었다. 당시의 나는 아이를 잘 키우는 일에 그다지 크게 열성적이지 않았음에도 아동심리상담사 자격증 과정에 큰 관심이 갔다. 지금 돌이켜보면 운명이었던 것 같다. 그때부터였다. 아들을 키우는 태도와 관점을 180도 변화시킨 시점이.

매일매일 아동심리학 강의를 들으면서 반성, 또 반성, 자책하고 책망할 수밖에 없었다. 육아에 정답은 없다지만 정공법이란 게 있다면 나는 정확히 그 반대로 하던 엄마였기 때문이다. 특히 인생에서 가장 중요하다는 만 36개월까지의 양육을 건성건성 되는대로 해왔던 나였기에, 더구나 하필이면 그 시점이 바로 준이가 36개월이 다 되어가는 시기였기에, 시간을 거꾸로 되돌리고 싶은 마음이 정말 간절했다.

아동심리상담사 과정을 준비하면서 나는 이루 말할 수 없는 자괴감을 느꼈고, 동시에 아이에게 너무나도 미안했다. 내 일을 한답시고 아이는 언제나 뒷전이고, 방치당하기 일쑤였다. 하지만 너무 늦었다고 손 놓고 있을 수는 없었다. 지금부터라도 변해야겠다는 생각에 정신이 번쩍 들었다.

나는 좀 더 다양하고 전문적인 공부를 하고 싶어서 자격증 공부를 여러 개로 늘렸다. 짧은 기간 안에 해야 할 공부의 양이 너무나도 많았지만 각각의 자격증마다 조금씩 내용이 겹치는 부분도 있고, 무엇보다 간절함 덕분이었는지 나의 몰입도와 집중력이 최상이었기 때문에 신들린 듯 공부할 수 있었다.

친구 집에 놀러 갔다가 우연히 알게 된 하나의 정보가 뿌리를 내리고 가지를 뻗어 다음과 같은 결과물을 만들어 냈다.

① 아동심리상담사　　② 영재창의지도사

③ 놀이심리상담사　　④ 미술심리상담사

⑤ 자기주도학습지도사　⑥ 방과후학습지도사

⑦ 인성지도사　　　　⑧ 스토리텔링수학지도사

이렇게 아이와 관련된 자격증을 8개나 취득하기에 이르렀고, 여기에 분노조절상담사, 병원 코디네이터 자격증을 더하여 총 10개의 자격증을 보유하게 되었다. 그리고 자격증이 숫자에 불과한 것에 그칠까 봐 나 자신을 근본적으로 변화시킬 활동을 시작했다.

바로 '화 안 내고 아이 키우기', 일명 '화안키'를 시작한 것이다. '화안키'는 내가 고안해 낸 애착육아의 한 가지 방법인데, 실제로 아이를 키워본 분들이라면 누구나 공감하겠지만 거의 불가능에 가까운 육아법이다. 아이에게 화를 내지 않는다니, 말이 될까?

하지만 아이를 36개월 이전으로 되돌리고 싶었지만 그렇게 할 수 없었던 내 앞에 놓인 선택지는 '화안키' 외엔 없었다.

조금만 삐끗하면 아이에게 불같이 화를 내고 야단치고 혼내던 나, 아이를 봐줄 사람만 나타나면 물건 맡기듯 떠맡기고 뛰쳐나갔던 나, 아이에게서 벗어날 자유로운 시간을 찾아 헤맸던 나, 아이가 나를 찾아오면 '조금만 기다리라'며 하염없이 아이를 기다리게 하던 나였다.

아이 인생에서 가장 중요한 36개월 동안 저질렀던 실수를 되돌리기 위해선, 아니 만회하기 위해선, 뭔가 근본적이고 획기적인 새로운 양육 방식이 필요했다. 그래서 고안해낸 것이 '화안키'다.

화안키는 단순히 아이에게 화를 내지 않고 참는 것만 말하는 것이 아니다. 아이에게 화를 내지 않으려면 근본적으로 아이를 바라보는 시각을 바꾸어야 한다. 아이의 입장에서 공감하고 이해하며 감싸주는 마음가짐을 가지고, 아이를 이끌어줄 수 있는 대화법을 장착해야 한다. 그리고 내 안에 차오르는 분노의 정체에 대해 정확히 파악하고 이를 적절히 해소할 줄도 알아야 한다.

10개의 자격증 취득을 위해 공부한 이론적 지식을 바탕으로, 나는 내가 처한 현실을 획기적으로 개선시킬 수 있는 실전 육아법을 찾고자 했고 그래서 나온 것이 화안키였던 것이다.

화안키를 시작하고 정말로 모든 것이 근본적으로 변했다. 나와 아이 둘 다 말이다. 우선 아이를 대하는 나의 관점과 태도, 행동이 크게 변했다. 모든 것을 아이 입장에서 먼저 생각하고 공감하니 아이를 파악할 수 있어서 차츰 아이에게 화가 나지 않게 되었다. 그렇게 아이에 대한 파악이 끝나자 내게 남은 것은 상황에 맞게 아이가 원하는 바를 주도적으로 펼칠 수 있게 보조역할을 해주는 아주 쉬운 일 뿐이었다. 엄마가 바뀌니 아이도 따라 바뀌었다. 아이의 주도성이 되살아나고 엄마로부터 억압당하지 않으니 아이가 매일매일 새롭게 달라졌다.

아이가 잘못하는 일이 있을 때는 "준아, 너는 아직 어리고 엄마는 어른이지? 준이가 잘못하거나 모르는 것이 있을 때는 엄마가 알려줄 수도 있어. 그러면 준이는 엄마가 알려주는 대로 잘 따라야겠지?" 하고 설득하는 어조로 대했다. 그 전이라면 상상도 하기 어려운 태도였다. 이렇게 아이에게 '지금 네 행동이 어떻게 잘못된 것이고, 엄마는 이걸 어떻게 수정해줄 것이다'라는 태도로 일관하니 아이가 더 떼를 부리고 싶어도 곧 좌절했다. 더 떼를 쓰고 싶은데 구실이 없어져 어쩔 수 없이 질질 이끌려 오는 아이의 모습을 보며 속으로 피식피식 웃는 날도 제법 있었다.

내가 그전에 착각했던 것 중의 하나가, 어릴 때부터 아이 버릇을 잘 잡아야 한다는 생각으로 갓난쟁이 때부터 아이의 사소한 실수를 나무라고 야단치고, 무리한 요구를 할 때 절대 들어주지 않은 것이다. 어른들은 그런 나의 모습을 보면서 '애 성질 버린다. 해달라는 대로 해줘라' 하고 말씀하셨다. 그때는 전혀 이해되지 않았는데, 화안키를 시작하고 나니 어른들의 말씀이 다 맞았다는 것을 깨달았다. 하고 싶은 걸 다 하는 떼쟁이를 만들라는 것이 아니라 해달라는 대로 해주되 노련하게 아이를 다루면서 해줘야 한다는 뜻이었는데 그걸 몰랐던 것이다.

아이가 말귀를 알아듣지 못하는 시절에는 훈육이 아무 소용없다. 아이의 감정만 상하고 아이는 거부당하는 경험만 축적할 뿐이다. 아이가 말귀를 알아듣지 못하는 18개월까지는 될 수 있으면 원하는 대로 다 들어주되 규칙에 대해서 끊임없이 이야기해 주는 것으로 아이의 습관을 잡아주면 충분하다.

가상의 상황설정을 통해 규칙에 대해 연습할 수 있는 경험을 하도록 해주는 것도 좋다. 또는 아이 연령에 맞는 인성동화를 읽어주면서 상황별로 아이가 지켜야 할 규칙과 규범에 대해 이야기해 주는 것도 좋은 방법이 될 수 있다.

많은 엄마들이 육아서를 이것저것 읽어보고, 또 주위 사람들에게 여러 조언을 구한다. 모두 아이를 잘 키워보기 위한 엄마들의 값진 노력들이다. 나는 과감하게 자격증 과정에 도전해보는 것도 추천하고 싶다.

육아서나 블로그, 포스트 등에서 쉽게 접할 수 있는 글들은 기본적인 이론을 가공하거나 각색하고 자신의 의견을 덧붙여놓은 것이 대부분이다. 그리고 경우에 따라서는 그런 이론이나 조언을 그대로 적용해볼 필요도 있을 것이다. 하지만 그런 이론들을 바탕으로 저마다의 상황과 여건에 맞는 나만의 육아법을 만들어보는 것은 어떨까. 나는 이것이 요즘 같은 육아 정보의 홍수 시대에 '이렇게 해봐라, 저렇게 해봐라' 하는 말에 이리저리 휘둘리지 않을 수 있는 좋은 방법이 될 것이라고 생각한다. 그러기 위해서는 공부가 필요하고, 자격증에 도전해보는 것이 하나의 구체적인 길이 될 수 있다.

내가 고안한 화안키는 어쩌면 나와 준이가 처한 상황에서만 가장 잘 맞는 육아법일 수도 있다. 다만 내가 너무나 효과를 많이 본 육아법이기에 아이 때문에 힘들어하는 다른 분들에게도 추천하고 싶어서 이렇게 책으로까지 내게 된 것이다. 모쪼록 이 책이 육아로 고민하는 대한민국의 초보 엄마들과 아이들 모두에게 행복을 선물할 수 있기를 진심으로 기대한다.

2018년 9월
지은이로부터

2장 · 화안키 준비하기

3장 → 화안키 시작하기

4장 → 나도 화안키 할 수 있을까?

1장

엄마와 아이의
동상이몽

모든 엄마들은 자기 아이를 사랑한다. 고슴도치도 제 새끼는 예쁜 게 자연의 섭리다. 그런데 예전의 나를 비롯한 대부분의 엄마들은 하루가 멀다 하고 아이에게 화를 낸다. 그리고는 이내 후회한다. 분노의 표출이 아이에게 좋은 영향을 주지 않으리란 걸 직감적으로 알기 때문에 후회하는 것이다. 하지만 이튿날이면 또 화를 내고 후회하기를 반복한다. 어디가 잘못된 것일까? 우리는 왜 세상에서 가장 사랑하는 우리 자신의 분신에게 화를 내고 후회하기를 반복하는 것일까? 화의 원인을 파악하여 화안키를 위한 첫 스텝을 떼어보자.

01

아이에게
자꾸 화가 나는 이유

부부 사이, 친구 사이, 부모 자식 사이……, 우리는 무수한 인간관계 속에서 상처를 받는다. 원래 심리학에서는 '상처'는 '관계'에서 온다고 규정한다. 오죽하면 '관계심리학'이라는 장르가 있을 정도겠나.

그런데 사람들로부터 받는 상처는 그저 단순한 상처로 끝나는 경우도 있지만, 상처가 분노로 둔갑하는 경우도 적지 않다. 상대방이 나보다 힘이 셀 때는 상처가 상처로 끝나지만, 상대방이 나와 비등비등하다거나 나보다 약하다는 생각이 들 때는 분노로 돌변하기도 하는 것이다.

분노의 6가지 법칙

① 분노는 참으면 3배로 커진다.

② 분노는 전 생애 기간 표출된다.

③ 분노는 약한 곳으로 표출된다.

④ 분노는 긍정적 또는 부정적 에너지원이다.

⑤ 분노는 1차 감정을 차단한다.

⑥ 분노는 자기의 권리 주장이다.

우리가 아이에게 화가 나는 첫 번째 이유는 아이가 나보다 약하기 때문이다. 부정하고 싶겠지만, 이게 사실이다. 친구에게라면 화가 나지 않을 일도, 아이에게는 쉽게 화가 난다.

가령 길을 가다가 친구가 편의점에 잠깐 들르자고 하면 3~4분 정도 내 시간이 날아가지만 기꺼이 함께 들어가 줄 수 있다. 별로 화날 일이 아니다. 그런데 아이와 길을 걸어가다가 아이가 편의점에 들르자고 하면 1초 만에 화가 올라온다. 내 갈 길이 가로막혀서 1차적으로 화가 나고, 쓸데없는 소비가 예상되기 때문에 2차적으로 화가 난다. 그런데 다시 한번 곰곰이 생각해 보자. 아이가 고르는 군것질거리는 기껏해야 천원 언저리이다. 나에게 편의점을 털어달라고 하는 것도 아닌데, 소박하고 순진한 아이를 대상으로 화를 낸 나 자신이 초라하고 속 좁게 느껴지는 것은 한순간일 것이다.

친구가 옷을 사는 데에는 기꺼이 따라가 주면서, 아이가 이 가게 저 가게 기웃거리는 것은 참기 힘들다. 후배가 고민거리가 있다며 나를 불러내면 술을 사면서까지 기꺼이 내 시간을 내어주면서, 스마트폰에 빠져있는 나를 아이가 불러대면 순간 짜증이 올라오는 경우도 있다. 상사가 내 말을 이해하지 못하면 알아들을 때까지 차근차근 설명하면서, 아이가 내 말을 잘 듣지 않으면 버럭 소리를 지르고 만다.

이 모든 짜증은 아이가 나보다 '약한' 존재이기 때문에 발생하는 것이다.

그렇다면 아이는 내 명령대로 무조건 따라야 하는 존재일까? 아이도 내 명령을 거부할 권리가 있고, 자기 스스로 행동을 결정할 자율의지가 있다. 그런데도 우리는 아이의 자연권을 잘 인정하지 않는다. 다시 말해 우리는 은연중에 아이를 우리와 동등한 인격체로 생각하지 않는 경우가 많고, 그래서 자주 화를 내는 것이라는 얘기다.

한편 '분노의 6가지 법칙' ①번에서 알 수 있듯이 분노를 참으면 내 마음 전체를 삼켜버릴 만큼 커져 버린다. 분노가 커지기 전에 적절히 표출하거나 해소해주는 것이 반드시 필요하다는 얘기다.

> 스트레스는 해소해야 하고
> 분노는 표출해야 하고
> 결핍은 충족되어야 한다.

어떤 스트레스 때문에 분노가 쌓였고, 그것을 애꿎은 아이에게 풀고 있는 것은 아닌지 내 상황을 찬찬히 점검해볼 필요가 있다. 스트레스가 쌓였다면 적절히 해소해야 하고, 분노를 품게 되었다면 표출해야 한다. 하지만 연약한 아이를 상대로 폭발시키기보다 적절하고 현명한 방법을 찾는 편이 더 좋을 것이다.

분노를 적절히, 건강하게 해소하는 방법 중에 가장 손쉽고 좋은 것으로 남자의 경우에는 땀을 흘리는 운동, 여자의 경우에는 입으로 푸는 수다가 있다. 심리학 전문가들이 추천하는 방법이니 믿어도 좋다. 여자의 정신건강을 유지하는 데에는 수다가 정말 큰 부분을 차지한다고 한다.

수다에 스트레스 해소 효과가 있다는 전문 강의를 들은 뒤부터 나는 실제로 그 효과를 톡톡히 체감하고 있다. 여자는 인생에 다섯 명의 친구만 있어도 평생 건강하게 살 수 있다고 한다. 친구 다섯 명에게 지속적으로 수다를 떨면 좀 오버해서 만병의 근원인 스트레스와 각종 성인병도 예방할 수 있다고 한다. 나 역시 나와 비슷한 상황에 처해 있는 사람 다섯 명에게 수다로 스트레스를 풀고 나면 분노가 속 시원히 해소되는 것을 느낄 수 있다. 스트레스를 풀지 못하면 멘탈 관리도 잘 되지 않을 뿐만 아니라 여기저기 아프고 병이 날 수도 있다고 하니, 평소에 남편이나 시댁 얘기, 아이 얘기를 거리낌 없이 나눌 수 있는 친구 다섯 명은 꼭 만들어두자.

아이에게 화가 난다면 아이에게 버럭 소리 지르기에 앞서 잠깐 멈추고 생각해 보자. 이 아이가 나보다 약한 존재이기 때문에 화가 나는 것은 아닌지, 아이가 무조건 내 명령을 따르는 존재라고 생각했던 것은 아닌지 말이다.

02

부모, 무한권력자의 쾌감
그리고 무한무력감

　　　　　　　　　　　　　부모는 아이의 생명권을 손에 쥐고 있다.
아이는 부모 없이는 단 하루도 혼자 살 수 없다. 아니, 단 한 순간도
살 수 없다. 그래서일까? 나는 때때로 무한권력자로서의 쾌감을 느끼
는 경우가 꽤 있다.

　아이는 나 없이 혼자서는 살 수 없으니 가끔은 내가 신이 된 기분
을 느낀다. 아이가 좋아하는 것들을 해주며 아이 얼굴에 미소를 가득
띄울 수도 있고, 아이를 놀리거나 곤경에 빠뜨려서 울릴 수도 있고,
마음만 먹으면 괴롭힐 수도 있다. 무섭게 꾸짖어서 아이를 겁에 질리
게 하거나, 하염없이 울릴 수도 있다. 이 모든 것이 내 마음먹은 대로
쉽게 이루어진다. (오해하지 마시길. 아무리 말을 안 듣고 속을 썩여도 절대
아이를 괴롭히진 않는다. 이 부분을 읽고 나를 아동학대자로 신고하지 않길 바
란다.)

그런데 무한권력감의 쾌감은 한순간이다. 순간순간은 온전히 아이를 통제할 수 있지만, 장기적으로 내가 원하는 아이의 모습으로 길러내고 빚어내는 것은 차라리 내가 다시 태어나는 것보다 어렵다. 그렇기에 부모는 언제나 무한무력감을 느낀다.

이 세상에서 내 아이만큼 내 의지대로 좌우할 수 있으면서도, 내 의지의 '1만큼'도 뜻대로 자라게 하지 못하는 존재도 없다. 식물은 물과 빛과 양분을 듬뿍 주면 잘 기를 수 있지만 자식은 물과 빛과 양분을 듬뿍 줘도 내가 원하는 대로 키워내기가 어렵다.

그래서일까? 많은 부모들이 내 의지대로 움직여주지 않는 아이를 순간순간이라도 통제해보려는 지푸라기 같은 무한권력감으로 무한무력감을 잠시 덮어보려고 하는 것 같다.

> 지금 당장은 유투브를 못 보게 할 수 있다.
> → 하지만 스스로 유투브를 보지 않는 아이로 자라게 하기는 어렵다.
> 지금 당장은 밥숟가락에 시금치를 얹어서 먹일 수 있다.
> → 하지만 스스로 편식하지 않는 아이로 자라게 하기는 어렵다.
> 지금 당장은 내 눈 앞에서 학습지 몇 장을 풀게 할 수 있다.
> → 하지만 스스로 자기주도학습을 잘하는 아이로 자라게 하기는 어렵다.
> 지금 당장은 아이를 억지로 재울 수 있다.
> → 하지만 스스로 일찍 자는 습관을 가진 아이로 자라게 하기는 어렵

아이가 신생아일 때는 무한무력감이 100에 달한다. 그래서 일상적

인 분노 수치도 덩달아 100이다. 신랑한테 평생 낼 짜증을 다 내는 시기도 바로 이 시기다. 점점 자라면서 아이가 말귀를 알아듣고, 내 비위를 맞추기 시작하면 아이를 통제할 수 있는 권력감에 잠시 도취된다. 그러다가 아이의 교육과 훈육, 아이의 개성이란 문제와 부딪히면서 다시 무력감이 점점 자라난다. 부모의 인생이란 바로 그런 것이다. 뭔가 조금만 노력하면, 조금만 더 손을 뻗으면 내가 원하는 것을 가질 수 있을 것 같은 희망이 사방도처에 널려 있는 듯하지만 결코 손에 쥘 수는 없다. 아이를 내 마음대로 통제할 수 있다는 희망은 신기루라고 믿어도 좋다.

내 아이가 자라 사춘기가 되었다고 생각해 보자. 그리고 이 책을 읽는 여러분들의 사춘기 시절을 잠시 되돌아보자. 부모 자식 관계가 아주 특별했던 경우를 제외하고는 부모가 우리에게 끼칠 수 있는 영향력은 거의 없었던 것처럼, 우리가 사춘기의 우리 아이들에게 끼칠 수 있는 영향력이란 것도 매우 제한적일 것이 분명하다.

아이가 성인이 된 후에는 어떨까? 성인이 된 우리가 지금 우리 부모로부터 얼마나 영향을 받고 있는지 생각해 보라. 물려줄 유산이 많은 집들 몇몇을 제외하고는 독립적으로 단절되어 살아가는 경우가 대다수일 것이다. 우리는 이미 끝난 존재다. 통제는 전혀 먹힐 수가 없고, 설득과 대화 말고는 부모가 우리에게 행사할 수 있는 권력이 전혀 없다. 결국 무한권력감은 '다' 내려놓아야만 하는 수순을 밟게 된다는 뜻이다. 이 사실을 우리는 지금부터 알고 가야 한다. 그래야 쓸

데없는 희망을 품지 않을 수 있고, 그 희망이 좌절될 때 받게 될 스트레스와 분노도 피할 수 있다.

어린아이를 키우는 친구들끼리 얘기를 하다 보면 아이가 말을 잘 듣지 않는다는 근거로 흔히 "요즘 우리 애가 자아가 부쩍 자라서…"라는 말을 하곤 한다. 친구가 그렇게 말하면 나는 "너 저번에도 ○○가 자아가 많이 자라서 힘들다고 하지 않았어?"라고 농담을 친다. 그제야 친구는 "쟤 자아는 만날 부쩍부쩍 자라고 있나 봐, 하하하!" 하고 아이의 자아가 항상 성장하고 있음을 깨닫는다.

그런데 이렇게 매일같이 자라는 아이의 자아가 사춘기건 성인이건 어느 날 정말 완성이 되면 아이는 더 이상 통제할 수 없는 존재가 된다. 아이는 내 말을 들어야 하는 존재가 아니라, 내 말이 옳을 때 참고하는 정도의 성인이 될 것이다. 아무리 조언자의 말이 100% 맞아도, 그 사람 말대로 곧이곧대로 행동하는 성인은 없다. 다 자기의 주관과 가치관에 따라 남의 말을 참고하여 결정하고 행동한다.

아이에게 늘 강요하고 억압하는 부모는 남들보다 조금 더 빨리 아이에 대한 통제권을 상실하게 된다. 부모 말을 들어봐야 얻을 게 없다고 빠르게 결론 내린 아이가 부모의 말을 듣는 대신 친구의 말에 더 귀를 기울이게 되기 때문이다.

하지만 아이를 늘 대우해주고 위해주며, 옳은 말을 해주고 아이를 높게 대접해주던 부모라면 상대적으로 더 늦게까지 아이가 부모의 말에 귀를 기울여줄 것이다. 다만, 아이의 자존감을 높여준다는 이유로 아이가 독불장군으로 자라지 않도록 수위 조절을 잘 해야 하는 것이 관건일 것이다.

우리는 누구나 무한권력감과 무한무력감의 양극에 서기보다는 상호 존중감으로 평생 대화하고 소통할 수 있는 부모자식 관계를 원한다. 권위적인 부모가 되기는 쉽지만 요즘 세상에서는 아무도 그렇게 되는 것이 좋다고 생각하지 않는다. 모든 부모가 민주적인 부모가 되기를 꿈꾼다. 하지만 언제나 수위 조절이 가장 어렵다. 민주적인 부모와 허용적인 부모는 한 끗 차이니까.

아이가 어떻게 할 때
화가 나는가?

엄마들은 자기 아이가 어떻게 할 때 가장 많이 화가 날까? 아마 아이를 만 2년 이상 키워보신 엄마들이라면 '내 아이가 어떻게 할 때마다 화가 나더라' 하는 일종의 패턴을 가지고 있으리라 여겨진다. 예를 들면 이런 경우들이 있을 수 있다.

"어느 정도 말도 통하는 것 같은데, 말귀도 다 알아듣는 것 같은 이 녀석이 도통 내 말을 귀로 듣는 건지 코로 듣는 건지 들은 체 만 체 하며 내 말을 무시하고, 내 복장을 터지게 할 때……." 당연히 화가 날 만하다.

또 "바쁜 아침 시간, 유치원 버스가 오는 시간은 다가오는데 밥 한 숟갈 떠먹이기도, 옷 한 벌 갈아입히기도 너무 힘들고 버겁게 만드는 아이……." 역시 화가 날 만하다. 이런 경우 일반적인 사람이라면 제정신을 유지하기도 힘들 것이다. 그나마 엄마니까 매일매일 해내는 것이다.

한번은 내가 운영하는 인터넷 카페 '스테이앳홈'을 통해 엄마들에게 '아이가 어떻게 할 때 화가 많이 나는가?'라는 질문을 올려본 적이 있다. 여러 엄마들이 "밥을 안 먹을 때, 무슨 말이든 '싫어!'로 대답할 때, 내가 안 보는 사이에 저지레 해놓았을 때, 형제끼리 싸울 때, 거짓말할 때, 부모를 때릴 때, 일부러 못된 말을 골라 할 때, 일부러 약 올리는 말을 할 때, 말대꾸할 때, 잠잘 시간에 안 자고 계속 놀려고 할 때, 이유 없이 짜증 내고 울 때" 화가 많이 난다는 응답들을 올려주셨다. 충분히 이해할 만한 상황들이다.

차차 이야기를 풀어나가겠지만, 분노는 '통제 불가능한' 상황에서 일어난다. 내가 아무리 잘 타이르고 교육을 시켜도 말을 안 듣고 제멋대로 행동하는 아이들에게 분노가 발생하는 것은 어쩌면 당연한 이치다.

하지만 조금만 뒤집어 생각해 보면, 아이들이 부모를 화나게 만드는 상황은 집집마다 크게 다르지 않고 패턴화되어 있다. 즉, '예측 가능한' 상황이 대부분이고, 모두가 통제 불가능한 상황은 아니라는 것이다. 예측 가능한 상황에서라면 당연히 화를 내고 속상해하기보다 미리 예비하고 대처하는 것이 현명하다. 그래야 분노를 줄일 수 있고 아이도 올바로 훈육할 수 있다.

거짓말을 하거나 못된 말을 하고 형제간에 싸우는 등 훈육이 반드시 필요한 상황에서는 따끔하게 훈육을 하고, 잠을 안 자거나 바쁜 시간에 시간개념 없이 천하태평으로 시간을 잡아먹거나 이유 없이 짜증 내고 우는 등 아이의 본능이나 컨디션과 관련된 문제 상황일 경우에는 '내려놓음'으로 대비해서 내 감정을 조절하는 편이 낫다.

부부관계 상담을 할 때 흔히 '내려놓음'이란 처방이 많이 쓰이는데, 어른 사이에서도 도저히 좁혀지지 않는 성격 차이나 의견 차이가 있을 때 싸워서 이를 해결하기보다 '내려놓음=받아들임'으로 해결하는 방법을 제시하는 것이다.

"아, 저 사람은 원래 그렇구나. 내가 도저히 어쩔 수 없는 부분이구나" 하며 받아들이고, 그에 대해서 더 이상 분노하지 않겠다고 내려놓게 되면 같은 상황이 발생했을 때 더 이상 화가 나지 않고 "그러려니…" 하게 된다는 것이다.

가령, 내 남편은 식사 때마다 꼭 '밥'을 먹어야만 된다고 생각하는 사람이다. 나 같은 경우는 배만 채울 수 있으면 무엇이든 식사라고 생각하는 편이다. 이 두 가지 사고방식의 차이가 단지 취향의 차이인지, 체질의 차이인지, 생각의 차이인지는 명확히 알 수 없지만, 가끔은 나에게 있어 남편의 식성은 매우 버거운 생활의 짐이 되기도 한다. 내가 밥을 차리기 싫을 때, 또는 간단하게 빵이나 시리얼로 아침을 대체하고 싶을 때에도 '밥'만을 추구하는 남편 때문에 번거롭게 식사준비를 해야 된다거나 주말에도 한 끼 이상은 꼭 집밥을 차려야 된다거나 하는 상황에 '나 혼자' 봉착하게 된다. 먹는 사람이야 그냥 차려주는 거먹으면 그만이다.

싸워도 보고, 타일러도 보고, 설득도 해보았지만 남편의 식성과 '밥'에 대한 철학은 결코 변하지 않았다. 결국 이 상황에서 내려진 처방도 '내려놓음'이었다. 남편의 식성은 고칠 수 있는 영역의 것이 아니었다. 나가서 김밥을 사다 밥을 차려주고 나는 따로 때우던가 하는 이중식사(?)를 하더라도 내려놓고 받아들이니 이제는 '그러려니…' 하게 되었다.

아이들과의 상황도 마찬가지다. 아직 무르익지 않은 인간인 아이들은 상황 판단력이 부족하고, 본능대로 행동하려는 경향이 강하다. 논리와 설득이 잘 먹히지 않을 때가 많다. 어쩔 수 없는 부분들은 '내려놓음'을 통해 내 감정을 다스리는 것이 훨씬 이익이다.

그러니 바쁜 아침 시간에는 내가 조금 더 일찍 일어나고, 아이들 밥은 간단한 것으로 준비해서 시간을 벌자. 또 아이가 옷을 안 입겠다고 도망을 다니면 '네가 재미있다니 나도 좋다'는 마음으로 아이를 쫓아가서 옷을 갈아입히자. 밥 안 먹는 아이, 잠 안 자는 아이는 내 마음을 내려놓음으로써 해결하자. 밥 안 먹고 잠 안 자는 아이는 시간 외에는 해결책이 없다고 봐야 한다. 아이가 커야 해결된다는 뜻이다. 신경질 내고 떼쓰는 아이는 '감정 읽기와 다독거림, 기다려주기'로, 훈육이 필요한 아이는 따끔한 훈육으로 다스려야 한다. 신경질 내고 떼쓰는 아이가 훈육의 대상인지, 보듬어 주기의 대상인지에 대한 이야기는 뒤쪽에서 다시 자세히 다루도록 하겠다.

아이들이 일으키는 문제는 대부분 패턴화되어 있다. 이런 상황들을 엄마만의 노하우로 미리 예견하고 대처하며, 내려놓음으로 대비해보자. 그래야 아이가 나를 화나게 만드는 상황에서도 내 감정을 보호하며 견딜 수 있고, 그래야 양육이든 훈육이든 올바로 할 수 있다.

똑같은 행동을 다른 집 아이가 해도 화가 날까?

재작년 일주일 동안의 짧은 유치원 방학 기간에 있었던 일이다. 전업맘인 나는 방학 동안 내 아들 준이를 집에 데리고 있어도 되기 때문에 별문제가 없었지만, 준이와 같은 반 친구 엄마 중에 워킹맘이 있었다. 혹시나 맡길 곳이 없을까 봐 걱정되어 어디에 맡길 거냐고 넌지시 물어보니 회사에 데리고 갈 거라는 대답이 돌아왔다. 회사가 그나마 프리한 분위기라 아이를 데리고 가는 것이 허용된다고 했다. 하지만 아이는 놀아주는 사람 하나 없을 테고, 회사이기 때문에 소음도 내선 안 될 터였다. 하루 종일 이어폰으로 틀어주는 동영상을 보며 방치당할 수밖에 없는 신세임이 뻔했다.

그래서 내가 방학 동안 준이와 함께 봐주마 했다. 준이와 유치원에서 친하게 지내는 남자친구이기도 하고, 아이를 맡길 곳이 없어서 직장에까지 데리고 갈 수밖에 없는 아이 엄마가 너무 짠하게 느껴지기도 했기 때문이다. 그리고 무엇보다 나도 형제가 없는 준이 또래 다른 남자아이의 일상생활이 엿보고 싶었다.

준이는 이상하게도 갓난아이 때부터 또래의 남자친구가 없었다. 알게 되는 아이 엄마들 중 대부분이 딸 엄마였다. 가끔 알게 되는 아들 엄마들이 있긴 했지만 준이와 나이가 같지 않았다. 그래서 나는 그때까지 준이와 또래인 동갑 남자아이들을 가까이서 관찰해본 적이 없었다.

준이가 내 앞에서 보여주는 행동들이 또래 남자아이들의 일반적인 것들인지, 그렇지 않으면 준이만의 개성인지, 준이와 다른 아이들의 차이점은 무엇인지, 그런 것들이 항상 궁금했다. 오로지 우리 준이만 키워봤던 나로서는 아이의 이해되지 않는 행동을 접할 때마다 이 행동이 또래 아이들의 일반적인 특성인지, 준이만 유달리 나를 애먹이는 것인지, 항상 의문이었다. 그래서 이번에 준이 친구를 함께 봐주면서 또래 아이들이 가정 내에서 어떤 행동 패턴을 보이는지 알아보고 싶었던 것이다.

결과는 꽤 신선했다. 둘은 말투까지 비슷했다. 관심사도 비슷했다. 하는 짓이 너무나도 서로 닮아있었다. 1년 동안 유치원에서 동고동락하며 함께 생활했던 친구여서 그런지 죽이 척척 맞았다. 때맞춰 밥해주고 간식만 넣어주면 더 이상 내 손이 가지 않았다. 너무 편했다. 나 혼자 방학 동안 애를 봤더라면 내가 직접 아이와 놀아주느라 힘 좀 뺐을 텐데, 이렇게 둘이 알아서 노니 세상 편했다. 이래서 다들 둘째를 낳으라고 나에게 종용하는가보다 싶을 정도였다.

그리고 내가 아이를 키우면서 힘들다고 느꼈던 부분들, 예컨대 아이에게 뭔가 가르치려고 하면 인내심 있게 끝까지 듣지 않고 중간에 자기 멋대로 해보려고 한다든지, 밥을 먹을 때 밥만 퍼먹고 반찬을 먹으려 하지 않는다든지, 이거 해 달라 저거 해 달라 끊임없이 요구한다든지 하는 것들을 준이 친구도 똑같이 했다.

준이가 유별난 아이가 아님을, 그가 엄마를 힘들게 하는 것들이 그냥 평범한 남자아이들의 보편적인 특성임을 알게 되었다. 이로써 나는 내 아이를 더 잘 이해하게 되었고, 아이의 행동에 일일이 화를 내기보다 내가 더 인내심을 가지고 아이가 성장할 때까지 기다려야 한다는 것을 배웠다.

또 한편으로, 준이 친구의 다양한 행동들을 보면서 '전혀, 조금도, 귀찮거나 화가 나지 않는다'는 사실도 알게 되었다. "아, 같은 행동이라도 남의 아이가 하면 그냥 좀 더 '그러려니…' 하게 되는구나" 하게 된 것이다.

나는 항상 유치원이나 어린이집 선생님들에 대해서 일종의 존경심을 가지고 있었다. 집에서 내 아이 하나 보기도 이렇게 힘든데, 수많은 아이들을 어떻게 동시에 돌보나 하는 생각에 그 고생이 엄청 대단하게 느껴지곤 했다. 그리고 아이들을 돌보며 통제가 안 될 때 차오르는 분노를 어떻게 해소하나 궁금하기도 했다. 그런데 내가 막상 다른 집 아이를 돌보니 설사 아이가 잘 통제되지 않더라도 그다지 큰 화가 나지 않는다는 사실을 알게 되었다. 아이들에게 공통적으로 나타나는 특성임을 이해하고 아이들을 대하면, 더욱이 그것이 직업이라면, 분노가 일어나기보다는 '어떻게 대처할까'에 대한 연구를 더 적극적이고 집중적으로 하게 되는 것 같다. 말하자면 본질에 충실한 것이다. 그 결과 선생님들은 저마다 나름대로의 노하우가 있고, 그 노하우로 여러 아이들을 동시에 질서정연한 규칙으로 돌볼 수 있는 것이었다.

엄마들은 모두 자기 아이에 대해 어떤 식으로든 기대를 품고 있다. 그런데 그 기대란 게 보통은 현실적이지가 않다. 당신은 당신의 아이가 어떤 아이이기를 기대하는가? "말 잘 듣고 착하고 얌전하고 똑똑하면서도 적극적이고 활달하고 리더십 있고 밥도 잘 먹고 잠도 잘 자고 건강한 아이?" 이처럼 엄마가 완벽한 아이에 대한 이상을 가지고 있으면 아이가 그 기준에서 조금만 벗어나도 분노가 일어나게 된다. 게다가 다른 집 아이들에 대한 일반적인 이해가 없으면 내 아이는 항상 '유별난 아이'로 취급할 수밖에 없다.

> 같은 행동을 다른 집 아이가 하면 화가 나지 않는다.

일반적인 아이들에 대해 알게 되면 좀 더 객관적인 입장이 되기 때문에 '그러려니…' 하고 이해하게 되고, 화를 내기보다는 민주적으로 상황을 통제하는 데에 더 집중할 수 있게 된다.

세상의 모든 아이들은 말썽을 피웠다 하더라도 부모로부터 '민주적인 가르침'을 받을 권리가 있다. 윽박지르고 화를 내서 아이를 제압하면 아이에게 상처를 줄 뿐만 아니라 더 큰 부작용을 불러올 수도 있다. 아이는 자기가 당한 것을 자기보다 약한 약자에게 재현해보는 경우도 있으며, 크게 혼이 나면 그 버릇을 진심으로 고치려는 생각을 하기보다 그 상황만 모면하려고 잠시 굴복하는 척 잘못을 비는 연기를 하기도 한다. 하지만 아이에게 민주적인 가르침으로 잘못된 행동에 대해 이해시키고, 아이가 민망하지 않게 잘 설명하면 한 번에 고쳐지진 않을 수 있지만 아이는 차차 서서히 문제행동을 수정해나간다.

무엇보다 가장 안 좋은 것은, 자주 야단맞는 아이는 짜증과 신경질이 많아지고 인내심이 부족해질 위험이 있다는 점이다. 아이는 부모를 그대로 보고 배운다. 아이가 야단맞을 짓을 했을 때 지체 없이 화를 내면 아이도 다른 사람이 자신의 마음에 들지 않는 행동을 했을 때 즉각적으로 짜증을 낸다. 아이가 잘못된 행동을 했을 때 부모가 참고 인내하며 자신을 젠틀하게 대하면 아이도 그것을 느낀다. 어른이 직접 인내하는 모습을 본보임으로써 아이도 자신의 감정을 절제하는 방법을 배우게 되는 것이다.

부모가 되는 것은 정말 어렵다. 내 감정이 이미 내 것이 아니다. 내 감정마저 아이에게는 보고 배워야 할 대상이다. 그래서 부모는 '항상 가르치는 자리'라고들 하는가 보다.

05

분노, 너의 정체가
궁금하다

　　"하나…, 둘…, 셋!"

　　"셋까지 세고 말 안 들으면 엄마 화낸다!"

라고 협박 아닌 협박들을 하고 계실 것이다. 밥 안 먹을 때, 옷 갈아입
히려는데 도망 다닐 때, 잘 시간이 되었는데도 자려고 하지 않을 때,
물건 정리하지 않을 때, 음식을 쏟거나 더럽힐 때 등등 꾹꾹 눌러 참
다가도 가끔 욱하며 폭발하는 경험을 한두 번씩은 모든 엄마들이 가
지고 계실 것이다.

　　그리고 그럴 때마다 엄마들은 아이에게 이런 말을 할 것이다.

> "널 혼낼 거야!"
> "엄마, 화낸다!"

　　두 가지 표현 중 어떤 표현이 더 자주 사용될까? 혼낸다는 표현으

로는 그 강도를 가늠하기 어려운 반면 '화낸다'라는 표현에는 아이를 '무섭게 강압한다'는 함의가 포함되어 있다. 그래서 많은 엄마들이 "엄마 화낸다!"는 표현으로 아이를 협박(?)하곤 한다.

화를 내는 것, 상대방에게 소리를 지르는 것, 심하면 체벌하는 것으로 대변되는 '아이 혼내기'. 이 모든 것이 우리 엄마들의 '분노'에 근거하고 있다.

그런데 '화가 난다'와 '분노한다'가 동일한 무게감으로 느껴지지는 않을 것이다. '분노'라는 것은 흔히 '크게' 화를 내는 것으로 국한해서 이해되기 때문이다. 분노의 비슷한 말로 격분, 격노, 분개, 화, 흥분, 노발대발, 부아, 성남, 짜증, 성가심, 좌절, 역정, 발끈함, 성마름, 약 오름, 열 받음, 신경질, 성질 급함, 욱함, 언짢음, 격앙 등이 있는데 심리학에서는 이 감정들을 모두 다 분노의 차원에 포함시키고 있다. 그럼 이제부터 심리학에서 다루는 분노에 대해 조금 더 자세히 알아보자.

> 분노는 나쁜 것이다?
> → 분노는 나를 감싸는 보호벽이다.

사람들이 쉽게 하는 오해 중 첫 번째는 '분노는 나쁜 것'이고 '흔치 않게 발생하는 것'이라고 규정하는 것이다. 하지만 분노는 아주 정상적이며, 하루에도 수차례 빈번하게 발생하는 건강한 인간의 보통 정서다. 그리고 이것은 우리의 생존에 있어서 굉장히 중요한 역할을 하기도 한다. 자신이 귀하게 생각하는 사람, 물건, 가치관, 권리를 보호하기 위해 분노의 정서가 발휘되고, 그래서 분노는 평소보다도 엄청난 에너지를 발생시킨다.

사람들의 머릿속에는 기본적으로 '당위적 기대'가 각인되어 있기마련인데, 그런 당위적 기대가 각인되어 있는 상태에서 그것이 어긋났을 때, 분노가 발생하게 된다. 여기서 말하는 당위적 기대란 내 머릿속에 항상 '… 해야 한다' 또는 '… 해서는 안 된다'고 기본적으로각인되어 있는 기대 심리를 뜻한다.

우리 엄마들이 분노하는 이유도 이유지만, 아이들이 분노하는 이유도 이제 슬슬 이해가 가실 것이다. 아이들이 짜증 내고 신경질 내는이유는 다 '자기를 보호하기 위해서'라는 사실을 말이다.

> 분노하지 않는 것이 건강한 것이다?
> → 분노를 인식하지 못하는 것이 더 큰 일이다.

두 번째 오해는 '분노하지 않는 것이 건강한 것'이라는 지배적인 인식이다. 그런데 실제 현대인들의 삶은 어떤가. 많은 사람들은 분노에대해 제대로 인식조차 하지 못하고 있을뿐더러, 인식한다 하더라도억제하거나 억압해야 하는 것으로 간주하는 경우가 대부분이다.

하지만 이렇게 억제하고 억압하다 보면 '화병'으로 발전할 위험이있다. 화병火病이란 다른 나라에는 없는 질병으로, 미국정신의학회가1995년 화병을 'Hwabyung'이라는 한국어 발음 그대로 표기함으로써 한국적인 문화의 맥락 속에서만 존재하는 증후군이라고 정의를 내릴 정도로 한국인 특유의 억제와 억압에서 오는 질병이다. 화병은 어떤 이유로 받은 스트레스가 처음에는 정서적인 충격으로 다가오고 그 후에 만성화되면서 포기의 과정을 거쳐 결국은 한恨으로 쌓여 분노로 표출되는 것으로, 심리학자 맥기Mcgee는 스트레스와 정서적인 충격을 평소에 억압하다 보면 어느 때건 폭발하게 된다고 말한다. 그리고 그는 이런 것들이 더 큰 문제라고도 했다. 때문에 적절한 분노의 표출과 해소가 무엇보다 중요하다.

어떤 엄마들은 무조건 아이에게 화를 내서는 안 된다는 원칙에 사로잡혀 화를 꾹꾹 누르면서, 그 대신 아이의 사소한 실수에도 일장 연설을 통해 아이를 질리게 만들어서 굴복시키는 경우가 더러 있다. 이런 경우 차라리 가볍게 야단을 쳐서 아이의 행동을 수정시키는 것이 더 좋을 수도 있다.

그렇다면 분노는 어떤 조건에서 발생할까? 네 가지 핵심 조건을 살펴보도록 하자.

❶ 원하지 않는 상황

첫째, 분노는 당신이 원하지 않는 상황에서 발생한다!

대개 분노를 유발하는 상황이라는 것은 상대방이 나를 무시하고, 배반하고, 거짓말하고, 약속을 어기고, 모함하고, 비방하는 등등의 경우다. 이런 것들은 모두 우리가 원하는 상황이 아닐 것이다.

특히 아이들이 밥을 먹지 않을 때 엄마들은 아이가 나를 무시하는 것 같은 기분을 느껴서 화가 나게 된다. "내가 이걸 준비하느라고 얼마나 애썼는데!" 모든 것이 수포로 돌아가는 기분이 들기 때문에 더더욱 화가 난다. 아이 입장에서 생각해 보면 아이는 그저 먹고 싶지 않으니까 먹지 않는 것일 뿐인데, 엄마의 머릿속에는 '나를 무시했다, 내 수고가 거절당했다'라는 감정이 피어오른다.

아이에게 화가 날 때에는 우선 '아 지금 이 상황은 내가 원하지 않는 상황이어서 화가 나는 것이구나. 어떻게 상황이 바뀌면 좋을까?' 하고 차분하게 곰곰이 생각해 보자. 그리고 내가 원하는 상황에 대해 구체적인 이미지를 그려보자. 그렇게 하다 보면 분노가 조금씩 사그라지며 진정이 될 것이다.

반대로, 아이가 짜증을 내거나 신경질을 부릴 때에는 아이 입장에서 생각해 보자. 분명히 무엇인가 '아이가 원하지 않는 상황'이 발생하고 있을 것이다. 엄마가 잘 관찰해서 아이가 원하는 바가 무엇인지 알아차린 후 문장으로 정리해서 아이에게 들려주자. "우리 ○○, 지금 이것 때문에 화가 난 거니? 아 이것 때문에 속상했구나. 엄마가 알아들었어." 하고 아이의 마음을 읽어주자. 이해받은 아이는 금세 짜증이 사그라질 것이다.

❷ 당위적 기대의 어긋남

내가 원하지 않는 상황에서는 분노 외에도 슬픔, 무서움, 수치심, 죄책감 같은 부정적인 감정들이 생길 수 있다. 그런데 분노는 다른 부정적인 감정들과는 달리 '당위적 기대'가 어긋났을 때 발생한다. 해서는 안 되는 행동을 했을 때, 마땅히 해야 한다고 여기는 행동을 하지 않았을 때, 우리는 분노를 경험하게 된다. 그런데 사람마다 이러한 당위적 기대는 조금씩 다르다. 어떤 엄마는 밥 반 공기만 먹여도 성공이라고 생각할 수 있는 반면, 어떤 엄마는 자신이 준비한 음식 모두를 아이에게 먹여야만 된다고 기대하기도 한다. 모든 사람에게는 자신만의 당위적 기대가 있고, 이것이 깨지는 순간 분노가 발생하게 된다.

또 '내 아이는 이러이러한 아이였으면 좋겠다'라는, 내가 만든 가상의 이상적인 아이에 대한 기대감이 나를 더 분노하게 만들기도 한다. '내가 이러이러하게 노력을 들여 아이를 잘 이끌고 잘 양육하면 아이는 착하고 바르고 언제나 순종적인 아이로 자라겠지…'라는 기대감이 깨질 때마다 분노가 치민다. 나는 노력하고 있는데, 그 노력에 대한 보상이 뒤따르지 않는 것 같이 느껴지기 때문이다. 그럴 때는 아이에 대한 기대치를 조금 내려놓는 것부터 시작해야 한다. 기대치가 낮으면 그만큼 분노도 덜 생기기 마련이다. 물론 그렇다고 아이의 미래에 대한 기대를 접어야 한다는 얘기는 아니다. 아직은 아이가 너무 어리기 때문에 엄마의 기대를 충족시킬 수 없다는 사실을 인정하고 받아들이자는 얘기다.

❸ 나의 일방적 관점

모든 것을 나의 관점에서만 본다면, 모든 분노는 필수 불가결하다고 말할 수 있다. 그런데 내가 아닌 상대의 입장으로 생각해 본다면 어떨까? 위의 예에서, '아이가 내가 해준 밥을 잘 먹지 않아서 무시당한 기분이 들었는데, 혹시 아이의 건강에 문제가 있어서 식사를 제대로 못하는 게 아닐까? 또는 아이의 구강구조나 소화기관이 아직 덜 발달해서 음식을 잘 먹지 못하는 게 아닐까?'라는 생각을 하게 된다면, 분노보다는 걱정이 앞설 것이다. 이처럼 상대 입장에서 바라보게 되면 우리의 분노는 대부분 줄어들게 마련이다.

한편 부모들이 아이에게 화를 내는 이유 중의 하나로 자기 자신에 대한 자책도 있을 수 있다. 아이의 잘못된 행동을 무의식중에 자기 탓으로 돌림으로써 자기 스스로에게 화가 나는 경우다. '내가 어쩌다 이런 아이를 낳아서, 내가 뭘 잘못했기에, 내가 잘못 키운 건가?' 하는 생각이 은연중에 들기 때문에 더더욱 자기 자신에게 화가 나는 것인데, 그 화풀이의 대상은 자기 자신이 아니라 아이인 경우가 적지 않다. 하지만 안심하시라. 아이는 독립된 인격체다. 우리가 뭘 잘못했기 때문에 아이가 문제행동을 하는 것이 아니라, 그저 아직 덜 성숙한 존재이기 때문에 그런 것일 뿐이다. 죄책감이나 분노 대신에 아이의 입장을 먼저 이해해보자.

❹ 통제 불가능한 상황

마지막으로, 사람들은 상황을 통제할 수 없을 때 화가 난다. 앞의 예처럼 아이 대신 내가 밥을 먹어줄 수 없을 때, 아이를 아무리 재우려고 해도 아이가 잠들려고 하지 않을 때, 나의 의도나 노력과 관계없이 이 상황을 도저히 통제할 수 없다고 느낄 때, 무력감과 동시에 분노가 발생한다. 만약 아이가 정확히 5분 뒤에 잠들 것이 분명하다면 화가 날 리 없다. 예측 불가능하고 불확실한 이 상황을 도저히 통제

불가능하다고 느끼기 때문에 분노가 일어나는 것이다.

이처럼 내가 통제할 수 없는 상황이라면 아이에게 주도권을 넘길 수밖에 없다. 아이가 스스로 상황을 주도할 수 있도록 나는 보조자의 역할에 그치는 데 만족해야 한다. 아이가 밥을 그만 먹겠다고 하면 아이의 결정을 존중하자. 아이가 장난감을 혼자 정리정돈 하지 않으면 내가 주도하여 정리를 하고 아이에게 보조역할을 시켜 함께 정리를 한다. 아이가 잠을 자지 않으면 심심해서 스스로 자고 싶을 때까지 놀아주지 말고 내버려 둔다. 중요한 것은 상황을 객관적으로 바라봄으로써, 그 상황에 우리가 개입해서 컨트롤 할 수 없음을 인식하고 인정해야 한다는 것이다. 그렇게 하면 아이에게 화가 나지 않고, 불필요한 야단을 치지 않을 수 있다.

나의 분노의 감정에 대해 원인을 알고 잘 대처하는 것, 그것이 화안키를 시작하기 위한 첫걸음이다.

06

내 컨디션이 나빠서
화가 날 때

준이 유치원 친구의 엄마 중에 정말 아이에게 민주적으로 잘 대해주는 엄마가 한 분 있다. 아이에게 전혀 화를 내지 않고 차분하게 설명하고, 설득해서 아이의 행동을 교정하고, 아이도 차분한 성격으로 엄마의 훈육을 잘 듣는 편이다. 이 엄마의 육아법이 너무 부럽고 좋아 보여서 하루는 이렇게 물어보았다.

"혹시 아이가 어떻게 할 때 화가 나시나요?"

대답은 의외였다. 그분은 조금 생각하더니 "아이가 어떻게 할 때 화가 난다기보다, 내 컨디션이 안 좋을 때 아이에게 짜증을 많이 내는 것 같다"고 대답했다. 아이의 행동은 대부분 어려서 그러려니 하고 이성적인 차원에서 이해하고 공감해줄 수 있지만, 자기 컨디션이 나쁠 때는 그 조절이 참 힘들다는 답변이었다.

나는 곰곰이 생각해 보았다. 건강체질인 나로서는 내 컨디션에 따라 짜증이 나거나 기분이 저절로 좋아지는 체험을 해본 경험이 별로 없기 때문에, 보통 일반 엄마들이 어떤 때 아이에게 짜증이 나는지에 대해 이해해볼 필요가 있었다. 그래서 나 자신의 경험과 주위 탐문을 통해 엄마들이 아이에게 짜증과 화가 많이 나는 경우들에 대해 나름대로 정리를 해보았다.

❶ 생리증후군

보통 생리 일주일 전부터 시작되는 생리증후군 기간에는 나 역시도 짜증이 기본 장착 상태다. 누가 조금 스치기만 해도 짜증이 폭발하는 이런 시기에 아이가 말썽이라도 부리고 떼라도 쓰면 분노가 바로 폭발해버릴 수 있다.

하지만 자신이 지금 생리증후군을 겪고 있다는 인식을 하는 것만으로도 타인에게 짜증이나 화를 내는 것을 많이 방지할 수 있다. '나도 모르게' 짜증을 내는 것과 '내가 왜 이런지 알고' 짜증을 내는 것은 그 강도나 양상에서 많이 다를 수밖에 없다.

그리고 자신이 생리증후군을 겪고 있다는 것을 인지한 후 주위 사람들에게 이 사실을 알리고 이해를 구하면 주위 사람들도 내 기분을 거슬리지 않도록 최대한 배려해 준다. 최소한 남편으로부터 오는 짜증과 분노라도 줄일 수 있어서 내 기분을 긍정적으로 유지하는 데 도움이 된다.

❷ 수면 부족

아이를 키우다 보면 잠이 부족해지는 일이 허다하다. 특히 아이가 아파서 밤에 자주 깨면 엄마도 덩달아 자주 깰 수밖에 없다. 그리고 아이와 같이 자는 분들이라면 자면서 아이의 발길질에 한두 번씩 잠이 깨는 것이 다반사다. 대개는 잠깐 깼다가 다시 잠들 수 있지만 가끔은 잠이 깨서 한두 시간 뒤척이기도 한다.

수면 부족은 컨디션 난조로 이어지고, 기분이 저하된다. 이런 상태에서는 아이의 사소한 실수도 거슬리고, 이 모든 게 아이 때문인 것 같은 미운 감정이 들어 아이에게 분풀이를 하게 된다. '쟤만 아니었다면 내가 잠을 못 잘 일도 없었을 텐데'라는 생각이 들어 원망스러운 감정까지 든다.

그럴 때는 카페인의 힘을 빌려 억지로 깨어 있으려고 하기보다 잠깐 낮잠을 자서 부족한 잠을 보충하는 것이 더 도움이 된다. 아이가 어린이집에 가거나 유치원에 갔을 때 잠이 안 오더라도 잠깐 누워서 눈을 붙이고 있으면 체력이 많이 회복되는 것을 느낄 수 있다. 우리 뇌는 눈을 감고 움직이지 않으면 자는 것과 동일하게 인지한다고 한다. 잠이 들지 않았더라도, 눈을 감고 누워있는 연습으로 체력이 회복되고 졸린 기운이 조금이라도 가시면 짜증 나는 기분도 줄어든다. 애꿎은 아이에게 화풀이할 일도 줄어들 것이다.

❸ 두통

생각보다 많은 엄마들이 만성 두통을 앓고 있는 경우가 있다. 머리가 아프면 일단 정서적으로 안정이 되지 않고 짜증이 난다. 생리통과 두통이 연결되어 있는 경우도 있어서 진통제를 달고 사는 분들도 많다. 특히 편두통에 시달리는 분들은 극심한 고통으로 인해 사람들과 대화하는 것조차 꺼려질 정도라고 하니 육아를 하면서 오만가지 생각에 시달리지 않을 수 없을 것이다.

적절한 치료를 받고 두통을 예방하는 생활습관을 통해 두통을 완화함과 동시에, 두통으로 인해 내가 아이에게 짜증을 내고 있지는 않았는지 자기점검을 해본다면 아이에게 신경질을 내고 짜증을 내는 횟수를 현저히 줄일 수 있을 것이다.

❹ 만성피로

전업맘이나 워킹맘이나 공통으로 호소하는 질병은 만성피로다. 만성피로는 단순히 피곤한 느낌을 뛰어넘는 질병으로, 적절한 치료를 받아야 한다. 만성피로는 판단력을 저하시키고 의욕도 감퇴시켜 매사가 귀찮아지게 만든다. 당연히 손이 많이 가는 아이를 키우는 일에 대한 의욕도 저하될 수밖에 없다.

만성피로를 극복하는 데에는 (병원의 적절한 치료와 더불어) 규칙적인 생활습관과 운동이 필수다. 아이를 키우면서 규칙적으로 생활하고 운동까지 하기란 여간 어려운 일이 아니지만, 아이와 함께 산책을 하며 바깥바람도 쐬고 주위의 자연도 보면서 기분전환을 하면 만성피로로 인한 스트레스와 짜증이 많이 사그라질 것이다.

다른 경우와 마찬가지로, 내가 아이에게 화가 나는 것이 아이가 잘

못해서가 아니라 나의 컨디션 난조로 인한 것임을 인지하는 것이 우선이다. 내 컨디션이 나빠서 짜증이 나고 화가 나는 것임을 인식하는 것만으로도 아이를 더 부드럽게 대하고 아이의 행동을 너그럽게 이해하는 데 도움이 된다.

❺ 민폐 상황

집에서는 '그러려니…' 하고 넘어갈 수 있는 여러 가지 아이의 실수나 잘못도, 공공장소에서라면 이야기가 달라진다. 사람이 많이 모이거나, 비좁거나, 엄격한 질서가 유지되어야 하는 곳에 아이와 함께 있다면 엄마의 감각이 더욱 예민해지고 주위의 시선이 신경 쓰여서 날이 선 상태가 된다. 더군다나 요즘같이 엄마와 아이가 함께 있기만 해도 '혹시 맘충 아니야?'라는 시선을 받는 것이 일상이 된 시대에는 더더욱 엄마들의 외출이 부담스럽기도 하다.

기본적인 정서가 예민해져 있는데, 아이가 시끄럽게 소리를 지르거나 뛰어다니고, 뭔가를 엎지르고, 다른 사람에게 민폐를 끼쳤다면 평소보다 더 큰 화가 나는 것은 당연지사.

게다가 다른 사람들이 내가 아이를 어떻게 훈육하는지 지켜보고 있는 상황이라는 인식 때문에 자기도 모르게 더욱 아이를 혹독하게 야단치게 된다. 집에서는 너그럽고 자애로웠던 엄마가 밖에만 나오면 마녀로 변신하는 것이다.

이럴 때는 그 장소에 도착하기 전에 아이에게 지켜야 할 규칙에 대해 미리 충분히 설명하고 동의를 구하자. 그러면 아이의 행동을 보다 효과적으로 사전에 컨트롤할 수 있다. 아이와 함께 공공장소에서 어떻게 행동해야 할지 사전에 미리 약속을 해두면, 아이가 잘못된 행동을 할 때마다 '약속'을 떠올려주며 컨트롤할 수 있게 된다.

화 안 내고 아이 키우기? 쉽지 않다! 내 몸이 멀쩡할 때도 아이의 행동을 훈육하고 가르치기가 어려운데, 내 몸의 컨디션까지 뒷받침해주지 않으면 더 어렵다. 다만, 무엇보다 내 상황과 컨디션이 어떤지에 대한 객관적 인식이 선행된다면, 그나마 억울한 선의의 피해자는 발생시키지 않을 수 있다.

07
내 아이가
괜스레 못마땅할 때

하루는 아침에 아이 밥을 먹이다가 문득 아이를 못마땅해 하고 있는 나 자신을 발견한 적이 있었다. 빨리빨리 먹지도 않고, 먹으면서 돌아다니고, 스스로 먹지도 않는 아이. 창피한 고백이지만, 우리 아이는 늘 그렇다. 아이는 평소와 크게 다름이 없었고, 어제와 다름없는 일상이었는데도 내 마음은 어제와 달랐다. 아니, 좀 더 정확히 말해서 작년과 다른 것 같았다.

내 마음이 왜 이런 것일까 곰곰이 생각해 보니, 아이가 잘못된 게 아니라 내 마음이 잘못되었다는 것을 알게 되었다. 원인은 아이에 대한 기대치가 갑자기 높아져서였는데, 다름 아니라 바로 전날 아이가 막 일곱 살이 되었기 때문이었다. 즉, 그날은 2018년 1월 1일이었다는 말이다.

아이가 일곱 살이 되었으니 한순간에 갑자기 일곱 살 아이처럼 좀 더 어른스럽게 행동해야 한다고 생각하고 있었나 보다. 하루아침에 아이가 변할 수는 없는 건데 말이다. 그래서 이런 식으로 엄마의 마음속에 이유 없이 내 아이가 괜스레 못마땅해지는 순간들이 또 없을까 생각해 보게 되었다.

❶ 내 아이가 형 또는 누나가 되었을 때

작년에 준이의 사촌 동생이 태어나서 몇 번 같이 만난 적이 있었다. 그 과정에서 나도 모르게 우리 아이가 이제 형이 되었으니 뭔가 달라져야 한다고 느꼈던 것 같다. 사촌 동생이 태어난 것뿐인데도 아이에게 "이제 형이니까…" 하면서 아이의 행동이 달라지길 기대하는 말들을 꽤 많이 했었다. 아이에게는 은근한 스트레스였을 것이다.

❷ 옆집 아이와 비교할 때

준이의 조리원 동기 중에는 네 살에 혼자 한글을 떼고, 다섯 살부터 혼자 책을 읽고, 여섯 살엔 영어도 스스로 읽고 책 내용을 외워서 말하는 아이가 있다. 그 아이 엄마의 카스(카카오스토리) 글이 올라올 때면 나도 모르게 내 아이를 들들 볶게 된다. 아이가 가진 고유의 발달속도와 생체시계에 맞춰 아이를 양육해야 함을 누구보다 잘 알고 있고, 그런 글을 쓰고 있는 나지만, 나도 모르게 아이를 못마땅한 눈초리로 바라보고 있다는 것은 숨길 수 없었다.

❸ 공공장소에서 예의 바르게 굴지 않을 때

내 아이는 얌전한 편이긴 하지만 그래도 공공장소에 갈 때면 엄마 마음이 예민해지는 것은 어쩔 수 없다. 타인의 시선에서 한시도 자유로울 수 없는 것이 엄마 마음이다. 아이가 나에게 하는 말이나 행동 하나하나를 곤두선 시선으로 바라보게 된다.

공공장소에서 뛰어다니거나 난폭하게 굴지 않는 것만 해도 고맙긴 하지만 남들이 봤을 때 정말 칭찬해주고 싶을 정도로 예의 바르지 않은 모습을 볼 때면 괜스레 아이가 못마땅해진다.

❹ 육아서대로 자라주지 않을 때

많은 초보 엄마들이 육아서를 교과서 삼아 아이를 키우는데, 나도 수십 권의 육아서를 읽으며 아이를 키울 때 필요한 팁들을 얻곤 했다. 하지만 아이는 책대로 커주지 않았다. 전문가가 수년에 걸쳐 직접 경험하고 사례들을 모아서 낸 책일 텐데도 우리 아이에게는 적용되지 않는 여러 육아 팁들을 보면서, 괜스레 아이가 못마땅해지는 순간들이 있었다.

❺ 내 아이가 일곱 살이 되었을 때

아이가 여섯 살이었을 때까지는 그래도 포용적인 마음으로 아이를 대했다. 그런데 해가 바뀌어 이제 며칠이 지났을 뿐인데도 나는 아이에게 일곱 살의 모습이 어서 나타나주길 기대하고 있었다. 사람이 하루아침에 변할 수 없다는 것을 잘 알면서도 내 아이는 어서 내 기대치에 맞게 커주었으면 하는 부모 욕심이 고개를 든 것이다.

아이는 어제와 같은 우리 아이인데, 상황이 변했거나, 엄마의 욕심이
자라나서 화가 나는 경우가 있다. 욕심쟁이 부모 밑에서 살아주는 아이들도
적잖이 피곤할 것 같다는 생각이 든다. 욕심은 덜 부리고, 아이를 더 사랑해
주며 살도록 노력해야 하지 않을까.

이런 경우도 있어요 1

시간 없는 엄마

중학교 교사인 내 친구가 하루는 나와 '화안키'에 대해 이야기를 하다가 이런 말을 했다.

"학교에서 내 인내심을 다 써버리고 집에 돌아오면, 바닥난 인내심으로 내 아이를 맞이하게 돼. 참을성의 한계를 맞이한 나는 아이에게 짜증과 화를 낼 수밖에 없지."

그러면서 이런 말을 덧붙였다.

"대기업에서 주는 월급은 2인분의 의미인 것 같아. 한 사람에게 월급을 많이 주고 하루종일 일하게 하는 대신, 다른 한 사람은 집에서 인내심과 참을성을 가지고 아이들을 잘 돌보라는 의미인 거지. 사람의 인내심은 총량이 정해져 있는 것 같아."

난 그 말을 듣고 상당히 충격을 받았다. 일터에서 모든 에너지와 인내심을 다 써버리고 온 사람에게는 아이를 양육하고 보듬어 줄 인내심이 남아 있지 않다는 말이었다. 바꿔 말하면, 아이 외에 내 인내심을 소진하는 곳이 없는 생활을 하는 나는, 돌이켜보면 인내심 저금이 많이 되어 있는 경우였다. 내가 화안키를 시작하고 잘 지켜나갈 수 있었던 이유 중의 하나는 '시간이 많은 주부'였기 때문이라는 뜻이다.

나는 내심 내가 성공한 화안키에 대해 '내가 잘해서, 내가 화를 잘 참아서'란 묘한 자긍심을 갖고 있었던 것이 사실이다. 하지만 친구의 말을 들어보니, 나도 일하는 워킹맘이었으면 달랐을지 모른다는 생각이 들었다.

"1인분의 월급만 받는 사람들은 어쩔 수 없이, 내 아이에게 피해가 가는 걸 알면서도 계속 일을 할 수밖에 없어. 남의 아이들에게 모든 것을 쏟아 붓고 집에 돌아와 정작 내 아이에게 화내고 짜증내는 이중적인 내 모습이 정말 싫어."

앞에서도 언급했듯, 사람의 컨디션과 체력문제는 그 사람의 기분이나 정서에 큰 영향을 미친다. 스트레스는 코티졸이라는 스트레스 호르몬을 분비시키고, 코티졸은 신체 각 기관으로 더 많은 혈액을 방출시키며, 이에 따라 맥박과 호흡이 증가한다, 아울러 근육 긴장, 감각기관의 예민함을 초래한다. 만약 지나친 스트레스나 만성 스트레스에 시달리게 되면 지나친 코티졸의 분비로 인해 식욕이 증가하여 지방이 축적되고, 근육 단백질의 과도한 분해로 인해 근조직의 손상, 면역기능 약화 등의 증상이 일어날 수 있다(네이버 지식백과). 스트레스를 받으면 분노가 발생할 수밖에 없다는 생물학적 근거를 설명하기 위해 코티졸의 예를 들었다.

시간이 없는 엄마는 두 가지 딜레마에 빠지게 되는데, 하나는 아이와 1분이라도 더 함께 보내줘야 한다는 강박관념, 다른 하나는 아이에게 화를 내지 않아야 한다는 자책감이다. 아이와 보내는 시간의 중요성에 더 방점을 찍는 엄마는 아이에게 다소 화를 내더라도, 퇴근 시간을 앞당겨 아이와 함께 있으려고 할 것이다. 반면에 아이와 단 몇 시간을 같이 보내더라도 질 높은 양육을 하고 싶다고 생각하는 엄마라면 일단 아이를 맞이하기 전에 스트레스부터 조금 풀고 집에 들어가라고 권하고 싶다.

하루 중 대부분의 시간을 어린이집이나 부(副)양육자와 함께 보내는 아이 입장에서는 1분 1초라도 엄마와 살을 부비고 함께 놀고 싶은 마음이 굴뚝같을 것이다. 하지만 그 소중한 몇 시간의 경험이 온통 부정적인 정서로 점철되어 있다면 아이의 심리와 정서에도 그다지 좋지 못한 영향을 끼칠 것이 뻔하다.

초등학교 교사를 하는 내 친구는 나에게 '요즘엔 정신과를 정기적으로 방문하는 교사가 많다'고 귀띔해주었다. 그만큼 일과 가정을 양립하는 것이 힘든 요즈음 현실의 방증이리라. '교사' 하면 그래도 대기업 다니는 사람들보다 퇴근도 빠르고 스트레스도 적을 것이라는 생각이 지배적이지만, 실제로는 '남의 아이들 돌보느라 내 아이를 망치는' 딜레마에 빠진 경우가 꽤 많은 것 같다.

선택은 엄마 몫이다. 퇴근 후 현관문을 열기 전까지 나만의 스트레스 해소법을 꼭 두 가지 이상 가져보자. 가벼운 산책으로 엔도르핀을 발생시켜 본다든지, 누군가에게 전화를 걸어 하루 동안 있었던 일을 수다로 풀어버린다든지 하는 것들 말이다. 우리 삶에서 '운동'은 약이나 영양제보다도 더 좋은 효과를 낸다고 알려져 있다. 운동은 평상시 내 모습을 조금 더 좋게 만들기 위한 '선택적 도구'가 아니라, 안 좋은 몸 상태를 정상으로 끌어 올려주는 물과 양분 같은 도구라고 한다. 수다 역시 마찬가지다. 수다는 입으로 하는 운동이라고도 하지 않는가. 내 마음이 편해야 육아도 한결 수월해진다.

아이가 여러 명인 엄마

아이가 두 명이면 아이가 한 명일 때보다 최소 4배가 힘들다고 한다. 그것이 아들 둘일 경우 제곱이 되고, 아이가 세 명으로 늘어나면 정신적 한계를 넘어서 물리적 한계를 경험하게 된다고도 한다. 실제로 아이 셋을 키우면서 초등학교 교사를 하는 내 친구가 해준 이야기다.

"야, 애가 둘만 돼도 진짜 나 혼자 다 할 수 있어. 둘까지는 일도 아니야. 그런데 셋은 정말 손이 모자라. 바쁜 아침 시간에 애 셋이 동시에 나에게 이것저것을 요구해. 큰애라도 좀 스스로 알아서 해주면 좋을 텐데……."

세 명을 낳았다는 것은 그만큼 아이들 나이 터울이 조금 된다는 이야기다. 그러다 보니 세 명을 키우는 엄마들은 큰애에게 많은 것을 의지하게 된다고 한다. 그런데 엄마의 유일한 희망인 그 큰애가 제대로 자기 말을 따라주지 않으면 그야말로 '멘붕' 상태가 되고 만다.

이미 엄마의 정신상태가 온전하지 못한데, 감정상태가 정상일 턱이 없다. 엄마는 아침마다 아이들에게 불같이 화를 내고, 소리 지르고, 잔소리를 하게 된다.

"사실 큰애도 아직 어려서 엄마 손이 필요하다는 걸 알긴 아는데, 내 손이 없으니 어쩔 수가 없어. 큰애는 자기 스스로 모든 걸 알아서 하게 클 수밖에 없어."

아이가 여러 명이어서 괴로운 엄마들이여, 큰애는 나의 동지인가 희생양인가?

어떤 집은 큰애가 알아서 척척 엄마를 돕는 경우도 있다고 한다. 아이가 공감능력이란 재능을 타고 난 덕분일 것이다. 헌데, 그렇게 알아서 잘해주는 큰애에게 제대로 고맙다는 인사를 하는 엄마는 드물다고 한다. 자기가 처한 그 상황에서는 큰애가 그렇게 해주는 것이 '당연하다'고 느낀다고 했다. 그 애가 클 만큼 커서 그렇게 해주는 것이라고 생각한다는 것이다.

하지만 엄마와 자식 관계에 있어서 '다 큰' 것은 없는 듯하다. 자기 마음대로 하고 싶을 땐 '난 다 컸다'고 항변하겠지만, 엄마에게 의지하고 싶을 때는 여전히 '난 아직 어린아이'라고 항변하고 싶은 것이 인간의 보편적인 심리다. 솔직히 생각해 보자. 서른이 넘은 지금 나이에도 친정엄마에게 반찬이나 육아를 도움 받고 싶지 않은 사람이 얼마나 있겠는가? 내가 힘들면 서른이 넘어도 어린아이요, 엄마의 간섭이 귀찮을 때만 다 큰 성인이 된다.

아이들 역시 그렇지 않을까? 아이가 일곱 살, 열 살, 중학생이 되어도, 엄마가 챙겨주는 그 느낌, 자신이 챙김받는 느낌을 받고 싶어 한다. 하지만 사정상 그렇지 못할 때, 더군다나 자기 스스로 알아서 다 해야 하는데 정당한 보상이나 지지, 칭찬을 받지 못할 때, 그 아이의 감정은 어떨까?

내 아들 준이는 다섯 살이 되어 유치원에 갓 입학했을 때 한동안 '자기는 아기가 아니고 어린이'라며 우리 부부가 자기를 '우리 애기'라고 부를 때마다 불같이 화를 냈다. 그런데 일곱 살인 지금은 오히려 '애기' 소리 듣는 걸 너무나 좋아한다. 애기 소리를 들으며 챙김받고 예쁨받는 것이 좋다는 것을 자기도 안다는 것이다.

그럼 다시 본론으로 돌아가서, 아이가 여러 명인 엄마는 어떻게 자기 감정을 다스려야 하고, 아이들을 케어해야 할까? 물론 가장 큰 조력자인 남편이 아침 시간에 함께할 수 있다면 남편의 도움을 적극적으로 구해야 한다. 하지만 남편이 일찍 출근해버린 뒤에 엄마 혼자 아이 셋 이상을 떠안아야 한다면 나머지 조력자는 '첫째아이'가 될 수밖에 없다. 이 아이를 혼내고 다그쳐서 억지로 그때그때 말을 듣게 할 것인가? 아니면 잘 타이르고 지지해줘서 스스로 나를 돕게 만들 것인가?

큰아이가 자기 할 일만 혼자서 해줘도 절반의 손이 줄어든다. 그렇다면 답은 나왔다. 큰아이에 대한 전폭적인 지지와 격려, 칭찬을 쏟아부어야 한다. 말에는 돈이 안 들지 않는가? 입 운동만으로 내 손과 발이 편해질 수 있다면 오늘부터라도 그렇게 해보자.

"너는 다 큰 누나가(형이, 언니가, 오빠가) 왜 이것밖에 못 하니?"라는 비난 대신, 큰아이가 잘하는 부분을 격려해주고 지지해주자. 그리고 엄마가 너를 믿고 의지하고 있다는 무한신뢰의 메시지를 전달해주자. 예닐곱 살 된 아이도 부모가 자신을 믿고 있다는 것을 느끼면 그 믿음대로 행동하려는 마음속 동기를 가진다는 것을 나는 분명히 경험했다. 조금 다른 분야의 동기부여지만 내 아들 역시 내가 심어준 그 분야의 믿음과 신뢰에 부응하려는 노력을 항상 하고 있다. 준이 역시 일곱 살이 된 후로는 아침 시간에 스스로 많은 준비를 해결해나갈 수 있게 되었고, 나는 그때마다 전폭적인 칭찬을 해준다. 매일같이 하루도 빠지지 않고.

부모로부터 받은 것이 많은 아이는 조금이나마 그것을 부모에게 갚겠다는 노력을 하게 마련이다. 여기서 '받은 것'이라는 것은 물질적인 것이 아니라 정서적인 부분이다. 사랑하는 우리 아이들, 그중에서도 나의 소중한 첫아이에게 가장 큰 사랑과 신뢰, 믿음을 주는 것은 그리 어렵지 않은 일일 것이다.

아이 say

　　세상에 자기 아이를 엄마만큼 잘 아는 사람은 없다. 하지만 엄마라고 해서 자기 아이의 모든 것에 대해 100% 아는 것은 아니다. 아이가 왜 우는지, 아이가 무얼 원하는지, 엄마들도 잘 몰라서 속이 터질 때가 한두 번이 아니다. 화안키를 위한 두 번째 스텝은 아이에 대한 이해다. 엄마들도 모르는 자기 아이의 속마음, 이제 자세히 들여다보자.

08

아이는 나의 어떤 모습을
'평상시 엄마 모습'으로 여기는가?

화안키를 해온 지난 3년 동안, 내 아이는 나의 평상시 모습을 '화내지 않는 착한 엄마, 친절한 엄마'로 여긴다. 아이 스스로 나에게 그렇게 말하곤 하니 아마 맞을 것이다. 하지만 나도 사람인지라, 아이가 잘못할 때, 또는 내가 너무너무 힘들 때 가끔 아이에게 엄한 모습을 보인다거나 급기야 화를 내기도 한다.

대다수 엄마들이 아이에게 천사같이 잘해주다가도 가끔은 화를 내기도 하는 등 아이에게 여러 가지 모습을 보여줄 것이다. 이런 다양한 모습 중에서도 아이 입장에서 가장 빈번하게 보여지는 엄마의 모습을 아이는 엄마의 '평상시 모습'으로 인지한다.

> 나의 평상시 모습은 어떠한가?

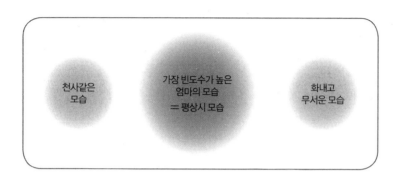

천사같은
모습

가장 빈도수가 높은
엄마의 모습
＝ 평상시 모습

화내고
무서운 모습

다행히도 준이에게 나의 평상시 모습은 '기분 좋은 엄마' 쯤으로 인식되는 모양이다. 이는 나의 짐작인데, 전에 아이의 어떤 반응으로부터 '아이를 통해 비치는 내 모습'을 나름대로 발견하고 나서 내린 결론이다.

내 기분이 매우 좋지 않은 어느 날이었다. 물론 준이에게 화가 난 것은 아니었다. 준이 말고 다른 이유로 화가 잔뜩 나 있었다. 준이는 계속 내 표정을 살피며 내 기분이 풀어지기만을 기다리는 눈치였다. 시간이 조금 지나서 실제로 내 기분이 좀 풀어지고 아이에게 웃는 얼굴을 보이자 준이도 얼굴이 활짝 펴지며 이렇게 말하는 것이었다.

"엄마, 이제 '원래대로' 돌아왔어요?"

준이의 이 말은 나에게 적지 않은 울림을 주기에 충분했다. 준이가 나의 '원래' 모습이라고 생각하는 어떤 모습이 있다는 것을 알게 되었고, 또 그 모습이 다행히 아이에게 긍정적인 모습이었다는 것을 깨달았기 때문이다. 그리고 준이는 될 수 있으면 엄마가 '평상시 모습'을 유지해주기를 바라고 있다는 것도 느낄 수 있었다. 아이를 대하는 하루하루, 순간순간이 얼마나 중요한 것인지 새삼 깨닫게 된 계기였다.

내가 화안키를 하지 않고 준이 어릴 때처럼 허구한 날 혼내고 엄하게 대하기만 했다면 준이는 나를 어떤 엄마로 인식하게 되었을까? 생각만 해도 싸늘해진다. 아이 버릇을 잡는다는 미명으로 아이에게 적잖은 상처를 주고 있었을 것이 분명하고, 엄마에 대한 아이의 인상은 '항상 화난 엄마'로 굳어졌을 수도 있다.

내가 화안키를 시작하면서부터 고민하게 됐던 부분 중의 하나가 아이 '훈육訓育' 문제였다. 나 스스로 착한 엄마와 만만한 엄마의 개념을 명확하게 확립하지 못했던 때였기에, 아이를 혼내지 않으면서도 예의 바르게 키울 수 있을지에 대한 확신이 부족했다. 하지만 화안키의 지속기간이 길어지면서 나름의 노하우를 터득해 나가게 되었고, 결과적으로 중심을 잘 잡을 수 있었다. 여기서 가장 중요한 포인트는 엄마의 진심은 아이에게 반드시 통한다는 사실이다.

엄마가 웃으면 아이도 해맑은 아이가 되고, 엄마가 혼내지 않으면 아이도 착한 아이가 되어준다. 가끔 찾아오는 아이의 반항기나 까불기만 잘 피해간다면 혼내지 않고, 화내지 않고도 아이를 얼마든지 예의 바른 아이로 키워낼 수 있다.

나만의 노하우는 바로 이것이다. 아이가 말을 듣지 않고 예의 없게 행동할 때마다, '엄마 이제 웃는 얼굴 안 해준다'라고 조용히 협박하고 무표정을 짓는다. 그러면 아이는 바로 겁먹고 꼬리를 내리며 서럽게 울기 시작한다. 아이의 입장에서는 그때그때 혼나는 것보다 무서운 것이 '나의 천사 같은 엄마를 영원히 잃는 것'이기 때문이다.

그 밖에도 아이를 혼내지 않고 제압할 수 있는 다양한 방법들이 있다. 예컨대 이런 식이다.

> "엄마 앞으로 널 안아주지 않을 거야."
> "이제 뽀뽀 안 해줄 거야."
> "엄마 너무 힘들고 속상하다."
> "엄마는 착한 아이가 좋은데……."
> "준이는 웃는 엄마가 좋아, 화난 엄마가 좋아?"
> "엄마 슬픈 표정으로 변하고 있어."

아이는 엄마의 '긍정적 모습'이 '항상성'을 가지기기를 원하기 때문에, 이런 아이의 심리를 잘 이용하면 과하게 혼내거나 군기를 잡지 않아도 아이를 잘 훈육할 수 있는 것이다. 이 방법이 효과를 내려면 무엇보다도 언제나 한결같은 엄마의 모습을 평소에 유지하는 것이 중요하다. 아이에게 신뢰감을 주려면 무엇보다도 엄마가 평상시 아이에게 좋은 엄마로서의 경험을 많이 시켜주어야 한다.

실제로 초등학교 교실에서 가족의 모습을 그려보라고 하면 적지 않은 수의 아이들이 엄마의 모습을 화난 얼굴, 또는 마녀의 모습으로 그린다고 한다. 이렇게 되면 아이는 엄마에 대한 이미지를 당연히 부정적으로 가지고 있을 뿐만 아니라, 자아 정체성 역시 '나는 항상 혼나는 아이, 잘못만 하는 아이'로 여길 가능성이 높다.

아이와 항상 좋은 관계를 유지하고, 아이가 그 관계로부터 얻는 이

익을 정확하게 인지하게 한다면, 아이 스스로도 자신의 행동을 제어하고 조절할 수 있게 된다. 단순히 엄마에게 혼나지 않기 위해 위기를 모면하는 수준의 행동제어에서 더 나아가, 웃는 엄마의 모습을 항상 유지하도록 만들기 위해 스스로 착한 아이가 되어간다는 것이다.

화안키, 어려울까?

처음에는 내 인격세탁이라도 하는 것만큼 어렵고, 욱하는 순간순간을 참아내느라 힘들었다. 하지만 하다 보면 나만의 노하우가 생기고, 아이도 적응해 간다. 그리고 화안키가 적응되면 육아와 훈육이 너무 나너무나너무나도 쉽다. 고함치거나 언성을 높이지 않아도 아이가 너무나 말을 잘 듣는다.

관계는 쌍방향적인 것이다. 내가 노력하는 만큼 아이도 노력한다. 내가 아이를 함부로 대하면 아이도 나를 함부로 대한다. 나는 아이를 키우면서 인간관계의 기본적인 많은 이치를 새삼 깨닫곤 한다. 그래서 결혼과 육아가 인간의 발달과업이라고들 하는 것인가 보다.

09

엄마가 왜 화내는지
궁금해요

준이와 나는 종종 잠들기 전에 '서로 속마음 얘기하는 시간'을 갖곤 한다. 아이의 생활에서 내가 좀 더 깊게 이해하고 싶은 사항이 있거나, 평상시 아이에게 궁금한 일이 있을 때 잠자기 전 속마음 이야기하는 시간을 통해 답을 얻곤 한다.

"준아, 우리 속마음 이야기하는 시간 해볼까?" 하고 포문을 열고 시작해야 효과가 좋았다. 이 속마음 얘기하는 시간을 통해 나는 준이가 유치원에서 좋아하는 여자 친구의 이름, 친구들 사이에서 놀림 받았던 일, 준이가 라이벌로 여겨 신경 쓰고 있는 남자아이의 이름 따위를 쉽게 알아낼 수 있었다. 평상시 무뚝뚝해서 자기 얘기를 좀처럼 하지 않는 아이에게 '속마음 얘기하는 시간'만큼은 자기 속마음을 조금이나마 내놓는 시간이 되어준다.

평상시처럼 화안키를 계속하고 있던 어느 날 일어났던 일이다. 아이에게 화를 내거나 소리를 지르거나 매를 들지 않고 훈육할 일이 생기면 언짢은 표정을 짓거나, 엄한 어조로 이야기하는 것이 전부였다. 그런데도 아이는 여전히 내가 자기에게 화를 낸다고 여기는 것 같았다. 그날 밤에 아이는 내게 이런 이야기를 했다. 아니 내가 먼저 아이에게 이렇게 물었다.

"준아, 준이는 엄마 속마음 중에 궁금한 거 없어?"

그랬더니 아이가 대뜸 "왜 화나는지 알고 싶어요"라고 대답하는 것이었다.

평소에 잘 혼나지도 않는 녀석이 이런 말을 할 정도이니, 역시 아이들은 부모가 화내는 상황을 매우 싫어하는 것이 아닐까? 야단을 1도 맞기 싫어한다는 뜻이다.

나는 이렇게 말해주었다.

"응. 준이가 잘못된 행동을 하거나, 다른 사람을 괴롭힐 때면 화가 나. 그런데 준이는 엄마가 화내는 게 싫구나?"

그랬더니 아이는 다시 이렇게 말하는 것이었다.

"웃는 얼굴이 좋단 말이에요……."

그렇게 아이는 내게 항상 웃는 얼굴을 해줄 것을 요구했다. 그런가 하면 준이는 평소 자기가 실수를 하는 일이 있으면 바로 내 눈치를 보며, "이건 실수한 거예요……. 일부러 한 거 아니에요" 하면서 혼나지 않기 위해 미리 선수를 치기도 한다. 여섯 살이 되고부터 아이가 새롭게 시작한 짓이 '일부러 한 것이 아니다, 실수였다'며 혼나는 상황을 미리 피해 가는 잔머리를 쓰는 것이었다. 일부러 한 행동은 나쁘지만 실수로 한 행동은 용서를 해줘 왔기 때문에 아이는 바로 그 점을 이용했던 것이다.

이렇게 준이는 커갈수록 점점 더 혼나기를 싫어했다. 어떤 상황에서든 '좋게 얘기해주기'를 바랐다. 그리고 여섯 살이 되면서부터 선악 판단과 상황 분별력이 충분히 생겼기 때문에 언제 자기가 혼날 수 있는지에 대해 머릿속으로 이미 다 계산할 수 있게 되었다. 잘못한 일이 있을 때 내가 혼내지 않아도 이미 머릿속으로 혼나는 것에 대한 예행연습이 끝나 있었다. 마음속으로 가상의 벌을 이미 받았으니 더 이상 혼내지 말아 달라는 아이의 애타는 속마음이 느껴질 정도였다.

내 경험상 엄마에게 계속 야단을 맞고 크게 혼나 버릇한 아이는 혼나는 것에 대한 역치가 높아져서 웬만큼 크게 화를 내지 않으면 말을 잘 듣지 않게 된다. 아주 어릴 때였지만 준이가 정말 그랬었다. 반면, 평소에 혼을 잘 내지 않고 키운 아이는 사소하게 야단을 맞아도 그것을 크게 받아들이고 두려워한다. 혼나는 것에 대한 역치가 너무 낮아져서 엄마의 엄한 표정이나 언짢은 말투 하나만으로도 혼났다고 생각한다.

혼나는 것에 대한 역치가 낮아져 있는 아이는 훈육이 매우 수월하다. 엄하게 얘기하기만 해도 바로 꼬리를 내리고 잘못을 인정한다. 그리고 아이는 진실로 엄마와 '잘 지내기'를 바란다. 인격적으로 대우받기를 바란다. 아무리 작고 어린아이의 마음이라도 우리 어른들의 마음과 다를 바가 하나도 없다. 우리 어른들도 우리가 잘못하거나 실수한 행동에 대해 상대가 못 본 척해 주거나 좋게 얘기해 주기를 바라듯이 아이도 부모에 대해서 같은 마음을 갖는다.

아이는 작고 연약한 존재다. 우리보다 목소리도 작고, 몸집도 작고, 돈도 없고, 인생 경험도 없다. 갖고 싶은 것이 있어도 스스로 판단해서 구매를 결정할 수 없고, 돈이 없어서 원하는 대로 결제할 수도 없다. 부모의 눈치를 보거나 애원을 해야만 한다. 아이 입장에서 생각해 보면 딱하기 그지없는 신세다. 우리는 이런 딱한 처지에 놓인 아이의 입장에서 한번 생각해 보고, 아이 입장을 존중해주는 훈육을 해나가야 한다.

조금 머리가 큰 아이들에게는 '설명'과 '설득'의 기법을 잘 활용해야 한다. 때로는 이 아이들과 '흥정'을 통해 서로 원하는 것을 얻어낼 수도 있다. 예를 들면 장난감을 자꾸 사면 왜 안 되는지 '설명'을 해주어야 하고, 특별한 날이 오면 그때 사줄 것이라고 '설득'을 해야 한다. 때로는 '칭찬 스티커를 30개 다 모았을 경우' 굳이 특별한 날이 아니더라도 이벤트로 사줄 수 있다고 '흥정'을 해야 할 경우도 있다. 이렇게 설명과 설득, 흥정의 스킬에 잘 길들여진 아이는 역으로 부모에게 자신이 왜 이 장난감이 필요한지 설명을 하고, 사 줄 경우 자신이 착한 아이가 될 것이라고 설득을 하기도 하며, 이것을 사 줄 경우 자신이 안 가지고 노는 장난감을 동생에게 줘도 좋다는 흥정을 하기도 한다. 부모가 하는 대로 그대로 몸속에 체화를 시키는 것이다.

좋은 영향은 그대로 아이에게 물든다. 아이의 설명과 설득과 흥정에 대해 무조건 '그래도 안 돼!'라고 깔아뭉개고 싶은 마음이 굴뚝같겠지만, 그래도 아이의 대화 스킬과 사회성을 길러주기 위해서라도 마음 한 편을 열어놓고 있어야 한다. 부모를 상대로 1차적인 사회성이 길러지면 사회에 나가서도 다른 사람에게 설명을 하고 설득을 하고 흥정을 하는 연습을 해나갈 것이 분명하기 때문이다.

화안키는 이렇게 진화할 수 있다. 단순히 아이에게 화를 덜 내는 활동에서 더 나아가 아이에게 귀중한 대화의 스킬을 전수해주고, 타인과 협상하는 방법을 가르치는 데에 이를 수 있다. 시작이 반이다. 화안키를 시작하고 아이의 평생 기억에 남을 민주적인 어린 시절을 선물해주자.

10
아이도 부모와의 관계를
계산한다?

　　　　　　　　　"나 백 살 되면 엄마 아빠가 나한테 짜증
낼 때 혼내줘야지."

　뜬금없이 무슨 말이냐고? 어느 날 나에게 정말 엄청 호되게 혼나서
싹싹 빌고 반성하고 눈물콧물바람 다 했던 아들 녀석이 수십 분 후
나에게 툭 내뱉은 말이다.

　그 당시가 화안키 하고 키운 지 1년 반 될 무렵이었는데, 그날따라
내가 좀 감정조절이 안 되었는지 아이에게 크게 화를 내고 말았다. 생
리전후증후군 때문에 사소한 일에도 짜증이 나고 호르몬 영향을 많
이 받던 날이었다. 아이가 크게 잘못하지도 않았는데 순간적으로 엄
청난 화가 치밀었고, 그동안 아이에게 내지 않았던 1년 치 화를 폭발
시켜버렸던, 정말 무서운 날이었다.

　내가 화를 내는 동안 내 자신이 무서울 정도였다. 아이가 무서워했

음은 더 말할 것도 없었다.

"네가 그렇게 잘났으면 혼자 나가서 살아!"

"나가, 나가라고! 나한테 붙어 있지 말고 나가라니까!"

엄청난 독설이었다.

내가 어렸을 때 엄마에게 자주 듣던 레퍼토리이기도 하다.

'그렇게 너 혼자 잘났으면 너 혼자 나가서 살아봐라.'

나 역시 화가 났을 때 아이에게 창의적으로 혼낼 말이 떠오르지 않았던지 십수 년 전 엄마에게 들었던 말들을 반자동으로 내뱉었다.

아이가 다섯 살이 된 후부터 때로는 얄밉게, 때로는 귀엽게 말도 안 듣고 도망 다니고 하는 것을 그저 귀엽게만 바라보고 허허거리던 나였다. 아이는 나의 화안키 의도에 맞게 정말 잘 따라와 주었다. 짜증도 덜 내고 웬만큼 말로 설명하면 잘 알아듣고, 조금만 엄하게 굴어도 바로 무서워하며 꼬리를 내리던 아이였다. 자상하고 친절한 엄마였기에, 아이도 그런 나의 행동에 부응해서 착하고 순한 아이로 자라주어 고마웠다.

헌데 내가 화를 참지 못하고 폭발을 시키니까, 당장은 엄마가 무서워서 용서를 빌고 잘못했다고 울며불며했던 아이였지만 사실 마음속에서는 '복수해야겠다'라는 칼을 갈고 있었나 보다. 그러니 자기가 '백 살이 되어서 엄마 아빠보다 더 커지면 엄마 아빠를 혼내줄 권력이 생긴다'고 생각했던 것이다.

아이도 부모와의 관계에서 '계산적'임은 자기 자신을 조금만 생각해 보면 쉽게 알 수 있다. 바로 나 자신도 그러니까. 나 자신도 내 엄마와의 관계에서 계산적으로 행동하고, 엄마가 조금만 서운하게 굴어도 토라져 버리지 않았던가?

엄마가 내 걱정을 해주고 나에게 잘 대해주면 나도 효도할 마음이 펑펑 솟지만 엄마가 이유 없이 서운하게 굴고, 나와의 약속을 잊거나 무시하면 뭔가 복수심 같은 것이 생겼던 것이 솔직한 심정이다. 단기적인 감정이었다 할지라도.

우리 아이들은 당연히 사물을 장기적으로 바라보고 생각할 힘이 부족하기 때문에 단기적인 감정들의 총집합을 대상에 대한 자기감정으로 인식한다. 즉, 자기에게 잘 대해준 경험이 여러 번 쌓인 사람에 대해서는 '좋은 사람'이라고 인식하고, 자기도 좋은 감정으로 되돌려주겠다고 생각하는 반면, 자기에게 부당하게 대한 경험이 여러 번 있는 사람에게는 부정적인 감정을 되돌려주고 '나쁜 사람'이라고 쉽게 생각한다는 것이다.

엄마와의 관계에서도 마찬가지다. 물론 아이들은 자기 엄마를 사랑하고 좋아하지만 엄마의 지시를 잘 따르는 아이와 그렇지 않은 아이가 있다. 늘 엄마에게 혼나고, 화가 난 상태의 엄마만을 대하는 아이는 엄마에게서 받은 부정적인 감정들을 그대로 엄마에게 되돌려주는 경향이 있다. 바로 짜증과 신경질로 말이다. 그리고 이렇게 심리적으로 불안정한 상태의 아이들은 본의 아니게 뭔가를 쏟거나 어지르는 실수도 많이 저지른다. 그래서 엄마에게 더더욱 자주 혼이 나는 악순환의 늪에 빠진다.

하지만 엄마에게 늘 사랑한다는 이야기를 듣고 친절한 얼굴만 본 아이는 엄마에게 스킨십을 많이 하고 엄마의 지시를 잘 따르는 경향이 있다. 이런 경향은 엄마의 태도가 변화하면 쉽게 따라 변하기도 한다. 아이의 기질 문제가 아니라 양육 태도의 문제이기 때문이다.

평소에 짜증이 많고 신경질을 자주 부려서 상대적으로 엄하게 훈육을 받던 아이에게 화안키를 시작하고 애착육아를 적용한 경우 단 며칠 만에 아이의 태도가 몰라보게 변화한다는 이야기를 종종 듣는다. 엄마에게 받은 긍정적인 감정을 아이가 계산해서 그대로 갚아준다는 얘기다.

나는 비단 나와 내 아이의 사례에서만 화안키가 통할 것이라고 생각하지 않고 주위의 엄마들이나 카페에 가입한 엄마들과 함께 화안키 프로젝트를 진행해보았다. 이제는 확신이 든다. 화안키를 통해 새로운 아이가 다시 태어난 것처럼, 정말 순하고 온순한 아이들로 돌변하는 아이들을 많이 보아왔다. 심지어 열 살이 넘은 아이도 한두 달 만에 전혀 다른 아이가 된 사례도 있다. 이 이야기는 뒤에서 화안키 성공사례를 통해 자세히 소개하겠다.

내 친구 중 한 명은 산후조리 시절에 친정엄마가 잘 보살펴주지 않아서 서운한 감정이 생긴 나머지, 나중에 친정엄마의 노후에 자신은 모른 체할 것이라며 복수의 칼을 갈았다. 심지어 이렇게 어른이 된 후에도 부모와의 관계에서 계산을 하고 자신이 받은 감정을 되돌려주는데, 너무나도 작은 우리 아이들은 어떨까?

아이에게 받고 싶은 대로 행동하라! 이것이 화안키의 목표다. 아이의 행복한 웃는 얼굴과 온순한 모습을 원한다면 나도 아이의 요구를 잘 들어주고, 아이의 목소리에 귀 기울여주는 자상한 엄마가 되어야 한다. 아이의 실수나 짜증, 신경질은 아이의 성장에 따른 자연적인 현상이라고 '이해'하려고 노력하는 동시에, 나의 '분노'의 감정과 연결시키지 않으려고 노력해야 한다.

아이 하나 키우는 나도 어려웠는데, 아이를 둘 셋 키우는 엄마들은 얼마나 힘드실까? 화 안 내고 잘 넘겨보려고 해도, 이 녀석 저 녀석이 동시다발로 사고를 치면 순한 성격의 엄마라도 버럭 하는 것이 육아다. 하지만 공들인 아이는 절대 배신하지 않는다. 내가 노력한 만큼 아이들은 그것을 반영하는 거울이 되어 나를 비추어줄 것이다.

11

아이의 허기증과
다양한 부작용

이 부분을 읽게 될 많은 독자들에게 우선 속으로 뜨끔할 이야기를 하나 할 수밖에 없다. 바로 '어린이집'에 대한 이야기다. 어린이집은 어느 순간부터 우리 사회에서 '계륵'으로 자리 잡았다. 될 수 있으면 아이가 유치원에 들어가기 전까지 엄마가 가정 보육을 하는 것이 좋을 것 같다는 것을 어렴풋이 다들 느끼고는 있으나, 현실 육아의 벽 앞에서 누구나 '어린이집'의 문을 두드리고 만다.

맞벌이 부부들에게는 선택 아닌 필수일 수밖에 없는 것이 어린이집이다. 하지만 맞벌이 부부들도 어린이집에 아이를 '몇 시간' 맡길 것인가 하는 문제를 매일 밤 고민할 것이다. 돈을 좀 쓰더라도 할머니나 베이비 시터를 고용해서 아이가 어린이집에 체류하는 시간을 줄이고자 하는 가정이 실제로 많이 있기 때문이다.

어린이집이 이렇게까지 보편화 된 것은 2013년에 시작된 무상보육

정책 덕이 컸다. 국가에서 대대적으로 진행하는 복지정책이었기 때문에 누구나 그 '혜택'을 받고자 하는 마음이 앞섰다. 때문에 어린이집이 굳이 필요하지 않은 많은 가정에서도 어린이집을 이용하는 경우가 생기기 시작했다.

처음에는 어린이집에서 단체생활을 하면 아이의 사회성을 길러줄 수 있다는 신념이 유행처럼 퍼져나갔다. 세 살 정도 되어 보이는 아이들이 엄마 손을 잡고 걸어 다니면 모르는 사람도 말을 걸며 '아이 어린이집 아직 안 보내요? 사회성 길러야 될 텐데요'라는 조언을 서슴지 않던 시절이 있었다. 하지만 웬일인지 요즘에는 아이 사회성 기르기를 내세우며 어린이집에 보내야 한다는 이야기는 많이 줄어들었다.

최근에는 '둘째를 임신했을 때', '둘째를 낳았을 때', '엄마의 정신 건강을 위해서', '둘째니까 조금 일찍'이라는 이유로 아이들이 어린이집에 간다. 첫째를 36개월까지 끼고 키웠던 집들이라 하더라도, 둘째들은 조금 일찍 어린이집 생활을 하는 경우가 많다. 엄마의 독박육아가 6~7년 이상 계속되는 것은 너무나 힘들기 때문이다.

어린이집이 좋다 나쁘다의 가치 판단에 대한 이야기를 하기 위해 장황하게 이야기를 꺼낸 것은 아니다. 어린이집은 잠깐이지만 육아에 지친 엄마들에게 꿀맛 같은 휴식을 선물하는 곳이기도 하고, 모두가 보편적으로 받는 복지정책을 수혜한다는 측면에서도 중요하다. 세금을 내는 시민으로서의 권리를 누린다는 개념이 전혀 중요하지 않은 것은 아니니까. 충분한 휴식을 취한 엄마는 에너지를 충전해서 더 질 높은 육아를 할 수 있는 자양분으로 사용하기도 한다. 나 역시 2013년이 되자마자 준이를 어린이집에 한두달 보냈던 적이 있을 정도니까.

아무튼, 다양한 이유로 인해 아이들은 어린이집 생활을 일찍 시작하게 되었고, 어린이집이 주는 장점도 분명하게 누린다. 일찍 사회생활을 시작한 아이들은 단체의 규칙에 적응하는 방법을 배우기도 하고, 식습관이나 배변훈련과 같은 육아 난제들을 어린이집에서 해결하고 오기도 한다. 그렇기 때문에 어린이집이 아이들에게 무조건 나쁜 영향을 끼치는 것은 아니다.

다만, 어린이집 생활로 인해 야기될 수 있는 몇 가지 문제들에 대해 엄마들이 알고 대처해나가야 한다는 말을 하고 싶다. 바로 여러 가지 정서적 허기증에 대한 문제다.

❶ 자율성의 손상

1세부터 3세까지의 아이들에게는 아주 중요한 발달과업 한 가지가 있다. 바로 '자율성'의 획득이다. 쉽게 말하면 내 마음대로 뭔가를 해보고자 하는 마음이다. 여기서 '독불장군, 떼쟁이'를 떠올리면 안 된다. 여기서 말하는 자율성이란 '호기심'을 기초로 한 아이들의 기본적인 행동들을 말한다.

궁금한 것을 만져보고 싶고, 더욱 다양한 것들을 보고 배우고 싶고, 처음 보는 것들이 있으면 입에 넣어보거나 가지고 놀아보고 싶고, 좋아하는 노래가 있으면 계속 틀어달라고 하기도 하고, 좋아하는 책을 엄마에게 수십 번이고 읽어달라고 하고, 하기 싫은 것이 있으면 거부도 해보고, 때로는 떼도 써보는 등 스스로 의사결정에 의한 행동을 하고 또 그로 인한 좌절도 경험해보며 자율성을 길러야 하는 발달과업을 가진다. 이 때문에 0~3세 아이들은 아무거나 손대고, 이것저것 해보고 싶어 해서 '안 돼'라는 말을 가장 많이 듣게 되기도 한다. 그래서 반대급부로 '안 돼'라는 말을 하지 말라는 육아 조언이 등장하기도 했다.

이런 발달과업은 혼자서는 어렵고, 애정을 가진 주양육자인 부모가 곁에 있어야만 수월하게 완수될 수 있다. 다양한 아이의 요구를 들어줄 수 있고, 아이가 친 사고를 수습해줄 수 있는 단 한 사람, 대부분의 요구는 수용해주지만 위험하거나 불가능한 요구에 대해 자제력 있게 거부할 수 있는 사람은 이 세상에 부모밖에 없다.

하지만 단체생활 속에서는 아이 한 사람 한 사람의 자율적인 행동과 요구사항이 받아들여지기 어렵다. 이렇게 아이의 자율성이 손상될 경우 아이는 '자율성의 허기증'을 가지게 된다. 심리학자 에릭슨은 1~3세 아동이 자율성을 기르지 못할 경우 '수치심과 의심'을 가지게 된다고 말한다. 수치심이란 자기 행동이 떳떳하지 못하고 창피함을 느끼게 된다는 것이고, 의심이란 '내가 이걸 해도 되나?'라는 의문을 가진다는 것이다. 즉, 자기 자신에 대한 확신이 없다는 것이다.

이런 의심들이 쌓이고 쌓이면 집에 와서 '사고 치기'라는 유난 떠는 행동으로 나타날 수 있다. 어린이집에서 마음대로 장난감을 만지지 못했던 아이는 집에 와서 장난감들을 다 쏟아 부어놓고 거실을 엉망진창으로 만들어 놓은 후 뿌듯함을 느낀다. 자기의 자율성을 시험해보는 행동의 대표적인 예라고 볼 수 있다.

어린이집에서는 목이 마를 때 물 마시는 것조차 순번을 기다리고 눈치 보며 선생님에게 요구했지만, 엄마에게는 마음 놓고 요구할 수 있다. 엄마에게 계속해서 이거 해라 저거 해라 매달리며 요구하는 엄마 껌딱지로 돌변할 수도 있다. 여기서의 엄마 껌딱지는 좋은 뜻이 아니라, 괴로울 정도로 엄마에게 붙어 있으며 엄마를 부려먹는다는 뜻이다.

이런 아이들의 과잉행동은 그나마 건강한 정서적 표현이다. 집에 와서조차 자율성을 발휘할 수 없게 된다면 어떨까? 가령 집에 와서 할머니나 시터에게 2차 양육을 계속 받는다거나, 엄마가 허용적인 부모가 아니라면 아이는 이런 자율성의 손상과 허기증을 분노로 쌓을 가능성이 있다. 쉽게 말해 떼쓰고 신경질 내는 아이가 될 수 있다는 뜻이다.

이런 경우 어린이집에 보내는 시간을 조금 더 줄인다든지, 집에서나마 아이의 자율성을 최대한 존중해주는 육아를 함으로써 아이의 허기증을 해소해주는 방법을 써야 한다. 하지만 애석하게도 대부분의 아이들은 이런 행동을 할 경우 '훈육대상'으로 낙인찍히는 게 보통이다. 그나마 아이를 받아줘야 할 부모가 오히려 아이를 혼내고 통제하는 수순을 밟는다. 아이의 마음 읽기가 먼저 아닐까.

❷ 주도성의 손상

4세부터 7세까지의 아이들에게는 '주도성'이라는 발달과업이 매우 중요하다. 주도성과 자율성은 얼핏 비슷해 보이지만 조금 다른 개념이다. 자율성이 '뭐든지 내가 한번 해봐야겠다'는 생각을 가지는 데 그친다면, 주도성은 '내가 대장이 되겠다'는 생각을 가지는 것이라고 이해하면 쉽다. 자율성은 엄마와 아이 단둘이 있어도 길러지지만 주도성은 엄마 이외의 타인이 1명 이상 반드시 필요하다.

주도성의 예를 우리의 일상생활에서 찾아보면 아이들이 엄마에게 명령질, 선생질을 하거나 역할놀이를 시작하거나 소꿉놀이 등의 놀이를 시작하는 것으로 이해할 수 있다. 준이는 4세가 되고부터 엄마 아빠에게 '무슨 무슨 놀이를 하자'고 먼저 제안하기 시작했고, 항상 자기가 가장 좋은 역할을 맡았다. 아이는 이런 식으로 자기가 상황을 설정하고, 그 안에서 역할을 결정하고 분배하며, 실제 놀이를 진행해 나가는 과정을 경험해보면서 자신의 주도성에 흠뻑 취하게 된다.

자율성과 주도성을 잘 기르지 못한 채 유치원에 입학한 아이들은 크게 두 가지 행동 양상을 보인다. 첫째는 소극적인 유형이다. 유치원에 있는 장난감이나 교구들을 자신 있게 만져보려 하거나 호기심을 가지지 않고 주변 환경을 스스로 탐색하지 않는 등 '아이답지 않은' 모습을 보여준다. 선생님과의 활동시간에도 '선생님 저는 잘 못해요, 도와주세요'란 말을 많이 한다.

두번째는 자율성과 주도성이 잘 발달하지 못해 허기증으로 발전한 아이들로, 유치원에서도 과잉행동이 나타난다. 모둠활동 시간에도 착석이 잘 안 된다거나 집중을 잘 하지 못하기도 하고, 다른 아이에게 집적거리거나 폭력을 행사하는 등의 행동이 나타나기도 한다. 이럴 때 아이의 행동을 면밀하게 관찰하여, 아이의 주도성을 올바른 곳에

풀 수 있도록 유도해야 한다. 심할 경우 놀이치료 등의 방법이 도움이 된다.

❸ 운동성의 위축

하루 종일 좁은 방 안에 갇혀있다시피 한 채 소변보는 시간마저 제약을 받는 어린이집 아이들. 활발히 활동하지 못한 경험이 축적된 아이들은 집 안에서나 바깥에서 지나치게 뛰어다니며 에너지를 방출하고자 한다.

운동성이 위축된 아이들은 당연히 집에서 뛰어다닐 수밖에 없다. 소파나 침대는 아이들의 방방장으로 전락한다. 에너지 발산이 제대로 안 될 경우 아이의 분노로 축적되기도 하고, 타인을 공격하는 공격성으로 표출되기도 한다. 어느 쪽이든 위험하다.

특히 아이들의 운동성은 모두가 동일한 것이 아니라 아이마다 다르기 때문에 어떤 아이들은 어린이집 끝나고 놀이터에서 30분만 놀아도 괜찮지만, 어떤 아이들은 하루 종일 뛰어다녀도 부족해 하기도 한다.

때문에 돌 전후로 해서 아이의 움직임이 활발하고 집 안에서조차 걷기보다 뛰기를 좋아하는 아이라면 무리하게 어린이집에 일찍 보내지 않을 것을 조심스레 권하고 싶다.

❹ 애정결핍

애착육아라는 키워드는 아마 영유아를 키우는 부모들이라면 누구나 한번쯤 들어보았을 것이다. 애착이라는 것은 아이에게 대단한 애정을 전폭적으로 쏟아부었을 때만 생기는 것은 아니다. 그저 주양육자인 부모와 하루 24시간 함께 살을 부비며 정을 쌓아가는 과정만 잘해나가면 애착이 쌓일 수 있다.

사실 어린이집뿐만 아니라 다양한 형태로 나타나는 애정허기증, 다시 말해 애정결핍증상은 유년시절 발생할 수 있는 가장 흔하고도 심각한 문제다. 어린이집에 보내지 않는 가정이라 하더라도 아이가 애정결핍 상태로 자랄 위험이 있는데, 양육자의 양육 태도나 환경 때문에 쉽게 발생할 수 있는 것이 바로 애정결핍이다.

일례로, 형제를 낳은 엄마가 한 명 있었다. 이 엄마는 둘째 아이를 낳고 2년차 때부터 아이들과 함께 있는 시간에 직접 놀아주지 않고, '아이는 아이들끼리 놀아야 한다'며 엄마에게 붙고자 하는 아이들을 바쁘게 떼어냈다. 아이들은 집에 엄마와 함께 있으면서도 엄마를 차지할 수가 없었다. 아이들은 아이들끼리만 지내야 했으며, 서로 싸우기 일쑤였다. 싸움이 일어나야만 엄마가 자신들을 보러 와주기 때문이었다. 하지만 싸움 후에 그 아이들이 얻는 것은 묻지도 따지지도 않는 일방적인 훈육이었다.

아이들은 엄마와 한 공간에 있으면 당연히 엄마를 차지하고자 한다. 그런데 뻔히 눈앞에서 엄마를 보고 있으면서도 엄마를 가질 수 없고, 그게 바로 나의 하나뿐인 형제 때문이라는 말을 지속적으로 듣는다면, 그 형제가 얼마나 미울까?

또 다른 예도 있다. 편애가 바로 그 대표적인 예다. 아무리 엄마가 하루 종일 아이들과 같이 있는다 해도, 아이들을 대놓고 차별한다면 차별받는 입장의 아이는 어떤 기분일까? 물론 엄마로서 아이들을 대놓고 차별하는 행동을 하지는 않는다. 하지만 아이들은 엄마가 누굴 더 좋아하고, 누굴 더 신뢰하고, 누굴 더 인정하는지 매우 손쉽게 파악할 수 있다. 어떻게?

바로 엄마가 다른 집 아줌마와 나누는 대화를 몇 분만 들으면 쉽게 간파할 수 있게 된다. 엄마들은 흔히 어른들끼리의 대화를 아이들이 못 알아듣거나, 못 듣는다고 생각하고 거리낌 없이 눈앞에 대상자들을 두고 그 아이들의 이야기를 나누는 경우가 많은데, 그런 어른들끼리의 대화에서 누가 누구보다 못하다는 둥, 발달 속도가 느리다는 둥, 성격이 못됐다는 둥 하는 얘기를 적나라하게 나눈다. 그런 이야기들을 촉을 세우고 다 듣고 있는 아이들은 자기가 편애를 당한다는 사실을 대번에 알아차린다.

애정결핍을 겪은 아이들은 어떤 식으로든 애정을 갈구하고 채우고자 하는 시도를 하게 된다. 그리고 이것이 과잉행동으로 나타나거나, 엄마에게 매달리거나, 아빠를 무시하거나, 아빠를 이겨먹으려고 하거나, 심한 경우 분노와 신경질, 짜증으로 표현되는 경우도 있다.

내 아이가 애정결핍을 겪고 있는지 알고 싶다면 방법은 의외로 단순하고 간단하다. 아이에게 직접 물어보면 된다. "엄마가 너를 충분히 사랑하고 있는 것 같아?"라고 물었을 때, "그렇다"고 대답하면 일단 안심해도 좋다. 하지만 그 외의 대답이라면 아이는 어떤 형태로든 애정허기증을 가지고 있을 확률이 높다.

해결책은 아이가 느낄 수 있을 만큼 애정을 듬뿍 주는 것밖에 없는 데, 아이의 버릇이 나빠지거나 독불장군으로 자랄까 염려되어 아이를 민주적으로 키울 자신이 없는 분들이라면 다음과 같은 손쉬운 방법을 추천한다. 바로 립서비스다. 아이를 재우기 전 5분 동안 낮간지럽지만 아이를 사랑하는 마음을 마음껏 표현하는 시간을 가져보자. 우리 아이가 이 세상에서 최고이고, 엄마는 언제나 네가 자랑스럽다고, 네가 실수하고 말썽 피워도 최고의 아이는 너(희들)뿐이라고, 사랑스럽게 속삭여주자. 매일 해야 효과가 있다.

12
우선순위에서
밀리는 느낌

　　　　　　　이번에는 일하는 엄마에 대한 이야기다. 아마 이 책을 읽어 내려가면서 나를 원망하고 미워하는 마음이 드는 분들이 적지 않을지도 모르겠다. 남들이 쉽게 건드리지 않는 마음 아픈 주제를 너무 대놓고 다루려고 하기 때문이다. 하지만 모두 나의 피 같은 경험담이니 서운한 감정은 잠시 접어두고 귀 기울여 들어주시길 바란다.

　나는 준이를 낳고 생후 1년 후부터 36개월까지 약 2년간 집에서 사업을 했다. 집에서 사업을 했으니 일도 하고 돈도 벌고 아이도 잘 볼 수 있어서 좋았냐고? 전혀! 정반대다.

　일도 제대로 할 수 없었고, 애도 잘 돌볼 수 없었고, 집안일도 손을 놓았다. 뭐 하나 제대로 성에 차게 해내지 못하니 당연히 내 기본정서는 신경질과 짜증이 탑재된 채였다. 자연히 모든 게 제대로 돌아가지 않는 이유는 '아이가 집에 함께 있어서'였다. 적어도 그때 감정은 그랬다.

내가 일을 잘 못 해서, 내가 경험이 없어서, 내가 못나서가 아니라 내 아이 때문에 내 사업이 잘되지 않는 것처럼 느껴졌다. 이제 와 생각해 보면 우습기 그지없다.

내 마음속에는 언제나 내 사업과 일, 고객이 최우선이었다. 내 일이 곧 내 자아였고, 내 가치라고 생각하던 시절이었다. 고객에게 전화라도 한 통 오면 혹시나 아이가 목소리를 낼까 봐 잽싸게 다른 방으로 전화기를 들고 들어가서 문을 닫았다. 그러면 귀신같이 아이가 나를 따라와서 문을 두드리며 울기 시작했다. 총체적 난국이었다.

아이는 언제나 내 최우선순위가 아니었다. 아이는 강제로 뽀로로를 봐야만 했다. 밥을 먹이는 점심시간에만 잠깐 엄마와 마주할 수 있었다. 아이는 언제나 내 뒷모습이나 옆모습만 볼 수 있었다. 나는 집이란 한 공간에 있는 엄마였음에도 불구하고 말도 제대로 할 줄 몰랐던 작은 아이에게 언어적 자극을 충분히 주지 못했다. 꼭 그래서는 아니겠지만 준이는 말이 조금 늦은 편이었다.

남편이 퇴근하면 얼른 아이를 맡기고 더욱 일에 매달렸다. 아이는 강제로 아빠에게 떠안겨야 하는 당시 상황을 그리 좋아하지 않았다. 아이는 24시간 엄마만을 원하고 갈구했다.

역시나 아이는 알고 있었다. 자신이 우선순위가 아니라는 사실을. 그래서 그 슬픔과 원망을 차곡차곡 분노로 쌓아갔었던 것 같다. 준이는 유난히 짜증과 신경질이 많은 아이였다. 한번 울음을 터뜨리면

30분 정도는 악을 쓰며 울었는데, 그런 울음이 하루에도 서너 번이었고, 두 돌 넘어서까지 계속되었다.

나는 우리 아이가 순하지 못한 아이라며 또 원망스런 마음이었다. 나는 왜 이런 아이를 낳았을까 하며 아이 탓을 했다. 하지만 그 모든 것은 사실은 엄마인 내 탓이었다.

이처럼 집에 같이 있는 엄마에게조차 우선순위에서 밀리는 느낌을 강하게 받는 게 아이들인데, 엄마가 아예 집 밖으로 나가서 얼굴 구경을 할 수조차 없다면 그 아이의 마음은 어떨까? 아무리 엄마가 "네가 최고!"라고 말로 떠들어본들, 과연 그 아이가 '아, 내가 엄마의 최고구나' 하고 느낄 수 있을까?

하지만 어쩌겠는가. 목구멍이 포도청이고 엄마도 일을 해야 숨을 쉴 수 있는 존재인 것을. 나 역시도 이렇게 지금 책을 쓰며 일하고 있지 않은가.

해결 방법은 의외로 단순하다. 아이와 함께 있는 시간 동안에 아이 얼굴에만 집중하는 것이다. 집안일은 과감히 내팽개칠 것을 추천한다. 뒤에서 다시 언급하겠지만 엄마의 정서 상태를 좌우하는 것은 의외로 '집안일'이다. 엄마들은 집안일 때문에 바쁘고, 집안일 때문에 짜증이 난다. 집안일 때문에 아이와 떨어져 있고, 집안일 때문에 아이에게 화를 내는 경우도 많다. 그러니 아이와 함께 있는 시간만은 최대한 집안일을 내려놓고 아이 얼굴을 쳐다봐야 한다.

아이 얼굴을 쳐다보면서, 우리 아이 얼굴이 얼마나 예쁜지, 눈은 어떻게 예쁘고 코는 어떻게 예쁘고 입은 어떻게 예쁜지, 각 부위는 누굴 닮았는지, 그래서 어떻게 소중한지 쉴 새 없이 아이에게 이야기해주고, 너를 낳아 내가 행복하며, 너를 낳아 내 인생이 달라졌으며, 너는 내 인생 최고의 선물이라고 끊임없이 매일 이야기해줘야 한다. 특히 아이가 태어났던 순간에 대한 상황 묘사를 과장 섞어가며 이야기해주면 아이는 평생 가지고 갈 엄마 감동 포인트를 갖게 된다. "너를 잘 낳았다", "네가 없었으면 어쩔 뻔했니?", "넌 정말 참 잘 컸구나", "엄마가 널 참 잘 키운 것 같다"는 이야기를 될 수 있으면 대놓고 자주 해주자. 이런 이야기들은 대놓고 해야 효과가 100배다.

이렇게 대놓고 아이 찬양을 늘어놓으면 아이는 드디어 마음의 문을 연다. 엄마 마음의 우선순위가 자기라는 사실을 받아들이고 인정한다. 엄마 노릇 하기 참 힘들지 않은가? 연애 시절 남편에게 속삭였던 사랑 표현의 100배는 해야 한다. 그래야 내 아이가 순하게, 잘 큰다.

13

또 지켜지지 않는 약속

엄마나 아빠나 한 집에서는 일관성을 가지고 육아를 해야 한다. 양육 태도에서 일관성은 핵심적인 요소다. 엄마가 아무리 민주적인 기준을 세워서 양육을 잘 해도 아빠가 허용적인 태도로 일관하면 엄마가 세운 견고한 육아의 성벽은 와르르 무너져 내린다.

특히 아이에게 약속을 남발하며 키우는 경우 아이는 지켜지지 않은 약속에 대해 좌절하고, 실망한 경험을 차곡차곡 쌓으며 마음속에 분노를 만들어 간다.

우리가 어릴 때에는 부모가 아이들에게 이렇다 할 약속을 많이 하지 않았다. 다들 경제적으로 넉넉지 못했던 시절이어서 더 그랬을 것이다. 나 역시 아빠가 오랜만에 쉬는 날 놀이공원에 꼭 데려가 준다는 약속을 해주기를 몹시 기다렸던 기억이 남아있을 뿐이다. 그 밖에 생일 선물이나 크리스마스 선물로 뭘 사주겠다, 하는 정도의 약속 말고는 나는 부모님들과 특별한 약속을 했던 기억이 없다.

하지만 요즘 부모들은 아이와 정말 수도 없이 많은 약속을 한다. 아이와 손가락을 꼭꼭 걸고 약속을 하며, 은근히 "엄마 말 잘 듣는 아이로 자라다오"란 주문을 외운다. 하지만 아이들이 부모와의 약속을 지키지 않는 횟수와 맞먹는 수준으로 부모 역시 아이와의 약속을 잘 지키지 않는다.

나는 특별한 이유가 있어서는 아니지만 대체로 아이와 약속 같은 것을 잘 하지 않는 편이다. 개인적으로 약속의 무게감을 조금 크게 느끼는 경향이 있기 때문인 것 같다. 하지만 다른 엄마들과 어울려 시간을 보내다 보면 시도 때도 없이 아이와 약속을 남발하는 엄마들의 모습을 쉽게 보게 된다. 거의 대개, "지금 얌전히 잘 있으면 이따가 아이스크림을 사준다"는 따위의 약속들인데, 무게감이 결코 크게 느껴지지 않는 수준의 약속들이다.

아이들은 아이스크림을 기대하며 일단 얌전히 있으려고 초반 노력을 엄청나게 기울인다. 하지만 아이가 괜히 아이겠는가? 당연히 아이는 뒤로 가면 갈수록 본연의 자기 모습으로 돌아오기 일쑤다. 하지만 웬걸, 아이는 자기 행동을 돌아보기는커녕, 엄마가 아까 자기에게 손가락 걸고 했던 약속을 지키라고 종용하며 화를 내기 시작한다. 엄마 입장에서는 아이가 먼저 약속을 지키지 않았으니 자기도 지키지 않겠다며 버틴다. 그러다가 결국 아이는 으앙 하고 울음을 터뜨리는 수순을 밟는다.

이런 의미 없는 언약에 '약속'이라는 거창한 이름을 갖다 붙이지 않는 것이 더 낫지 않을까. 아이의 마음속에는 자기 자신의 행동에 대한 돌아봄은 1도 남아 있지 않은 채 엄마가 약속을 지키지 않았다는 불신만 쌓여간다. 얌전히 있으라고 해서 5분이지만 얌전해 있었으니 자기는 자기 소임을 다했다고 생각하는 걸까.

이 외에도 "오늘 엄마(또는 아빠) 일찍 퇴근해서 꼭 같이 놀아줄게", "이번 주말에 같이 어디 어디를 가자", "지금 말고 나중에 뭔가를 해줄게"라는 등의 공수표를 날리는 부모들이 꽤 많다. 아이들은 시간개념이 없기 때문에 오늘 이외의 미래에 대한 구체적인 개념도 별로 없다. 아이 입장에서는 그저 약속을 잘 지키지 않는 엄마 아빠에 대한 부정적인 이미지만 쌓아갈 뿐이다. 반복되는 실망은 불신을 낳고, 불신은 불만을 낳고, 불만은 분노를 낳는다. 아이가 약속이란 단어만 들어도 경기를 일으킬 정도로 부모를 적대시하는 경우까지 봤다.

약속에 대한 유년시절의 부정적 경험은 청소년기까지 영향을 미친다. KBS의 〈위기의 아이들〉이란 프로그램에서도 엄마로부터 약속을 수없이 부정당한 청소년이 엄마에게 비난을 퍼붓는 장면이 방송된 적이 있었다.

특히 워킹맘인 엄마를 기다리는 아주 어린 아이들은 곧잘 선생님이나 할머니에게 "엄마 언제 와요?"란 질문을 많이 던지는데, 대부분 "곧 있으면 오신다"라는 대답으로 상황을 무마하는 경우가 적지 않다. 하지만 '곧'을 몇 번이나 기다려도 엄마는 오지 않는다. 이럴 경우 차라리 시곗바늘이 몇 시를 가리킬 때까지 엄마는 오지 않을 것이라고 구체적으로 알려줘서 아이가 헛된 희망과 실망을 경험하지 않게 하는 편이 낫다. 못 지킬 약속을 수없이 반복하는 것보다, 약속을 하지 않고 그저 아이를 즐겁게 하는 일에만 집중하자.

14

영혼 없는
"미안해!"란 사과

남의 집 아이를 때려놓고 울려서 사과를
시키면 영혼 없는 "미안해"란 말을 툭 쉽게 내뱉는 아이들이 더러
있다. 그런 아이들은 당연히 진심으로 반성하지 않은 채 기계적으로
"미안해"란 말로 상황을 모면하는 것이다. 5분도 지나지 않아서 같은
행동을 반복하는 것은 당연지사. 이 아이들은 어쩌다 이렇게 되었을
까?

보통의 아이들은 자기가 잘못을 해놓고도 "미안하다, 잘못했다"는
사과를 하거나 용서를 비는 행동에 매우 자존심을 상해한다. 뻔히 자
기가 잘못한 것임을 알면서도 미안하다는 말 한마디 내뱉는 것을 매
우 어려워하는 것이 일반적이다. 하지만 위에 언급한 일부 아이들은
정말 0.1초도 고민하지 않고 바로 미안하다는 말을 해버리고는 돌아
서서 아무 일도 없었다는 듯 자기 할 일을 하며 노는 모습을 보여준

다. 이럴 때는 오히려 미안하다는 사과를 안 받으니만 못하다는 마음이 든다.

물론 부모로부터 배운 것이다. 어떤 사건으로 인하여 부모가 아이에게 미안한 일이 발생하여 아이가 징징거릴 때, 또 부모가 사소한 실수를 했을 때 영혼 없이 미안하다는 말을 내뱉고 아이에게 진심으로 사과하지 않았다면 아이도 그 모습을 보고 따라할 수밖에. 진심 어린 사과는 아이의 눈을 마주 보고 미안하다고 말한 뒤 꼭 안아주는 과정을 거쳐야 한다.

진심 어린 사과는 아이에게나 어른에게나 매우 어려운 일이다. 헌데 미안하다는 말을 상황 모면용으로 남발하는 모습을 아이에게 자주 보여줬다면 아이 역시 이를 보고 배울 뿐만 아니라, 진심 어린 사과가 도대체 무엇인지조차 배우지 못한 채 유년시절을 마감할 수도 있다. 이런 아이들에게 사과란 요식행위 그 이상도 이하도 아니다. 더 무서운 것은, 이렇게 영혼 없이 미안하다는 사과를 잘하는 아이는 유난히도 남의 집 아이를 잘 때린다는 것이다. 다른 아이가 가지고 있는 물건도 정말 잘 빼앗는다. 자기가 그 물건을 가지지 못할 때에는 그 아이의 손을 쳐서 물건을 떨어뜨린 후 망가지게 하고는 은근히 만족해하는 표정을 짓기도 한다. 이 아이들의 마음은 어쩌다 이렇게 망가지게 되었을까.

대기업 임원의 갑질 사건으로 전 국민이 분노했던 일을 기억할 것이다. 그 임원들이 진심 어린 사과를 했다면 사람들의 분노는 조금이나마 누그러졌을 텐데, 무성의하고 기계적인 사과로 일을 더 키우고 말았다. 무성의한 사과는 받는 이로 하여금 오히려 분노를 더 키우는 마중물 작용을 한다.

반면 대중적인 인기로 먹고사는 어느 연예인의 경우, 비록 먼 과거에 발생한 일이지만 지속적으로 이에 대해 사과하고 기회가 될 때마다 반성하는 모습을 보여줌으로써 다시 사람들의 사랑을 받게 된 경우도 있었다. 진정한 반성과 사과 앞에서 사람들의 분노는 눈 녹듯이 사그라졌다. 오히려 그 연예인을 더 응원하고 지지하는 모습까지 보여준다. 우리는 정에 살고 정에 죽는 민족이 아니던가.

상황을 대충 모면하기 위해 아이의 눈을 쳐다보지도 않고 설거지를 하면서 "미안해"란 말을 성의 없이 뱉어 온 엄마에게 아이는 어떤 마음을 가지게 될까? 아마 자신의 감정을 거부당한 느낌, 자신의 감정이 사소한 것으로 치부된 느낌, 상대방으로부터 무시당했다는 느낌을 받을 것이다. 인간관계의 피상적인 면을 보고 배우게 된 것이다. 하지만 부모자식 관계는 피상적인 관계가 아니다. 부모가 자식에게 그래서는 안 된다. 부모는 아이가 잘못했을 때에만 엄하게 훈육하며 '잘못했다고 해야지!' 하고 다그칠 것이 아니라, 자기가 잘못했을 때 진심으로 사과하고 미안해하는 모습도 솔선수범으로 보여줘야 한다. 그것이 부모의 자존심을 상하게 할지라도.

15

엄마의
예쁜 말

　　엄마 역시 사회적 동물이다. 24시간 365일 아이와 단둘이 붙어 있는 것이 아니라 다른 가족과 함께 있게 되기도 하고, 친구들과 함께 있게 되기도 한다. 때로는 공공장소에서 모르는 사람들 사이에 둘러싸이기도 한다. 때문에 집에서 아이와 나눴던 행동이 다른 사람들 앞에서는 달라지거나, 심지어 아이 입장에서는 원망스러운 모습으로까지 돌변할 수 있게 되기도 한다.

　　집에서는 천사 같던 엄마지만 공공장소에서는 엄격한 모습을 보여준다든지, 평소에는 날 키우는 것을 행복해하는 줄 알았던 엄마가 친정엄마나 친구들 앞에서는 애 키우는 게 너무 힘들다고 하소연을 한다든지, 누군가에게 잠깐 애를 맡겼던 엄마가 돌아와서 나를 사고뭉치, 짐짝처럼 취급하는 말을 한다든지 하는 상황이 발생할 수 있다. 구체적인 예를 들어 설명해보자.

가령 할머니에게 애를 맡기고 잠깐 외출을 했다거나, 일을 다니는 엄마가 있다고 가정해보자. 엄마는 자기 대신 아이를 맡아 돌보느라 힘들었을 사람의 마음을 헤아릴 수밖에 없는 입장이 된다. 그래서 돌아오자마자 이런 말을 꺼내게 된다.

"할머니 말씀 잘 듣고 말썽 안 부리고 있었어?"

"어머니, ○○ 때문에 힘드셨죠? 고생하셨죠?"

아이가 평소 말썽쟁이였을 수도 있지만, 대체로 얌전한 아이일 수도 있다. 그런데 엄마 입장에서 할머니의 입장을 신경 쓴다며 저런 식으로 아이를 말썽꾸러기 취급해버리면 할머니들은 크게 두 가지 반응을 보이게 된다.

"말썽은 무슨? 얼마나 착하게 잘 있었는데요…, 그렇지?"

"아이고, 말도 마라. 어찌나 말썽을 부리고 해달라는 게 많던지, 골병들겠다."

그런데 문제는 당사자인 아이가 이 모든 대화를 생생하게 옆에서 듣고 있다는 것이다. 엄마도 자신을 말썽쟁이 취급, 할머니도 자신을 말썽쟁이 취급했다면 아이는 본의 아니게 자기 자신을 말썽쟁이로 생각하게 된다.

이럴 경우, 나를 대신해서 아이를 돌봐준 사람의 노고를 치하하고 공감하느라 '고생'이란 주제를 꺼내기보다는, "○○야, 이모랑 재미있게 놀고 있었지? 이모 너무 재미있는 사람이지?" 하며 아이랑 놀아주느라 고생했을 이모, 혹은 할머니의 노고를 돌려서 칭찬하는 편이 낫다. 듣는 사람은 속으로 자기가 제대로 놀아주지 않았더라도 "그럼!

얼마나 재미있게 놀았는데……" 하며 자신의 고생을 '잘 놀아주었다' 는 말로 표현하게 될 것이다. 그럼 아이 역시 이모나 할머니와 놀았던 재미있는 사건들을 떠올리며 전체적인 시간개념을 재미있었던 시간 으로 재조합하게 될 것이다.

또, 공공장소에 왔거나 남의 차에 타서 카시트에 앉지 못했을 때, 자유분방한 아이의 행동을 제지하기 위해서는 "가만히 있어, 얌전히 있어!"란 말 대신 "엉덩이 빼고 다 자유롭게 움직여도 좋아!"라며 아 이가 자유롭게 할 수 있는 부분에만 집중하여 계도하는 것이 좋다.

그리고 될 수 있는 한, 그 장소에 도착하기 전에 아이가 지켜야 할 규칙을 잘 설명해줄 필요가 있다. 왜 올바르게 행동해야 하는지, 다 른 사람들 기분은 어떤지, 규칙이 왜 필요한지에 대해 잘 설명해주고, 올바른 행동을 했을 때 아이에게 칭찬과 보상이 따를 것임을 이야기 해주자. 보상이란 꼭 물질적인 것일 필요는 없다. '열 번 안아주기'나 '50번 뽀뽀해주기'와 같은 보상에도 아이들은 만족한다.

16

아이는 엄마를 매일 기다린다, 천사 얼굴로 사랑해줄 때까지

아이는 생각보다 포기가 빠른 존재다. 반복적으로 거부당하는 경험이 많이 쌓인 아이는 마음의 문을 빠르게 닫고, 상처받지 않을 수 있는 스스로의 생존법을 터득하기도 한다. 나역시 그랬다. 워킹맘이었던 엄마를 마냥 기다리던 어린 시절의 마음을 빠르게 닫고, 대체재였던 할머니에게 마음을 열었던 기억이 있다. 할머니는 늘 나와 같이 있는 존재였기에, 할머니를 선택하는 것이 더 낫겠다는 계산이 서 있었던 것이다.

하지만 어린애는 역시 어린애다. 마음속 더 깊은 곳에서는 이제나 저제나, 혹시나 하며 엄마를 기다린다. 그런데도 역시나 하며 엄마가 사랑을 주지 않으면 차곡차곡 분노의 감정이 쌓이게 된다. 사춘기 때 그 분노가 폭발하는 것은 예정된 수순이다.

흔히 문제행동을 보이는 청소년들의 행동수정을 기획한 TV 프로그램을 보면, 도저히 돌이킬 수 없어 보이는 문제아들이 종종 등장하곤 하는데, 결국 전문가의 솔루션과 프로그램의 기획 의도대로 아이들의 행동이 교정되고 마음이 열리는 모습을 볼 수 있다. 문제의 키는 항상 부모가 쥐고 있었다. 부모가 변하면 사춘기 아이들도 마음을 열고 변화하는 것이다. 사실 어떻게 보면 이런 프로그램들의 핵심 메시지가 바로 '화안키'가 아닐까.

비난하고 다그치고 강요하는 모습을 지우고, 인정하 받아주고 지지해주는 모습으로 변화하면 가출청소년, 히키코모리 성인들까지도 변화한다. 하물며 어린아이들은 얼마나 쉬울까.

아이를 변화시키는 것은 사실 훈육이 아니라 사랑이다. 천사 같은, 한결같은 엄마만이 아이들을 변화시킬 수 있다. 그런 모습이 일시적이어서는 안 되고 지속적이어야 한다. 처음엔 매우 어려울 것이다. 내 눈앞에서 전혀 마음에 들지 않게 행동하는 아이들의 모습을 이해하기조차 힘든데, 이를 받아들이고 인정해주고 심지어 지지까지 해주라니 가당키나 한 일인가.

하지만 관점을 조금만 바꿔서 자기 자신을 돌아보자. 나 역시도 완벽한 인간이 아니다. 이처럼 나 역시 내 부모의 완벽한 자식이 아님을 인정한다면, 내 아이 역시 타고난 대로 자라나는 하나의 독립된 인격체일 뿐이라는 사실을 받아들일 수 있다. 아이가 내 마음에 들어야 한다는 사고방식 자체가 사실 불가능한 발상이다.

아이는 누구나 젖먹이 시절, 모든 욕구가 다 받아들여졌던 그 시기의 기억을 무의식으로 가지고 있다. 누구도 돌도 안 된 아기를 혼내거나 야단치진 않는다. 그때는 혹시나 아기가 울기라도 할까 봐 전전긍긍하고, 아기가 울면 달래기에 급급하다. 아기를 혼내거나 나무라는 부모는 거의 없다. 아이들은 그때처럼 자신이 있는 그대로 부모에게 받아들여지기를 기대한다. 자기검열이라든지 자기반성 따위는 거의 하지 않은 채 말이다.

준이는 가끔 내게 이런 말을 하곤 한다. 자기가 아기였을 때도 자기를 혼냈느냐고 말이다. 평소에 별로 혼나지도 않는 녀석이 묻는 말치곤 꽤나 당황스럽다. 누가 들으면 매일 혼나는 아이인 것처럼 말이다. 차고 넘칠 정도로 사랑을 받으며 자라는 녀석인데도 준이는 언제나 엄마에게 자신에 대한 사랑을 확인하고 또 확인한다. 자신이 아기였을 때에도 혼이 났었는지, 얼마나 사랑을 받았었는지 묻고 확인하고 싶어 한다. 그리고 또 원한다. 한결같은 지금의 엄마 모습이 앞으로도 쭉 이어지기를 말이다.

나는 주로 밥상머리에서 준이에게 화가 나는 편인데, 준이는 아직도 밥 먹을 때 돌아다니고, 혼자 잘 떠먹지 않기 때문이다. 때때로 준이에게 내 감정을 표면적으로 전하지 않았음에도 내 표정으로 다 드러나는 경우가 종종 있다. 내 입장에서는 준이에게 화를 낸 것이 아닌데 화가 나 있는 감정 자체를 숨기기는 어려웠던지, 내가 한숨을 쉬거나 어두운 표정만 지어도 준이는 움찔한다. 그리곤 곧이어 밥을 열심히 떠먹으며 눈을 동그랗게 뜨고 내 표정을 계속 살피기 시작한다. 다시 엄마가 친절한 모습으로 돌아올 때까지. 그러면 나는 그런 아이의 얼굴을 바라보며 다시 웃어줄 수밖에 없다. 결국 아이를 훈육하는 비결은 자신이 누리는 천사 엄마를 계속 유지할 수 있게 만드는 아이 자신의 변화된 모습이다. 아이 스스로도 이 원칙을 깨달으면 변화한다.

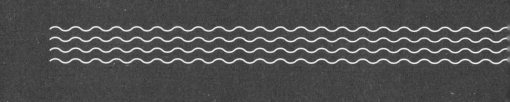

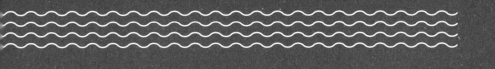

2장

화안키
준비하기

화 안 내고 아이를 키우겠다고 결심하는
건 쉽다. 하지만 매일매일 이를 실천하기란 생각
처럼 쉬운 일이 아니다. 실패하지 않고 화안키를
성공시키기 위해 엄마들은 어떤 준비를 어떻게 해
야 할까?

17

아이에게 화를 내면
안 되는 이유

훈육과 화, 혼내기의 차이는 무엇일까?

화를 내는 것은 나의 감정전달이 최우선이지만 훈육과 혼내기는 감정조절만 잘하면 아이의 행동수정이란 결과물을 얻게 될 수도 있다. 화를 낼 경우 아이의 행동을 즉각적으로 제지하는 데에는 효과가 있어도 근본적으로 아이를 바꾸어 놓기는 어렵다. 부모가 화를 내는 것은 아이를 협박하고 공포감을 주어 '지금 당장 내 눈앞에서' 아이를 굴복시킬 수는 있지만, 다음에 또 똑같은 행동을 반복하지 않으리란 보장은 담보하지 못한다. 게다가 아이들에게 훈육은 중요하지만 엄마가 '화'를 내는 것은 아이의 정서발달에 매우 안 좋은 영향을 끼친다.

엄마가 아이에게 화를 내는 이유는 '행동수정'을 위해서인데, 정작 행동수정에는 별 효과가 없고 아이들 정서나 심리에 좋지 않은 영향을 끼칠 뿐더러, 엄마와의 유대감만 떨어뜨려서 엄마와의 애착 형성에도 좋지 못하다.

"다 아이 잘되라고 하는 것인데……."

다 아이 잘되라고, 올바로 크라고 혼내고 화를 내는 것인데, 정작 받아들이는 아이 입장에서는 "난 네가 밉고 싫다"라는 메시지로만 들린다면 어떨까?

아직 아이들이 어리기 때문에 부모의 깊은 속뜻을 헤아리지 못해서 그런 걸까? 아니다. 어른들도 마찬가지다.

부부 사이를 떠올려보면 쉽다. '우리 남편(부인)이 이러이러한 점만 고쳐주면 우리 부부 사이가 더 좋아질 것 같은데…'라는 생각에서 시작했던 대화가 다툼이 되고 싸움으로 번지게 되면 결국 큰 화를 내며 끝나게 되는 경우가 적지 않다. 처음부터 끝까지 좋게 얘기했으면 원하는 결과도 얻고 기분도 상할 일이 없었을 텐데, 감정조절이 잘 되지 못하면 원하는 결과도 못 얻고 서로의 마음에 상처만 남기게 되는 것이 바로 '분노'가 저지르는 가장 큰 말썽이다. 사실 어떻게 보면 어른들일수록 상대에게 화를 내는 것이 얼마나 무가치하고 효용이 없는 일인지 더 잘 아는 존재가 아닐까 생각한다.

> 아이든 어른이든 '기분 좋게, 알아듣게 이야기해주는 것'을 원한다.

아직 어리기 때문에 지금 당장은 크게 화를 내서 아이를 굴복시킬 수 있을지 모르지만, 아이가 조금 더 자라서 사춘기가 된다면 어떨까? 엄마 아빠가 아이를 앉혀놓고 혼내고 화만 낸다고 아이가 달라질까? 오히려 그 반대일 수도 있다. 심지어 사춘기가 될 때까지 제대로 된 훈육이나 정서적 지지를 받지 못하고 계속 화내는 것에만 의존해서 훈육을 해온 부모 밑에서 자란 아이들이라면 더더욱 부모에 대한 반감만 깊어져 있을 수도 있다.

상대방이 화를 내면 당사자의 마음은 '당장 이 상황을 모면하고 싶다'는 감정만 가득하게 될 뿐, 결코 자기 자신을 돌아보지 않는다. 오히려 상대방에게 반감이 생긴다. 엄마가 나를 싫어하고 미워해서 화를 내는 것인지, 아니면 나에게 뭘 원하는 것인지 알 수 없는 아이들이 상당수일 것이다.

그리고 무엇보다도 아이에게 화를 내면 안 되는 가장 큰 이유는, 바로 아이가 그것을 모방한다는 점 때문이다. 아이들은 엄마가 자기에게 화를 낼 때 폭발시키는 감정의 크기, 말투, 태도 등을 그대로 따라 한다. 부모에게 소리 지르고 화를 잘 내고 짜증을 잘 내는 아이라면 부모가 그 아이를 그렇게 대했기 때문일 가능성이 높다. 부모의 화는 아이를 통해 제삼자에게 전달될 수도 있고, 부모 자신에게 돌아올 수도 있다. 부모가 아이에게 화를 내는 것은 부모로서의 당연한 훈육권 행사라고 생각하지만, 아이가 부모에게 버릇없이 소리 지르고 짜증내는 것은 도저히 용납할 수 없다고 생각하는 부모가 있다면, 그 부모가 먼저 변해야 한다. 사소한 실수나 잘못에도 쉽게 아이에게 화를 내거나 체벌을 했을 경우, 그 아이는 어린이집이나 다른 아이들이 모여 있는 공간에서 타인을 쉽게 때리거나 짜증을 부리게 될 확률이 높다.

하지만 부모가 아이에게 힘의 권력이 아니라 애정의 권력을 갖게 되면 아이는 부모에게 순종한다. 애정이 아쉬운 쪽이 상대에게 잘 보이려고 하는 이치다. 소위 연애를 할 때 더 많이 좋아하는 쪽이 을이 되고 덜 좋아하는 쪽이 갑이 되는 이치와 같다고 보면 된다. 아이가 부모를 더 많이 사랑하게 만들면 부모가 싫어하는 행동을 스스로 피하게 되고, 부모가 어떤 행동을 좋아하고 싫어하는지 아이가 먼저 살피고 학습한다.

부모에게 더 많은 애정을 받기 위해 스스로 잘 보이는 행동을 하고, 부모의 애정에 대해 보답을 하려고 한다. 진짜일까? 갸웃거리게 될 것이다. 또는 어떻게 해야 '애정의 권력'을 갖게 된다는 것인지 의문이 들지도 모르겠다.

아이에게 화를 내는 것만 하지 않아도 아이는 정말 많이 변한다. 부모는 아이를 대함에 있어 부모로서의 권위를 갖되, 훈육에 있어서는 아이를 동등한 인격체로 존중하고, 아이는 부모로부터 배우는 존재라는 사실에 대해 수긍을 하게 만들어야 한다. 아이가 사소한 잘못을 할 때마다 내 안에서 화가 치밀어 오른다면 아이를 지나치게 나와 동급의 존재로 생각하는 것이다. 아이는 나와 동급이 아니다. 아이는 한참 모자라는 존재고 모르는 것이 많아 내가 가르쳐야 할 대상이라는 것을 잊지 말아야 한다.

아이를 계속 동급으로 대하면 어느새 아이도 자기가 엄마와 동급이라고 생각하며 자기도 엄마를 야단칠 권리가 있다고 여기게 된다.

그 행동의 증거가 바로 엄마가 자기 마음에 안 드는 행동을 했을 때 소리 지르고 떼쓰는 것이다.

아이를 동급으로 대하지 않는 것은 아이가 잘못을 했을 때 마음의 여유를 가지고 '가르치고자 하는 마음'을 갖는 것이다. 감정에 휘둘리지 않고 아이를 냉정하고 객관적으로 대하는 것이다. 그렇게 어른이 어른의 자리에서 제 기능을 발휘하면 아이는 자기와 급이 다름을 느끼고 순종하게 된다. 너무 이론 같다고 느껴지는가? 내가 직접 경험했고 나와 함께 화안키를 했던 부모님들이 직접 체험해본 기적들이다. 화안키하면 육아 독립군에서 육아 복지시민이 될 수 있다.

18

전문가의 육아서가
잘 맞지 않는다면?

고르고 골라서 서점에서 구매한 베스트
셀러 육아서. 서점에서 미리 읽어보고 구매했기 때문에 실패가 없을
줄 알았는데, 막상 집에 와서 한 장씩 찬찬히 읽어보니 '도대체 나와
관련 있는 내용은 언제쯤 나오는 거야?'란 의문이 스멀스멀 기어오
른다.

나 역시 전문가들이 집필한 육아서를 서른 권 정도, 비전문가들이
자신의 아이를 잘 양육한 경험을 살려 집필한 육아서를 스무 권 정도,
무슨무슨 나라의 육아서를 열 권 정도 읽어보았다. 그 밖에도 EBS나
KBS 다큐멘터리 프로그램에 연관된 육아서들을 열 권 정도 더 읽어
본 것 같다.

전문가들의 육아서는 읽다 보면 자꾸 건너뛰어 읽게 되는 경우가
빈번히 생긴다. 방대한 통계자료와 샘플자료들로 만들어진 백과사전

식 육아서는 흡사 논문을 읽는 것 같은 느낌마저 준다. 이런 전문가들의 육아서는 하나의 주제를 전문성 있게 파고들기보다, 또 엄마의 입장에서 한 호흡으로 써내려가기보다 다소 객관적인 제3자 입장에서, 여러 사례를 종합해서 나열하는 경우가 많다. 그렇다 보니 될 수 있으면 다양한 사례의 아이들을 책 한 권에서 다뤄야 하므로 하나의 사례가 한 챕터 정도에서 다뤄진다. 책을 읽는 엄마 입장에서는, 이 사례가 내 사례인 것 같기도 하고, 저 사례도 내 아이와 비슷한 것 같기도 하면서, 여러 사례가 중복될 경우 어떤 육아법을 택해야 할지 모르는 난관에 봉착하기도 한다. 열 명의 남자와 짧게 짧게 사귀어봤다고 해서 남자에 대해 잘 아는 걸까? 첫사랑과 결혼했지만 한 남자와 10년을 살아본 여자가 남자에 대해 더 잘 알 수도 있는 것은 아닐까?

전문가의 육아서는 바로 이런 맹점을 가지고 있는 경우가 적지 않다. 전문가들은 직접 자기 아이를 24시간 365일 키워본 경험을 가진 경우가 드물다. 남자 박사들은 당연히 그렇고, 여자 전문가들 역시 친정엄마나 시어머니들이 자기 아이들 돌봐준 경우가 대부분이다.

이들이 연구실에서, 일터에서 다양한 아이들을 수도 없이 접해보아서 다양한 통계치와 경험을 가지고 있고, 그 누구보다도 해당 분야에서 노련함을 가지고 있다는 사실은 부정할 수 없다. 하지만 온종일 아이와 씨름하면서, 나름 잘해보려고 공부하고 연구하지만 결국 내 아이에게 맞는 육아법을 찾지 못해 어쩔 줄 모르는 일반적인 엄마의 마음을 공감해주기 어려운 것이 바로 이런 전문가의 육아서다.

때문에 다소 객관적이고 지시적이며 이론적인 부분이 많을 수밖에 없다. 그리고 생활 속에서, 이를테면 남의 집 아이들과 4~5시간 함께 어울리며 그 집 아이의 일상적인 행동, 그 집 엄마의 일상적인 육아 습관을 가까이서 관찰해본 경험이 많다기보다는, 치료실이나 연구실로 찾아오는 부모들로부터 '축약된' 문제점들을 압축해서 설명조로 듣다 보니 지식과 경험치들이 잘 정리되어있기는 하지만, 실생활에서 자기 스스로 깨닫고 터득하게 된 지혜가 부족할 수 있다.

또 치료를 받으러 올 정도의 소위 문제가 많은 아이들을 다수 상대하다 보니 일반적으로 부모들을 바라보는 태도가 약간은 고압적일 수 있으며, 정작 일반적인 평범한 아이들의 일반적인 문제행동들은 크게 문제 삼지 않거나 다루지 않는 경우가 많다. 엄마 입장에서는 꼭 수정해주고 싶은 부분이지만 전문가 입장에선 정상범위로 보이는 경우도 있을 수 있고, 일반적인 아이들의 '평범한 유난함'이 일반 엄마들에게 왜 힘든 포인트가 되는지 쉽게 공감하지 못하기도 한다.

때문에 전문가의 육아서를 읽으면 한 편의 잘 정리된 매거진을 읽은 듯한 느낌은 받을 수 있지만, 정작 내가 현실에서 어떤 부분을 적용시킬 수 있고, 내 아이가 어떻게 달라질 수 있는지에 대한 구체적인 청사진을 그려보기는 어렵다. 전문가의 육아서를 읽고 나서 드는 생각은, '그래, 이 박사님에게 직접 찾아가서 우리 애 문제를 상담하고 싶다'는 생각뿐이다.

한편, 아이를 잘 키워서 자신만의 육아법을 공유하는 육아서의 경우, 처음에는 평범한 우리 아이와 비슷한 아이를 '진짜 좋은 육아법'으로 잘 기른 듯 보이지만, 자꾸 읽다 보면 결국 그 아이 자체가 원래 뛰어난 아이였다는 느낌을 강하게 받게 되는 경우가 많다. 종자 자체가 우리 아이와 다른데, 아무리 좋은 육아법을 갖다 쓴다 한들 그게 우리 아이에게 통할까? 이 부분에서 많은 엄마들이 오히려 자괴감을 느끼게 되곤 한다.

마지막으로 다른 문화권의 육아법을 공유하는 육아서들을 읽고 나면 말 그대로 '문화권'의 차이 때문에 더더욱 내 현실과 동떨어져 있다는 사실을 깨닫게 된다. 그 육아법은 그 나라에서나 통할 수 있다는 사실에 두 번 좌절하게 되는 것이다.

그래서 나는 주변 지인들이나, 나에게 개인적인 상담을 신청해 오는 분들께, 육아서를 읽지 말고 이론공부를 해볼 것을 적극 권한다. 온라인을 통해 무료로 취득할 수 있는 자격증 과정을 듣고 '진짜 공부'를 해보라는 것이다.

교과서는 모든 것을 알려주기 위해 최대한의 노력을 하지만, 육아서는 저자가 의도한 목적에만 충실하다. 그 목적이 '모든 것을 알려주겠다'인 경우도 있겠지만 단순히 개인의 프로필을 쌓기 위해 책을 발간하는 경우도 있다. 그러니 육아서의 홍수 속에서 중심을 잘 잡으려면 '교과서'를 손에 잡으라는 것이다.

19
아이의 행동이
말하는 바를 알아듣기

상황 1 | 자꾸 숟가락을 떨어뜨리는 아이

"자 숟가락 여기 있어."

툭!

"떨어뜨렸네⋯, 자 여기 있다."

툭!

"또 떨어뜨렸네. 이제 엄마가 갖고 있을게."

"으앙!"

이유식을 하는 시기, 누구나 한 번쯤 겪어보았을 상황이다. 무엇이든 손에 쥐어주면 이내 떨어뜨려 버리고 그것을 지켜보는 아이. 처음 한두 번은 다시 주워서 손에 쥐어주지만 서너 번 반복되면 서서히 엄마 머리에는 스팀이 차오르게 된다. 이제 안 주워준다고 얘기하고 물건을 주워주지 않으면 바로 울어버려 어쩔 수 없이 물건을 주워주면 1초 만에 또 떨어뜨리는 아이.

정말 똥개훈련도 이런 똥개훈련이 없다. 이런 상황이라면 아무리 젖먹이 앞이라도 소리 한 번 안 질러본 엄마가 거의 없을 것이다. 상대는 젖먹이. 하지만 엄마의 인격과 자존감은 무너진 상황. 소리 한번 빽 지르고 다시 떨어뜨리지 말라고 신신당부를 한 후 숟가락을 손에 쥐어주면 1초 만에 또 떨어뜨리고 떨어진 곳을 쳐다보는 아이. 대체 무엇이 문제고 어떻게 대처해야 할까?

상황 2 | 밖에만 나가면 안아달라고 우는 아이

집에서는 하루 종일 걷지도 않고 뛰어다니는 에너자이저, 왜 밖에만 나가면 안아달라고 우는 걸까? "엄마 먼저 간다" 하며 협박하고 '먼저 걸어가 버리면 아이가 울면서라도 따라오겠지' 싶지만, 아이는 그 자리에 뿌리를 내린 듯 악을 쓰며 울며불며 '안아!'를 외치고 있다. 아이는 왜 밖에만 나가면 걸으려고 하지 않는 걸까?

상황 3 | 낮잠도 안 자고 종일 징징거리며 2시간 넘게 떼쓰는 아이

오늘따라 얘는 왜 낮잠도 안 자고 계속 울고불고 다 싫다는 건지……. 아무리 비위를 맞춰보려고 어르고 달래고 혼내도 보지만 아이는 좀처럼 수그러들지 않는다. 초보 엄마는 온갖 방법을 다 써봐도 아이를 달랠 수 없다는 냉정한 현실 앞에 좌절한다. 결국엔 울 만큼 다 울고 나서 지쳐 잠들어 버리는 아이. 잠든 아이를 보면서 안쓰러움과 미안함이 몰려온다. 내가 뭔가 아이에게 잘못 맞춰줘서 아이가 이렇게 괴로워하다가 쓰러져 잠들었다는 자괴감이 든다.

앞의 상황 세 개를 읽어보면서 어떤 생각이 드시는가? 읽는 동안 감정이입이 되면서 동시에 그때의 화가 떠오르는 분도 있을 테고, "도대체 왜 그랬던 걸까?" 그 이유가 궁금한 엄마들도 있을 것이다.

이 세 가지 상황의 공통점은 바로 말문이 터지기 전, 넉넉하게 잡아도 36개월 이전의 아이들이 보이는 행동 패턴들이라는 사실이다. 아직 36개월 이전의 아기를 키우고 있는가? 걱정 마시길. 당신의 아이는 곧 '인간'이 될 것이다. 조금만 참아라. 36개월이 지나면 도저히 이해 불가한 특이한 행동들을 하는 횟수가 차차 줄어들 것이다.

각 상황별로 아이들이 왜 그러는지 이유를 설명하고 솔루션을 드리겠다. 그리고 궁극적으로 아이를 키울 때 어떤 마음가짐을 가져야 하는지 이야기해드리고 싶다.

상황 1 | 자꾸 숟가락을 떨어뜨리는 아이
원　인 | 중력낙하실험에 대한 호기심

엄마인 나를 똥개훈련 시키고 싶어서, 내 반응을 살피고 싶어서, 나를 놀리고 싶어서 그러는 것이 절대 아니다!! 자꾸 주워달라고 우는 것은 본인이 스스로 줍지 못하는 것을 도와달라는 신호 그 이상도 이하도 아니다. 엄마에게 징징거리고 싶어서 그러는 것이 아니다. 훈육이나 설명, 설득으로 아이의 행동을 멈출 수 없다. 아이는 계속해서 물건을 떨어뜨릴 것이다.

대처방법 모든 아이가 그 시기가 되면 똑같이 행동하기 시작한다는 사실을 인식하자. 이 사실을 인식하는 것만으로도 한결 마음이 가벼워질 것이다. '우리 아이만 유별나게 나한테 이러는 것이 아님'을 알고 받아들이는 것, 아이의 발달 과정상 필수적으로 일어나는 현상이라는 것을 이해하고 오히려 좀 더 적극적으로 중력낙하실험을 놀이로 승화시켜 놀아주자. 어떤 방법을 쓰더라도 아이는 떨어뜨리는 것을 멈추지 않을 것이다. 이런 아이를 상대로 혼을 내거나 화를 내서 굴복시키려고 해서는 안된다. 아이는 자기가 뭘 잘못했느지 전혀 인지하지 못한다. 상대는 젖먹이다.

상황 2 | 밖에만 나가면 안아달라고 우는 아이
원 인 | 협소한 공간지각력

아이는 아이 키만한 눈높이에서 세상을 인지한다. 아이의 시야는 성인보다 훨씬 좁다. 아이 때 느끼는 집의 크기와, 성인이 된 후 느끼는 집의 크기는 상대적으로 매우 다르다. 내가 세 살 때 느꼈던 30평대 우리 아파트의 크기는 지금의 50평대 아파트 정도 규모였다. 아이가 느끼는 공간인지와 어른이 느끼는 공간인지는 천지 차이다.

그렇기 때문에 아이는 집 안에서 뛰어다니는 것이다. 자기가 보기에는 집이 너무 넓어 보여서, 걸어서는 원하는 곳으로 빨리 갈 수 없겠다는 나름의 계산 때문이다. 뛰는 것이 좋아서 뛰어다니는 것이 아니다.

역으로 생각하면, 아이는 '집'이라는 공간 자체도 넓고 크게 인지하고 있다는 얘기다. 그런데 밖으로 나갈 경우 그 공간이 무한히 확장된 드넓은 평원으로 느껴지게 된다. 자기의 체력으로는 도저히 이 넓고 한없이 펼쳐진 길을 전부 걸어낼 수 없을 것 같다는 위협을 느낀다. 공간지각력에서 오류를 가지고 있기 때문에 이 넓고 큰 길과 자신의 걷기 능력을 저울질해봤을 때 '할 수 없겠다'라는 좌절감을 느끼게 되고, 엄마에게 안아달라고 SOS 요청을 하는 것이다.

또 한 가지 이유로, 집에서 잠깐 잠깐씩 몇 발작 걷는 것과, 외출해서 5분 이상 계속 걷는 것은 체력소모 속도 자체가 다르다. 아이는 정말, 실제로, '다리가 아픈 것'이다. 엄마 생각에는 '집에서는 하루 종일 뛰어다니고 점프하고 돌아다니면서 왜 밖에서는 1~2분만에 다리 아프다고 그러는 거야? 거짓말일 거야'라고 느끼겠지만, 실제로 아이는 다리가 아프다. 성인들도 30분 정도 계속해서 걷는 것 정도는 쉽게 할 수 있지만, 오래달리기를 해보라고 하면 3분

이상 뛰는 것이 어려운 것과 마찬가지다. 엄마의 걷는 속도에 맞춰 바깥을 걸어 다니는 것은 아이에게는 반 정도는 뛰는 것과 마찬가지의 속도다. 실제로 다리가 아프고 숨이 찬 것이다. 엄마에게 안기기 위해 거짓말을 하는 것이 아니라는 얘기다.

대처방법　아이를 계속 안고 다닐 자신이 없으면 만 세 돌까지는 유모차를 가지고 외출하자. 유모차를 가지고 외출할만한 상황이 아니라면 열 발자국씩만 앞으로 전진하면서 아이가 충분히 할 만하겠다 싶은 거리만 짧게 짧게 걷게 해주자. 시간이 급하거나 해서 그것도 안 되면 결국 안아줘야 한다. 내가 아이를 7년 동안 키워본 결과, 아이가 몇 킬로그램이 되건 엄마들이 안을 수 있더라. 아이의 체중이 서서히 자람에 따라 엄마의 팔 근육도 서서히 강해지기 때문이다.

상황 3 | 낮잠도 안 자고 종일 징징거리며 2시간 넘게 떼쓰는 아이
원　인 | 생체리듬이 변화하는 시기

신생아 때는 하루에 다섯 번도 넘게 낮잠을 자던 아이가 네 살 정도가 되면 낮잠을 안 자는 페이스로 바뀐다. 어느 날 갑자기 바뀌는 것이 아니라 서서히 조금씩 변한다. 그런데 서서히 변하던 신체 리듬이 18개월 정도가 되면 급격히 변하게 된다. 최소한 하루에 두 번씩 자던 낮잠을 하루 1회로 줄이게 되는 시기가 바로 이 시기다.

잠을 재우는 것은 우리 몸의 호르몬이 하는 일인데, 아이 몸의 호르몬이 급격하게 변화하다 보니 '짜증'이 유발된다. 아이는 졸린 듯 졸리지 않은 이 특이한 신체 상태가 낯설다. 말로 표현하고 싶어도 표현이 안 된다. 말로 설명하기 어려운 신체 증상일 뿐더러, 아직 말이 터지지도 않아서 말도 못한다. 체력은 떨어졌는데 졸리지는 않은 이상한 신체의 변화를 올곧이 느끼면서 짜증이 폭발하게 된다.

결코 엄마에게 불만이 있어서, 엄마가 자기 요구를 제대로 들어주지 않아서, 나쁜 아이라서, 짜증이 많은 신경질쟁이라서 그러는 것이 아니다.

대처방법 온몸으로 받아주자. '너 힘들구나, 불쌍한 내 새끼' 모드로 아이를 어루만져 주자. 매일 이러는 것이 아니다. 어쩌다 하루씩 가끔 이런 증상이 나타날 수 있다. 미리 알아서 준비하고 있다가 이런 상황을 맞으면 조금은 마음이 편하다. 오히려 애가 짠하게 느껴지기도 할 것이다. 다 자라느라고, 성장하느라고 겪는 과정이다. 우리 아이만 나한테 유별나게 이러는 것이 아님을 아는 순간, 초보 엄마로서의 불안은 많이 누그러질 것이다.

위의 세 가지 상황은 내가 아이를 키우면서 가장 난감했던 상황 베스트 3을 뽑은 것이다. 하지만 하루하루를 살아가면서 순간순간 아이와 나의 코드가 안 맞는 경우는 부지기수로 발생한다. 아이는 말로 표현할 능력이 부족하니 행동으로 표현하는데, 엄마는 아이의 행동이 이야기하는 바를 눈치채는 데 아직 둔하다. 아이의 행동이 뜻하는 바를 미리 캐치하고 대처만 해도 아이가 울거나 짜증을 폭발시키는 상황을 막을 수 있는데, 엄마는 아직 미숙하다. 미숙한 상황에서 당황이 오면 처음에는 어쩔 줄 모르다가 나중에는 화가 나고 폭발하게 된다. 사람은 원치 않는 상황에 처하면 그 낯섦 때문에 분노가 발생하게 되기 때문이다. 아이는 엄마를 화나게 하려고 한 행동이 아닌데, 결과적으로 엄마의 화를 유발하고 만다.

아이의 행동으로 인해 화가 날 때, 한번쯤 이렇게 생각해 보자. '내가 지금 아이의 행동에서 캐치하지 못하고 있는 게 있는 건 아닐까?' 그러면서 아이의 행동을 다시 한 번 찬찬히 복기해보고 놓쳤던 부분에 대해 곰곰이 생각해 보자. 그렇게 하는 동안 순간적으로 욱했던 감정이 사그라지면서 아이를 좀 더 이해하려고 노력하고 있는 자기 자신과 마주하게 될 것이다.

잠깐 여담 하나. 한번은 이런 일이 있었다. 우리 시댁은 나무로 지은 집이다. 아이가 어느 날 할머니 집에 놀러 가서 "이 집은 뭘로 지었어요?" 하고 물었다. 할머니는 "나무로 지었지"라고 대답했다. 아이는 "왜 나무로 지었어요?" 하고 물었다. 할머니는 "나무로 지으면 여름에 시원하고 겨울에 따뜻해서 좋다"고 대답해주었다. 그런데 아이가 또 "그런데 왜 나무로 지었어요?" 하고 재차 묻는 것이었다. 할머니는 "나무로 지어서 겨울에 따뜻하지…" 하고 또 대답해주었다. 그런데 아이가 또 "그런데 왜 나무로 지었어요?" 하고 묻는 것이었다. 여기까지 지켜보던 나는 일단 화가 스멀스멀 올라왔다. 그런데 할머니는 화내지 않고 몇 번이고 같은 대답을 해주었다.

그렇게 아이와 할머니의 끝없는 도돌이표 질의응답을 지켜보고 있던 어느 순간, 나는 갑자기 화가 멈추어졌고 그 이유가 궁금해졌다. '아이는 왜 자꾸 같은 것을 되물을까? 그냥 왜 왜 하는 시기라서?' 곰곰이 생각하다가 갑자기 문득 떠오른 정답!

아이는 바로 '아기 돼지 3형제'에서 둘째 돼지가 나무로 지은 집이

약해서 늑대에게 당했던 기억을 가지고 있었던 것이다. 나무집은 약해서 망치로 부수면 다 부서지는데 왜 나무로 지은 걸까? 그게 계속 궁금했던 것이다.

그래서 내가 아이에게 "아기 돼지 3형제 때문에 묻는 거야?" 하니까, 그렇다고 대답했다. 아이는 나무로 지은 집은 약한데 왜 할머니는 약한 집에서 사느냐, 그걸 묻고 있었던 것이다.

그래서 "나무로 지었지만 아주 튼튼하게 지었기 때문에 벽돌만큼 단단하다"고, "요즘에는 과학기술이 발달해서 나무집도 튼튼하게 지을 수 있다"고 대답해주었다. 그랬더니 더 이상 질문하지 않았다.

아이가 그저 '왜 왜 하고 묻는 것이 재미있어서 어른을 놀린다'고 느끼는 것은 전적으로 어른의 입장이다. 아이는 진지하게 묻고 있는 것이다. 다만 표현이 서툴러서 자기 질문의 함축적 의미를 풀어내지 못했던 것뿐이다.

"너 자꾸 똑같은 거 계속 물을래?" 하고 혼을 냈다면 아이는 본의 아니게 혼도 나고 자존심에 상처도 입었을 것이고, 앞으로도 무엇이든 궁금할 때 질문하는 것을 주저했을 것이다. 하지만 운 좋게 내가 아이의 의도를 눈치챌 수 있었고 적절한 대답을 찾아주었기에 아이는 그런 부정적인 경험을 하지 않아도 되었다.

어느 가정에서나 이런 상황이 종종 발생할 것이다. 아이에게 화가 나는 순간, 분노를 잠시 멈추고 아이의 행동을 먼저 읽어보자. 왜 그랬을까를 곰곰이 생각하면 30%의 확률로 그 답이 보일 것이다. 70%는 나도 잘 모른다. 나 역시 실수투성이 초보 엄마니까.

20

짜증, 신경질, 떼
구분과 대처법

아이가 신경질을 부리거나 짜증을 내면 '똑같이' 화를 내서 응수하는 엄마들이 더러 있다. 나도 우리 준이를 키울 때 일단 아이가 울기 시작하면 어떻게든 그 우는 입을 틀어막기 위해 급급하던 엄마였다. 달래도 보고, 얼러도 보고, 사탕도 줘보고, 그래도 안 되면 결국엔 크게 화를 내어 윽박질러서 아이를 제압하는 방식으로 종결시키곤 했다.

헌데 아이가 자라면 자랄수록 조금씩 나에게도 늘어나는 노하우가 있었으니……. 아이를 자세히 관찰하면 우는 이유가 보이고, 그 우는 이유에 따라 원인이 따로 존재하는 것이며, 그에 맞는 대처법이 있더라는 것이었다. 이런 노하우가 쌓이는 데에는 아이의 성장연령에 따른 '커뮤니케이션이 가능함'과 '아이를 관찰해온 시간의 축적에 따른 익숙한 알아차림'의 역할이 컸다.

나는 아이를 한참 키우는 와중에도 짜증과 신경질, 떼를 잘 구분하지 못했다. 언제나 아이가 '이유 없이' 운다고만 생각했고, 성격이 안 좋은 아이, 예민한 아이라고만 치부했다. 그런데 드디어 아이를 다섯 살 정도까지 키우고 보니 지난 4년간 몰랐던 아이의 울음과 짜증, 떼, 신경질의 원인에 대해 하나씩 판도라의 상자가 열리게 되었다. 판도라의 상자가 하나씩 열릴 때마다 뒤따르는 것은 엄청난 후회와 미안함이었다. '엄마가 그것도 모르고 너를 야단쳤구나. 그것도 모르고 너를 방치했구나……' 이런 감정들이었다. 이제는 아주 능수능란하게 아이를 가지고 놀면서(?) 수월하게 다룰 수 있다. 이제부터 그 노하우를 공개한다.

> 짜증 : 아이의 컨디션을 살펴라.
>
> 신경질 : 아이가 성취하지 못한 과제가 무엇인지 살펴라.
>
> 떼 : 아이가 나에게 무언가를 요구하고 있는 것이다. 무엇을 해줘야 되는지 살펴라.

❶ 짜증

"애 졸린 것 같다. 어서 업어서 재워라."

할머니들하고 있으면 흔히 듣게 되는 말이다. 아이가 이유 없이 짜증을 내고 땡깡을 부리면 어른들은 '애가 졸려서' 그런다고 쉽게 몰아가신다. 사실 대부분의 아이가 이유 없이 짜증을 내는 것은 '졸리지만 더 놀고 싶어서'인 경우가 많기는 하다. 하지만 이 외에도 배고

파서, 더워서, 햇빛이 눈 부셔서, 갑갑해서, 심심해서, 감기 때문에 몸 상태가 안 좋아서 등 여러 가지 컨디션 상의 이유로도 아이들은 쉽게 짜증을 낸다.

요는, 아이 자신도 그 이유를 잘 모르는 경우가 많다는 것이다. 더 정확히 말해, 아직 아이는 자신이 짜증 나는 이유에 대해 설명할 수 있는 설명능력이 부족하다.

아이가 지금 하는 행동이 '짜증'임을 알아차리는 방법은 바로 아이의 울음 전후에 특정한 사건이 일어났는지 살펴보는 것이다. 밥 먹자고 해도 울고, 장난감을 쥐어줘도 울고, 놀자고 해도 울고, 밖에 나가자고 해도 울고, 울고 또 울고, 도저히 원인이 뭔지 알 수 없다면 아이의 컨디션이 지금 안 좋다는 신호다.

여자들이 생리전 증후군을 겪으면서 이유 없이 짜증이 나는 경험을 떠올리면 이해가 쉽다. 아이도 자기가 지금 왜 짜증이 나는지 정확히 이유를 잘 모른다. 그리고 이 짜증은 원인 제거도 쉽지 않을 뿐더러 무엇 때문에 짜증이 나는 것인지에 대해 설명할 어휘 능력도 아이에게는 아직 없다. 이럴 때는 어떻게 해야 할까?

① 아이를 안아주고 토닥토닥 보듬어준다.
② 마음 대 마음으로 아이의 마음을 읽어준다.
③ 짜증이 해소될 때까지 울게 놔둔다.

짜증이 날 때 "그만 울어!" 하는 대처법은 소용이 없다. 짜증 나는 감정을 같이 이해해주고, 어느 정도는 울음으로써 짜증이 소거될 때까지 기다려주는 것이 상책이다. 우리 어른들도 실컷 울고 나면 감정의 응어리가 해소되는 경험을 할 때가 있듯이 아이들도 마찬가지다.

"우리 ○○, 짜증 났구나. 졸려서 짜증 났어? 졸린데 더 놀고 싶었구나…" 하고 아이의 감정을 읽어주어, 아이 스스로도 지금 자신의 상태가 어떤 상태인지 스스로 깨닫게 해주는 것도 좋은 방법이다. 자신이 왜 짜증 났는지 잘 알지 못하는 자신의 감정을, 보다 성숙한 어른이 그 감정을 읽어줌으로써 자신의 감정에 대해 인지하고 함께 해소해나갈 수 있다는 안도감을 준다.

❷ 신경질

"으앙!"

장난감을 가지고 놀다 뭔가 마음대로 잘 되지 않았을 때 들려오는 앙칼진 울음소리. 엘리베이터 버튼을 자기가 누르고 싶었는데 엄마가 먼저 눌러버렸을 때 튀어나오는 신경질. 에스컬레이터 손잡이를 자기도 잡고 싶었는데 너무 멀어서 손이 닿지 않았을 때 느껴지는 절망감. 자기가 집어먹고 싶었는데 엄마가 먹여주려고 하는 시도에서 오는 신경질.

뜻대로 되지 않은 모든 상황에 대한 좌절감으로부터 오는 아이의 신경질에는 대게 이러한 원인이 있다. 원인을 제거해주거나 해결해주면 쉽게 해결되는 경우도 있지만 아이의 컨디션에 따라 신경질이 짜증과 동반되어 오래 갈 경우도 있고, 또 어떤 경우에는 평소라면 신경질을 내던 상황이 아닌데도 유독 그날 그때만 신경질을 내는 경우가 있어서 짜증과 혼동되는 경우도 있다.

아이의 신경질의 기저에는 '자기 주도성에 대한 좌절'이 깔려있는 경우가 많다. 자기가 뭔가 주도적으로 행위를 성취하고 싶었는데 이것이 좌절될 때 신경질이 난다는 얘기다. 이러한 아이의 신경질을 대할 때 '얘는 왜 이렇게 성깔이 못됐을까? 고집이 세서 다루기 힘들다'라고만 생각하지 말고, '우리 아이의 자기 주도성이 자라고 있다는 증거구나' 하면서 기쁘게 받아들이자. 실제로 아이가 잘 자라고 있다는 증거이기 때문이다.

물론 쉽지 않다. 신경질이 떼로 돌변해서 한 시간이고 두 시간이고 계속 징징거리는 경우도 부지기수다. 당장 내 눈앞에서 고래고래 신경질을 부리고 있는 아이를 기쁘고 어여쁜 눈으로 바라볼 수 있는 마음의 여유를 가질 수 있는 부모님이 몇 분이나 계실까. 해결책은?

① 신경질의 원인 살피기
② 아이의 마음 읽어주기
③ 엄마의 도움 제안하기

아이가 울기 시작하기 바로 직전으로 시간을 돌려서, 아이가 무엇 때문에 그러는 것일까에 대해 원인을 파악해보자. 말을 어느 정도 하는 아이들이라도 아직 표현력이 풍부하지 못해서 자기가 화나는 이유를 잘 설명하지 못하는 경우가 많기 때문에, 어느 정도 아이를 겪어본 경험이 많을수록 엄마가 그 원인을 눈치챌 확률이 높아질 수밖에 없는 것이 사실이다. 내 아들 같은 경우는 자기가 좋아하는 색깔의 컵에 물을 담아줘야 하는데, 내가 아무 색깔의 컵에나 물을 담아줬다고 신경질을 부리는 경우도 있었다. 하지만 말을 못할 때 벌어졌던 일이라 나는 속수무책으로 매번 비슷한 신경질을 받아줘야만 했다. 하지만 늘 물컵을 줄 때마다 그런 신경질이 반복되었기 때문에 어떤 순간에 '팍' 하고 '컵의 색깔 때문인가?' 하는 생각이 머릿속에 스쳤고, 그 순간 상황 클리어였다.

"준이 파란색 컵에 물 마시고 싶었어?"

"응."

"그럼 엄마한테 파란색 컵에 물 주세요, 하고 얘기하면 되는 거야. 아무 얘기 안 하니까 엄마가 몰랐잖아. 다음부터는 꼭 얘기해. 이제는 울 필요가 없어."

그렇게 아이의 마음을 읽어주고, 해결 방법을 제시해주었다.

아이들은 어떠한 부정적 감정이 떠오르면 그것을 말로 설명해서 해결해야겠다는 생각을 하는 게 아니라, 바로 울기부터 시작한다. 그래서 부정적 감정이 생겼을 때 그것을 잘 읽어주고, '넌 울 필요가 없다. 말로 설명하면 모든 것이 해결된다'고 끊임없이 가르쳐주어야 한다. 준이는 다섯 살이 되어 충분히 자기 의사 표현을 할 수 있는 나이였음에도 불구하고 신경질이 나면 울음부터 먼저 디뜨렸다. 신경질적인 울음이 완전히 사라진 것은 7세 초반의 일이다.

아이의 신경질을 다스릴 수 있는 묘책은 따로 없다. 내가 솔루션으로 제시한 방법을 써서 해결될 수도 있고, 여전히 안 될 수도 있다. 중요한 것은 엄마인 나의 감정이다. 아이가 신경질을 내는 것에 대해 충분히 이해하면 화가 아무래도 덜 나게 되는데, 아이가 우는 것을 빨리 잠재우기에만 급급하게 되면 결국엔 아이에게 분노를 폭발시키게 된다.

'아, 이 나이 때는 원래 그렇구나' 하고 엄마인 내 감정을 추스르고 차분한 마음으로 아이를 대하면 아이가 신경질 내고 짜증 내는 모습을 보면서도 내 감정을 덜 흥분시킬 수 있다. 나는 이제 화안키한 지 3년 정도 되어 가는데, 아이가 짜증을 내건 신경질을 내건 떼를 쓰건 내 감정의 동요가 거의 없다. 그러다 보니 아이에게 맞서는 경우도 거의 없고, 아이의 흥분이 가라앉을 때까지 차분히 기다리게 된다. 아이의 분노에 나의 분노를 더하면 분노의 절대량이 더 커져서 아이와의 관계도 다치게 되고, 서로의 감정에 상처가 생긴다. 하지만 아이의 부정적 감정에 나의 분노를 더 얹지 않으니 더 큰 분노의 덩어리가 생기지 않는다.

❸ 떼

떼의 원인은 한마디로 요약할 수 있다.

"엄마, 지금 나한테 이거 해줘."

엄마에게 무언가를 요구하는 수단 중 가장 최후의 수단이 바로 '울음을 동반한 떼'다. 마트에서 장난감을 사달라며 바닥에 드러누워 떼를 부리는 아이 모습을 상상하면 된다. 이렇게 아이가 떼를 쓸 때 전문가들은 '훈육'에 대해 이야기한다. 아이와의 기 싸움을 통해 버릇을 고치라는 것이다. 나는 조금 다른 솔루션을 제시하고 싶다.

> ① 요구 수락
> ② 무시

아이가 떼를 쓰는 경우는 대부분 과거에 자기가 그것을 요구했을 때 엄마가 쉽게 들어주지 않았던 경험을 기억하고 있기 때문이다. 다른 말로 바꿔 얘기하면 아이가 떼를 쓰는 경우는 엄마가 들어주기 힘든 사항을 요구하는 경우가 많다는 것이다. 또 다른 말로 하면, 떼를 쓰면 엄마가 들어주더라는 것이 학습되었기 때문에 떼라는 방법을 써서 엄마에게 자기 의견을 관철시키고자 하는 것이다.

아이가 떼를 쓰기 시작하면 버틸 때까지 버티다가 도저히 안 되어 마지막 순간에 요구 조건을 수락하는 엄마들이 많다. 나 역시 그런 엄마들의 범주에서 벗어나기 힘들다는 것을 고백한다. 그렇게 하면 아이는 다음엔 좀 더 강한 떼를 써서 자신의 의견을 관철시키고자 한다. 악의 순환 고리가 만들어지는 것이다.

그래서 나는 ①번의 솔루션보다는 ②번을 사용한다. "울어도 소용 없어. 안 들어줄 거야"라고 직접적으로 이야기를 한다. 아무리 울어도 해결되지 않는다는 것을 이야기해준다.

"우는 걸로 해결되는 건 아무것도 없어. 계속 울어봐. 결국 넌 실패할 거야."

동영상을 틀어달라고 떼를 쓸 때, 장난감을 사달라고 조를 때, 그냥 시종일관 모르쇠로 일관한다. 못 들은 척 안 들리는 척, 차라리 스마트폰을 보면서 딴청을 피우자. 중요한 것은 아이의 떼쓰기에 내 감정이 휘둘려서 아이에게 화를 내는 것은 피해야 한다는 점이다.

그리고 안 되는 이유에 대해서 간단명료하게 설명을 해주어야 한다. 떼가 계속되더라도 엄마가 꼭 전달해야 할 메시지는 다음과 같은 세 가지다. "① 안 들어줄 거다, ② 울어도 소용없다, ③ 안 들어주는 이유는 이러이러하다." 이 세 가지를 반드시 전달해야 한다. 이 메시지가 전달되고 아이가 받아들였더라도 얼마간은 계속해서 떼를 쓸 것이다. 울던 것을 갑자기 멈추기가 어려워 계속 울기는 하겠지만 왜 안 되는지에 대한 납득은 시켜야 한다. 이것이 반복되다 보면 아이는 떼쓰기보다는 애교작전을 시전하게 될지도 모른다.

내 아들은 떼쓰기가 잘 안 통하는 것을 깨닫고부터 뭔가 엄마에게 요구사항이 있을 때면 방실방실 웃으면서 갖은 애교를 다 피운다. 떼쓰기에는 꿈쩍도 안 하던 철벽엄마가 아들의 애교에는 사르르 녹아서 자꾸 넘어가게 된다. 아이도 나름대로 자신만의 엄마 설득 노하우가 쌓이고 있는 것이다.

아이의 감정 상태를 객관적으로 살피고 내 감정을 얹지 않는 것, 그것이 화안키로 가는 지름길이다.

21

'왜'라는 어휘의
부정적 정서

심리학자들은 말한다. 아이에게 가급적 '왜'라는 단어를 사용하지 말라고. '왜?'가 들어간 질문 속에는 알게 모르게 '사실은 그렇게 되길 원치 않는다'는 부정적 정서가 함축된 경우가 많기 때문이란다.

실제로 '왜'라는 단어에는 '추궁당하는 느낌', '상대방이 원하는 대답을 해줘야 할 것만 같은 느낌', '그렇게 되길 원치 않는다는 느낌'이 포함된 경우가 매우 많다. 요즘 식으로 말하면 '왜=답정너(답은 정해져 있고, 너는 내가 원하는 대답만 하면 돼!)'가 되는 셈이다.

"너는 이게 왜 좋아?"

이렇게 묻는다면, 과연 그것이 왜 좋은지 순수하게 그 이유를 묻는 느낌만 전해질까? '왜 그딴 걸 좋아하는 거니?'라는 부정적 정서도 함께 전달된다.

"오늘 왜 숙제 안 했어?"

숙제를 안 한 것에 대해 혼내고 싶은 마음이 그대로 묻어난다. 숙제를 안 한 이유를 묻는다는 느낌은 전혀 들지 않는다.

"이거 왜 그런 거야?"

'이거 이렇게 되면 안 되는데 어쩌다 이렇게 된 거야?' 혹은 '그렇게 되길 원치 않는다'는 느낌이 전달된다.

"너 도대체 아까 왜 그렇게 행동했어? 어? 왜? 왜왜왜왜?"

이런 식으로까지 말했다면 사실 그 누구도 엄마 앞에서 자기가 왜 그런 행동을 했는지에 대한 이유를 설명하려고 하기보다, '난 그냥 혼나고 있구나'라고 체념하게 된다. 무슨 대답을 해도 혼날 것이 뻔한 상황이다.

심리상담 시에도 '왜'라는 질문은 절대로 금기시된다고 한다. 내담자(상담을 받으러 온 사람)를 위축되게 할 뿐만 아니라 죄책감을 심어주고 공격적인 느낌을 받게 하기 때문이다. 그렇다면 정말로 이유가 궁금할 때는 어떻게 묻는 것이 좋을까?

"어떻게 그렇게 되었니?", "어떤 이유 때문에 그러니?", "무엇 때문에 그랬니?"라고 돌려 말하는 게 좋다. 심리상담 시에도 위의 질문들로 돌려 말함으로써 내담자에게 좀 더 개방적인 기분을 들게 한다.

아이에게 화를 내고 짜증을 내지 않는 것 못지않게, 부정적 정서와 감정을 전달하지 않는 것도 중요하다. 따라서 아이에게 질문할 때도 '왜'라는 닫힌 질문보다는 '어떻게, 무엇 때문에'라는 식의 열린 개방

형 질문을 시도하는 것이 좋다.

아이가 '왜?'라는 질문을 퍼붓는 시기 역시 이런 원리와 무관치 않다. 아이가 '왜'라고 묻는 이유는 단순히 이유가 궁금해서가 아니라 '그렇지 않았으면 좋겠다'는 속뜻을 품고 있는 경우가 많다는 얘기다. 가령, 우리 친정엄마가 안경을 쓰셨는데, 준이는 외할머니에게 안경을 '왜' 썼느냐고 물어보았다. 외할머니는 당연히 눈이 나빠서 안경을 쓴 것이라고 이유를 설명해주었다. 그런데 또 준이가 "근데 안경을 왜 썼어요?"라고 다시 물었다. 그래서 외할머니는 또 "눈이 나빠서 잘 보이라고 안경을 썼지"라고 보충설명을 해주었다. 그런데 아이는 또 똑같은 질문을 서너 번 더 반복했고, 외할머니 역시 설명을 조금씩 늘려서 계속 같은 대답을 해주었다.

이런 경우 엄마들은 슬슬 짜증이 올라오기 시작할 것이다. 같은 설명을 반복해주어도 계속 똑같은 것을 묻는 아이가 도저히 이해되지 않을 것이다. 하지만 아이는 외할머니가 안경을 쓴 '이유'를 묻는 것이 아니었다. 외할머니가 안경을 쓰지 않았으면 좋겠다는 말이 하고 싶었던 것이다. 그래서 옆에서 보고 있던 내가 "할머니가 안경을 안 썼으면 좋겠어서 자꾸 물어보는 거야?"라고 물으니 준이는 얼른 그렇다고 대답했다. 거기서 '왜 안경을 써요?'라는 질문은 종결되었다.

그 밖에도 준이가 가끔가다 왜라는 질문을 통해 나에게 두 번 이상 같은 질문을 할 때면 나는 '그렇게 되지 않았으면 좋겠어?'라고 꼭 되물어본다. 그러면 백발백중 아이는 그렇다고 대답한다. 이렇게 아이가 사용하는 '왜'란 물음에도 부정적 정서가 담겨 있는 경우가 꽤 있다. 이런 비밀을 알게 된다면 아이와 맞서고 싸우는 경우의 수가 조금은 줄어들지 않을까.

22

분노
적절히 해소하기

한양 사이버대학교 상담심리학과 유성진 교수는 화를 망치에 비유한다. SBS 스페셜 〈화내는 당신에게〉라는 프로그램에 출연한 그는 이렇게 설명했다.

"화는 망치에 비유할 수 있다. 화는 망치처럼 무엇인가를 때려 부수는 파괴적인 방식으로 사용될 수도 있고, 반대로 새로운 무엇인가를 건설하고 제작하는 방식으로 사용될 수도 있기 때문이다. 따라서 화를 느낄 때 이를 건설적인 방식으로 표현하는 방법을 배우는 것이 중요하다. 그러면 심리적으로 보다 건강한 생활을 할 수 있다."

유대인의 격언 중에 '노해 있을 때는 가르칠 수 없다'는 말이 있다. 화가 난 상태에서는 훈육이 불가능하다는 뜻이다. 회기 난 상태를 가라앉힌 다음에 차분한 마음으로 자녀의 잘못된 행동을 지적해야 한다.

화는 크게 일시적(즉각적)인 화와 축적된 화로 나눌 수 있다. 지금 당장 아이가 내 앞에서 말을 듣지 않아 치솟는 화와, 그런 상황들이 반복되어 기저에 깔려 있던 아이에 대한 나의 인식적 측면의 화로 나눠볼 수 있다는 얘기다.

아이가 말을 듣지 않아서 나도 모르게 소리를 빽 지르고 아이를 제압하면 순간적으로 내 분이 풀리는 것 같이 느껴질 수 있으나, 아이의 문제행동이 반복되고 또 반복될 때마다 "아, 또야?" 하는 실망감은 나와 아이 사이에 차츰차츰 부정적 감정으로 차곡차곡 쌓이게 된다.

우리는 일시적인 화와 축적된 화 두 가지를 모두 컨트롤 해야 할 상황에 놓인다. 우리는 엄마니까. 부모니까. 화라는 부정적 감정으로는 아이를 제대로 훈육할 수도 없고 상처만 남기게 되니까.

일시적인 화는 시간이 지남에 따라 잊혀지기도 하고 자연스럽게 소거되기도 하지만 축적된 화는 방치할 경우 우울증 등의 병증으로 발전하거나 자율신경계에 영향을 주어 질병을 일으키기도 한다. 그렇기 때문에 분노가 누적되지 않도록 평상시 잘 관리하는 것이 무엇보다 중요하다고 전문가들은 입을 모은다. 그렇다면 어떻게 해야 발전적인 방법으로 분노를 해소할 수 있을까?

❶ 행동적 방법

첫째, 행동적 방법은 나의 행동을 변화시켜 나의 감정을 조절하는 방법이다. 대부분의 사람들이 자기만의 분노를 소거하는 노하우를 가지고 있는 경우도 많다. 맛있는 것 먹기, 쇼핑하기, 음악 듣기, 영화 보기, 성관계, 운동하기, 요리나 청소하기와 같이 다른 일에 몰두하는 방법이 있다. 이런 행동적 기법을 통해서 일시적인 화를 소거해나갈 수 있다.

가령 식사 시간에 밥을 잘 먹지 않고 엄마를 애먹이던 아이에게 화를 내기보다, 상을 치운 후 흥분되고 격앙된 감정을 다스리기 위해서 설거지를 하거나 간식을 먹으면서 감정조절을 하는 식의 방법이다. 아이가 밥을 잘 먹지 않는 것은 내가 화를 낼 일이 아니라 아이의 식욕을 돋우거나, 식사량을 조절하는 등 다른 해결책이 필요한 일임을 잊지 말아야 한다.

❷ 인지적 방법

둘째, 인지적 방법은 생각 변화를 통해 감정을 조절하는 방법이다. 여기에는 문제를 해결할 수 있는 계획을 세우는 것, 긍정적인 생각을 하는 것, 자신을 탓하는 것 등이 있을 수 있다. 여기서 자신을 탓한다는 것은 문제의 원인을 타인의 탓으로 돌리기보다 자신의 내면에서 찾으려고 노력해본다는 의미다. 우리는 문제 상황이 발생했을 때 타인의 탓으로 생각하면 쉽게 분노가 일어나지만 내 탓이라고 생각되면 분노보다는 무안함이 먼저 떠오르기 때문에 화가 가라앉기도 한다.

아이가 바쁜 아침 시간에 혼자 입지도 못하는 옷을 스스로 입겠다며 시간을 끌고 있는 모습을 보며 화를 내기보다, 우리 아이의 자율성이 자라고 있다는 증거라고 생각하며 긍정적으로 생각을 전환해보는 것이 중요하다. 급한 마음에 엄마가 억지로 아이 옷을 입혀주려고 해봤자 아이가 '버팅기면' 아이 옷을 제대로 입히지도 못할뿐더러, 자율성과 자존심에 상처를 입은 아이는 부모에게 적대적 감정을 품을 수도 있다. 그럴 때는 '엄마가 이렇게 잡아줄 테니까 네가 한번 혼자 입어봐' 하고 살짝살짝 도와주면 아이가 낑낑거리며 혼자 옷을 입으려고 할 것이다. 사실은 엄마가 도와준 것이지만 '혼자 입어봐'라고 말해주었기 때문에 아이는 자기가 혼자 옷을 입은 것이라고 여긴다. 아이를 속이는 것은 참 쉬운 일이다. 아이와 맞서지 말고 아이를 살짝 속여 가며 잘 다루는 것이 육아를 오래 해보면 해볼수록 쌓이게 되는 노하우다.

❸ 생리적 방법

셋째는 심장박동, 혈압, 땀과 같은 생리적 변화로 감정을 조절하는 방법이다. 여기에는 술을 마시는 것, 아빠의 경우 담배를 피우는 것, 약물을 복용하는 것 등이 포함된다. 호흡 훈련, 명상 호흡 역시 신체적 안정을 통해 심리적 안정을 추구하는 생리적 방법이라고 할 수 있다. 주로 축적된 분노를 조절하기 위해 밤에 신랑과 함께 맥주를 마시는 것, 기분을 차분하게 해주는 허브차를 마시는 것 등이 스트레스 해소에 도움이 된다.

아이에게 화가 났을 때 즉각적으로 화를 내지 말고 심호흡을 한번 크게 한 후 차분하게 훈육을 시도해 나간다면 이 또한 생리적 방법을 잘 활용한 분노 조절법이라고 할 수 있다.

❹ 빈 의자 기법

빈 의자 기법은 빈방에 의자를 하나 두고, 내가 상상한 상대방(아이)을 그 의자에 가상으로 앉힌 다음에, 그를 향해 분노를 표현해보는 방법이다. 조용한 환경에서 상상 속의 상대방과 마주 앉아 그동안 실제 삶에서 말하지 못했거나 할 수 없었던 것들을 재현하고 말해봄으로써 내 안의 부정적 감정들을 모두 해소할 수 있는 방법이다. 이 방법은 장시간에 걸쳐 반복된 문제로 인해 내 안에 화가 축적되어있을 때 한 번씩 털고 가자는 취지로 이용하면 좋다.

유대인 훈육의 원칙

유대인이 말하는 훈육의 원칙 4가지를 함께 살펴보며 부모의 분노와 훈육의 상관관계에 대해 좀 더 살펴보기로 하자.

1. 화가 난 상태에서 자녀를 나무라거나 꾸짖어선 안 된다

화가 난 상태에서는 불필요한 감정적 언어나 행동으로 아이에게 상처를 줄 가능성이 있으므로, 화를 가라앉힌 후 차분한 마음으로 자녀의 잘못된 행동을 지적해야 한다. 나는 아이에게 엄청 화가 날 경우 일단 그 자리를 재빨리 피한다. 계속 눈으로 보고 있으면 화가 더 치밀어 오르기 때문이다. 일단 그 장소를 벗어나면 화가 즉각적으로 사그라든다. 그 이후에 심호흡을 크게 하고 아이에게 차분하게 잘못을 지적한다.

2. 자녀의 잘못된 행동은 즉시 그 자리에서 고쳐줘야 한다

자녀가 저지른 잘못을 차곡차곡 마음속에 쌓아놓았다가 한꺼번에 들춰내는 것은 좋은 방법이 아니다. 분노가 차곡차곡 쌓였다가 폭발할 경우 상대방은 자기가 이 정도의 잘못을 한 것이 아닌데 과한 처벌을 받게 되어 인지적 부조화를 일으켜 반항심을 가지게 된다. 자녀의 잘못된 행동은 즉각적으로 수정하고 나의 분노로 쌓아놓지 말아야 한다.

3. 결과만 보지 말고 원인까지 살펴서 꾸짖어야 한다

어린아이들은 자신의 좌절된 감정을 충족시키기 위해 잘못된 행동을 저지르는 경우가 많다. 따라서 부모는 자녀의 행동이 우발적이었는지, 애정을 갈구하는 욕구를 제대로 채워주지 못해 생긴 행동이었는지 잘 따져서 대응할 필요가 있다. 밥을 안 먹는 행위가 반항심 때문인지, 태생적이고 기질적인 문제인지 따져서 대응해 본다거나, 동생을 때리는 행동이 우발적이었는지, 엄마의 관심을 끌기 위해서였는지 가늠하여 대응한다면 대응방침이 크게 달라질 것이다.

4. 언어 선택에 신중해야 한다

꾸짖는 중에 부모의 감정이 격해진다면 '항상, 절대, 정말로, 반드시'와 같은 과장된 말을 하기 쉽다. "너는 애가 왜 항상 그 모양이니?", "넌 정말 구제불능이다"와 같은 말을 들으면 아이는 자기 인격이 모독을 당한 기분이 들어 오히려 반항적으로 변하기 쉽다. 나 같은 경우 "준이가 원래는 안 그런 아인데, 이번엔 이러이러한 행동을 했구나. 이번 한 번만 그러는 거였지? 다음부턴 조심해서 행동해야 해" 하고 아이의 위신을 세워주며 잘못을 지적해준다. 부모로부터 자신의 체면이 선 아이는 잘못을 순순히 받아들이고 고치려고 노력한다. "나 한번 실수한 거예요?" 하고 되물으며 자신이 사실 나쁜 사람이 아니라는 것을 스스로 다잡는 과정을 거치기도 한다.

부모의 분노와 훈육은 항상 맞닿아 있다. 우리가 분노하는 순간은 항상 훈육을 해야 하는 상황과 동시에 발생한다. 성인과 성인의 관계와는 전혀 다른 메커니즘이다. 성인 간에는 분노가 일어나더라도 체면을 생각해서 일단 참고 누르기도 하고, 상대방이 만만하면 즉각적으로 화를 내기도 한다. 하지만 자녀에게는 그렇게 해선 안 된다.

참고 눌러 넘겨도 안 되고 즉각적으로 폭발시켜서도 안 된다. 참고 누르면서 훈육도 함께 해야 하는 어려운 상황에 놓이는 것이다. 나는 훈육만 잘해도 아이 성격이 긍정적으로 변화한다고 믿는다. 내 화만 잘 조절해도 아이가 밝고 명랑하게 변화해 나가는 것을 경험했기 때문이다. 아이는 부모를 그대로 보고 배우니까.

부정적인 감정과 행동을 자주 보여주면 아이도 그것을 그대로 닮고 따라한다. 하지만 부모가 항상 따뜻한 모습으로 자녀를 대하고 훈육 시에만 이따금 엄격한 모습을 보여주기만 해도 아이는 신경질과 짜증을 덜 부리게 된다. 무엇보다도 엄마인 나를 너무 잘 따르고 좋아한다. 나와 있는 시간을 너무 행복해한다. 그런 아이의 모습을 보며 나 역시도 너무 행복하다. 나를 잘 따르니 화낼 일도 별로 없다. 이런 긍정의 순환 고리를 만들기 위해 부모로서 정말 많이 노력해야만 했다. 엄마의 작은 노력이 아이의 인격을 만들어 나가는 것이다.

23

아이의 놀이 허기증은
혼낸다고 없어지는 게 아니다

심리학에는 '놀이 허기증'이란 말이 있다. 자기주도학습지도사 과정에 등장하는 '놀이 허기증'이란 개념은 아이의 자기주도학습에 결정적인 영향을 끼치는 아이들의 특성 중 하나다. '허기증'이란 단어에서 눈치챌 수 있듯이, 우리가 배고플 때 어느 정도 일정수준 뱃속에 밥을 채워 넣어야만 허기가 사라지듯이, 놀이 허기증 역시 어느 정도 일정수준 이상 놀이를 해야만 놀이에 대한 욕구가 사라진다는 개념이다.

인간의 본능 중에는 유희의 욕구가 있기 때문에, 모든 인간은 자유롭게 놀이하고자 하는 욕구를 가지고 있으며, 그 욕구의 절대량을 충족하지 못하면 계속 허기증을 느껴서 다른 활동을 하는 데 방해작용을 하게 된다.

❶ 놀이 허기증이란?

예를 들어 1시간가량 놀이를 하고 싶은 유아에게 1시간 공부 먼저 한 뒤에 놀이를 하게 해주는 경우와, 1시간 놀이를 먼저 하고 그 다음에 공부를 하게 하는 경우 어느 쪽이 더 효율적일까? 흔히 어른들은 공부할 것 다 해놓고 맘 편히 자유로운 상태에서 놀면 더 실컷 잘 놀 수 있다고 생각하여 아이들에게 숙제를 먼저 해놓고 마음껏 놀라고 지도한다. 아이들은 하기 싫은 숙제를 억지로 꾹꾹 참아가며 하게 된다. 그런데 이때는 놀이 허기증이 채워지지 않은 상태이기 때문에 집중력이나 학습 의지가 극도로 저하된 상태다. 놀이 허기증이 발동된 상황에서는 학습을 시킨다고 해도 효율적이지 못하다.

차라리 1시간 먼저 놀게 해서 놀이에 대한 허기증을 채워준 후 학습으로 유도하면 오히려 집중을 잘하고 놀이에 대한 욕구가 해소된 상태이기 때문에 다른 생각을 안 하고 온전히 학습에 몰입할 수 있게 된다.

그동안 우리가 생각했던 상식과 정 반대가 아닌가?

집에서 홈스쿨을 하면서 숙제를 시키는 경우에도 마찬가지다. 아이에게 '지금 책 읽자, 그림 그리자, 한글공부 하자'고 유도하지만 아이는 안 하려고 도망 다니기 일쑤다. 공부 먼저 다 해놓고 그다음에 맘 편한 상태에서 놀자고 설득해보지만 아이는 안하무인이다. 아이와 씨름을 하여 책상 앞에 앉히긴 앉혔는데, 집중은커녕 딴소리, 딴짓만 하며 엄마 속을 북북 긁어놓는다. 이럴 때는 혼내서 강제로 학습을 시키기보다는 아이와 놀이에 대한 약속 시간을 정해놓고 놀이 허기증을 채워준 후 약속대로 학습으로 유도하는 편이 더 바람직하다.

이런 놀이 허기증은 모든 유아에게서 거의 공통으로 나타나긴 하지만 개인차가 있다. 엄마가 시킨 대로 숙제를 다 해놓고 놀 수 있을 정도로 허기증을 덜 느끼는 유아들도 있지만, 허기증을 강하게 느끼는 유아들도 있는 것이다. 자기 아이가 허기증을 얼마나 강하게 느끼는 아이인지는 직접 키워본 엄마들이 가장 잘 알 것이라 여겨진다.

❷ 놀이 허기증은 그 다음 단계로 이월된다

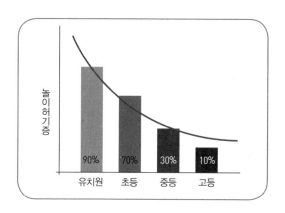

어떤 온순한 기질의 아이들은 유년시절 놀이 허기증이 채워지지 않은 상태더라도 일단 엄마에게 복종하며 엄마가 유도하는 학습 스케줄대로 따라 움직여주는 경우가 있다. 이 아이에게는 놀이 허기증이 없는 것일까? 아니면 다른 아이들보다 놀이 허기증이 적은 것일까?

놀이 허기증은 놀랍게도, 그리고 안타깝게도, 사라지거나 줄어드는 것이 아니다. 그리고 사람마다 더 적거나 더 많은 것도 아니다. 유년

시절에 학원 뺑뺑이를 돌며 놀지 못했던 아이의 놀이 허기증은 사춘기로 이월되어 이때 놀이 허기증이 터지면 본격적으로 공부해야 할 나이에 자꾸 놀려고만 하게 된다. 사춘기까지 놀이 허기증을 꾹꾹 억누른 채 살았던 아이는 고등학교 시절에 놀이 허기증이 터질 수도 있다. 즉, 어린 시절 실컷 놀아봤던 놈들이 '다 놀아봤기 때문에' 놀이에 대한 갈증을 더 적게 느껴서 본격적으로 공부해야 할 나이에 앉아서 공부에 집중할 수 있다는 것이다.

우리 어른들에게는 아이들의 장난감이 그리 매력적이지 않다. 간혹 키덜트 취미를 가진 성인들도 있지만 대다수 어른들은 아이들의 장난감을 보면 '남의 물건' 보듯 하게 된다. 이는 어린 시절 이미 다 경험해본 것들이기 때문에 시시해서 관심이 가지 않기 때문이다. 이렇게 충분히 경험해본 것에는 흥미나 호기심이 발동하지 않는다. 그래서 무엇이든 어린 시절에는 충분히 경험해보고, 스스로 시간을 자율적으로 보내게 하는 경험이 무척이나 중요하다.

아이들도 마찬가지다. 유년시절 충분히 놀아보고 빈둥거려도 본 아이들은 사춘기가 되어 본격적으로 공부할 시기가 되면 빈둥거리는 것에 대한 갈증이 그다지 없다. 오히려 자기에게 주어진 시간을 효율적으로 사용하고자 한다.

통상적으로 유치원 유아들은 하루 시간 중 90%, 초등학생은 70%, 중학생은 30%, 고등학생은 10%의 시간을 놀이에 사용하고자 한다. 하루의 90%를 놀아야 하는 아이들에게 지나치게 학습을 시킬 경우 그 놀이에 대한 허기증은 초등 단계로 이월되어 초등학생 내내 놀려고 하고, 그때도 강제로 학습 위주로 시간을 보내게 할 경우 중학생 때 그동안 못 놀았던 놀이를 다 하려고 한다.

하지만 이 놀이 허기증이 다 충족된 아이들은 중학교 때 놀이에 대한 갈증이 줄어들어 30% 정도 이외의 시간은 학습에 사용할 동기부여가 되고, 고등학생은 하루 중 10% 정도의 시간만을 놀이에 사용해도 허기증이 채워진다.

'어렸을 때 실컷 놀아야 한다'는 명제의 이론적 배경은 바로 이 '놀이 허기증'에서 출발하는 것이다. 놀이 허기증은 혼낸다고, 누른다고 없어지는 것이 아니라고 하니, 더더욱 아이 키우는 부모 마음이 복잡해지기만 한다. 요즘 시대에는 우리 아이들이 해내야 할 것들이 너무 많기 때문이다. 시간은 부족한데 언제까지나 주구장창 놀고 있을 수만은 없으니 사실 나조차도 안절부절이다.

하지만 숙제를 시키거나 공부를 시키는 데 있어서 놀이 허기증의 원리를 잘 이용하면, 적은 시간이나마 아이에게 집중적으로 학습의 효율을 높일 수 있으니 적극적으로 활용해보길 권한다.

먼저 놀이 허기증을 채워준 후 학습을 시키는 것이다.

숙제하고 노는 것이 아니라, 놀고 숙제하는 것!

어린아이일수록 놀이 허기증이 엄청 크다는 것!

적정량의 학습 이상을 강요하게 되면 아무 소용이 없을 뿐만 아니라 다음 성장단계로 이월되어버린다는 무시무시한 사실!

꼭 기억해두시길 바란다.

24

훈육이란 이름으로
아이에게 상처를 주지 않았나?

우리 세대 엄마들에게 '훈육' 하면 떠오르는 이미지는 단연 현재 종영한 SBS 인기 프로그램 〈우리 아이가 달라졌어요〉에 나오는 오은영 박사님표 훈육법이다. 엄마가 되기 전엔 크게 관심 없던 프로그램이었는데 엄마가 된 후 나도 그 프로그램을 '다시 보기'로 거의 다 챙겨보게 되었다.

오은영 박사님표 훈육법이란?

일단 아이와 엄마가 마주 보고 앉은 후 떼쓰는 아이를 엄마의 샅타구니 안에 가둬놓아 꼼짝 못 하게 하고, 두 팔도 꽉 잡아서 아이의 기를 꺾는 자세를 취한다. 그런 후 '울음을 그치지 않으면 절대 안 들어줄 거야'라는 단호한 어조를 반복하며 아이가 떼쓰는 것을 멈출 때까지 '기다리는 것'이다.

아이 훈육과 관련된 글을 읽다 보면 집에서도 아이 기를 꺾기 위해 오은영 박사님표 훈육법을 사용해봤다는 후기 글을 심심치 않게 발견할 수 있다. 성공하신 분도 계시고, 성공하지 못한 분도 계시다. 물론 아이마다 기질이 다르고 처한 상황이 다르니 그럴 것이다.

내 생각은 이렇다.

방송에 출연할 만큼 기구한 사연을 가진 아이들에게는 특단의 조치가 필요할 수밖에 없을 것이다. 그리고 오은영 박사님이라는 국내 최고의 전문가가, 그 상황이 훈육이 필요한 상황인지 아닌지를 가장 정확하게 판단한 후 내린 처방이니 대부분 잘 먹힐 수밖에 없을 것이다. 게다가 오은영 박사님의 처방은 일방적으로 아이를 상대로 한 것만도 아니다. 〈우리 아이가 달라졌어요〉에 나오는 어떤 에피소드에선 겉으로 보기에 아이가 떼를 쓰고 신경질을 부리는 것은 다른 아이들과 매한가지인데, 사실은 아이에겐 아무 문제가 없는 경우도 있었다. 문제는 아이 부모에게 있었기 때문에 아이에게는 아무런 조치를 취하지 않고 오로지 부모에게만 부모 교육을 실시하는 처방이 내려졌었다. 이렇듯, 처방이 필요한 것이 아이인지 부모인지부터 우리는 정확히 판단할 수 없는 경우도 있다. 그리고 앞선 글에서 내가 구분 지었듯, 아이가 지금 하는 행동이 신경질인지, 떼인지, 짜증인지부터 구분하는 것 역시 중요한 포인트다.

그런즉, 아이에게 '우아달(우리 아이가 달라졌어요)'식 훈육이 필요한 상황은 아이가 떼를 쓰는 상황 중에서도 '도저히 들어줄 수가 없는 나쁜 종류의 떼'일 때에 한한다. 아무 때나 아이에게 '우아달'식 훈육을 해선 안 된다. 훈육이 꼭 필요한 순간에만 훈육해야 하며, 그것도 아주 '엄선된' 상황에서만 훈육을 해야 하는 것이다.

다시 말하면 아이가 단순히 짜증을 부리거나, 신경질을 낼 때 '우아달'식 훈육을 하면 아이에게 상처를 줄 수도 있다는 뜻이다. 아이가 무언가 '정당한 요구'를 하고 있는데, 부모가 그것을 알아차리지 못하여 과도한 훈육을 시도하게 되면 아이는 자신의 욕구가 거절당하는 경험을 할 뿐만 아니라 억울한 훈육이란 무서운 조치까지 감수해야 한다.

그리고 일상생활 속에서 아이의 기를 꺾어야만 할 정도로 궁극의 훈육법이 필요한 경우는, 그동안 아이의 떼를 결코 짧지 않은 세월 동안 부모가 키워왔을 때에 비로소 성립된다. 아이의 기가 너무 세서 도저히 꺾이지 않을 정도가 되려면 하루 이틀 만에 그렇게 된 것은 아니라는 뜻이다. 1년 이상 오랜 세월 부모가 아이의 떼를 방치했거나 속수무책으로 당했을 때에만 방송에 나올 정도의 독불장군을 키워내는 것이다.

즉, 평범한 아이들에게는 '우아달'식 훈육법이 지나친 상처를 줄 수도 있으며, 아이가 조금 짜증을 내거나 신경질을 내는 것조차 어릴 때부터 버릇을 잡아야 한다는 과도한 기대 아래 지나친 훈육을 시도하고 계신 분들이 많다는 것을 떠올려볼 때 우리가 가지고 있는 '훈육에 대한 믿음'을 다시 한 번 생각해봐야 한다는 것이다.

훈육(訓育, discipline)

훈육에 대한 여러 사전적 정의가 있지만 결국은 '가르치고 기른다' 라는 본래 의미로 회귀할 수밖에 없음을 느낀다. 훈육은 '혼내기'가 아니다. 차분한 어조로도 아이에게 가르치는 것은 가능하며, 그로 인해 아이가 스스로 성장해나간다면 더할 나위 없는 백점짜리 훈육이 될 것이다.

때문에 화안키에서 생각하는 가장 좋은 훈육이란 '평소에 가르치는 것'이다. 아이가 혼날 짓을 한 상황에 급급해서 아이를 혼내는 것이 아니라, 아이가 잘못하고 있지 않은 평상시 상황에 이런저런 이야기를 해주어서 아이에게 규칙과 습관을 들이게 하는 것이다.

헌데 우리 안에 자리 잡은 '훈육'의 이미지는 크게는 '우아달'식 훈육법에서부터 각종 혼내기와 벌주기의 이미지로 점철되어 있는 것이 사실이다. 손들고 벌 세우기, 생각의자에 앉히기, 좋아하는 장난감 뺏기, 반대로 사탕 주기, 장난감 사주기 등 정적 강화의 방법까지 이르는 다양한 '혼내기'의 방법론들이 '훈육'이란 이름으로 유통되고 있다.

'훈육'의 이미지가 이렇게도 부정적인데, 아이들이 진실로 훈육을 받아야 할 상황에만 훈육을 받는 것이 아니라면 아이들에게 얼마나 상처가 될까? 한번 되짚어봐야 할 문제라고 생각한다.

아이들은 아직 미성숙한 존재라 혼날 짓을 많이 할 수밖에 없으며, 신경질과 짜증이 많을 수밖에 없다. 그리고 아직 언어발달이 미숙하기 때문에 말로 할 수 있는 것조차 짜증 섞인 울음으로 표현하는 경우도 많다. 아이가 자신의 요구사항을 전혀 울지 않고 또박또박 말로 표현할 수 있을 정도의 연령이 되려면 최소 여섯 살 이상은 되어야 한다. 어른들은 우는 아이들에게 '울지 말고 말로 하면 되지!'라며 짜증이 났을 때 울음부터 터뜨리는 아이들의 버릇과 습관을 바로잡고 싶어 한다. 하지만 이성보다 감정이 앞서는 존재인 아이들이 이 가르침을 실제 행동으로 출력해내기까지는 뇌 발달이라는 생체적인 발달 과정을 거쳐야만 한다. 때문에 너무 어린 나이의 아이들에게 훈육이란 이름으로 '울면서 얘기하는 행위' 자체를 억압할 경우 아이는 자유로운 표현과 욕구를 좌절당하는 경험을 하게 될 가능성이 있다.

아이가 울고 짜증 내며 이야기를 할 경우 일단 그 속상한 마음을 읽어주며 울음을 그치게 한 후 요구사항을 이야기하게 기다려주는 것이 좋다. 대다수 평범한 범위에 속하는 아이들은 그런 감정 읽기의 행위만으로도 많은 위안을 얻고 진정한다. 물론 그 울음이 조금 긴 아이들도 있을 수 있다. 그런 부분은 아이가 자라남에 따라 스스로 컨트롤하는 방법을 터득해나가니 조금만 아이가 더 자랄 때까지 기다려주자.

물론 〈우아달〉에 나오는 아이들처럼 궁극의 훈육을 시도해야만 하는 아이들도 있을 것이다. 그런 경우에는 냉철한 판단 하에 기 꺾기식 훈육을 시도해볼 수밖에 없다.

내가 꼭 전하고 싶은 요점은, 화가 날 때 지금의 이 상황이 정말 훈육이 반드시 필요한 상황인지 아닌지를 좀 더 진지하게 생각해 볼 필요가 있다는 것이다. 모든 상황마다 강압적인 훈육을 진행하게 되면 훈육이 가지는 존엄성이 좀먹게 되어 훈육 자체가 시시해질 수 있다. 훈육은 정말 꼭 필요한 순간에만 시행하고 될 수 있으면 훈육보다는 먼저 아이의 감정 읽기와 공감으로 아이의 마음에 위안을 주는 것이 좋을 것이다.

25

훈육과 보듬기의
선택 노하우

　　　　　　아이가 떼를 쓰고 신경질을 내고 말을 듣지 않아서, 도저히 화내지 않고는 그 상황을 종결시킬 수 없는 경우가 종종 발생한다. 앞선 장에서 언급했다시피 〈우리 아이가 달라졌어요〉에서는 항상 이렇게 신경질쟁이, 떼쓰는 아이들이 단골손님으로 등장하곤 했다. 이번 장에서는 앞 장에서 지적했던 무분별한 훈육을 조금이나마 방지할 수 있는 팁을 공유하고자 한다.

　사실 〈우리 아이가 달라졌어요〉에서는 대부분 '훈육'의 방법으로 아이의 행동을 효과적으로 제어하는 모습을 방영했다. 단, 전문가의 세밀한 코칭과 전문적인 분석결과에 근거한 솔루션이었다. 그런데 이 프로그램의 에피소드 중에서 가끔은 훈육이 아닌 정반대의 솔루션이 나와서 부모를 당황하게 만드는 경우도 종종 볼 수 있었다. 바로 훈육이 아니라 '보듬기'의 방법이었다.

이 프로그램을 띄엄띄엄 봤던 사람들이라면 떼쓰는 아이에게는 곧장 아이의 팔과 다리를 잡고 똬리를 틀고 앉아서 기 빼기 작전으로 훈육하는 장면을 쉽게 떠올릴 것이다. 즉, '우아달' 프로그램은 유명 박사님이 나오셔서 아이를 효과적으로 '제압'하는 프로그램이라는 오해를 갖기 십상이다.

여기서 잠깐 다른 데로 이야기를 돌리면, 〈우리 아이가 달라졌어요〉에서 주로 사용된 치료기법은 '행동주의' 기법으로, 인지나 공감의 정서가 덜 발달된 아이들에게 단시간에 효과적인 행동수정을 해주기 위해, 즉 짧은 시간 촬영해서 결과물을 보여줘야 하는 TV 프로그램에서 즉각적인 변화를 보여주기 위해, 고안되고 선택된 치료기법이다.

하지만 실제 심리상담센터나 치료센터에서는 행동주의 기법 외에도 장시간이 걸리는 상담치료나 미술치료, 놀이치료의 방법이 사용된다. 점진적이기는 하지만 아이 스스로가 근본적으로 변화하는 데 초점을 맞추는 경우 장기적인 치료계획을 세우고 접근하기도 한다. 정답은 없지만, 일각에서는 행동주의식 치료기법이 일종의 동물 훈련과 다를 것이 없다며 부정적으로 보는 견해마저 있다. 사람을 현혹시켜서 하루 이틀 만에 다른 사람으로 둔갑시키는 것이 과연 옳은 일이냐는 문제 제기에서 출발한 견해다.

이 밖에도 치료대상자의 인지 수준이 어느 정도 올라와 있는 사람이라면 '인지치료'라는 기법을 통해서 문제를 해결하기도 한다. 잘못 알고 있거나, 잘못 생각하고 있는 부분을 고쳐서 결과적으로 행동을 수정하거나, 힘든 정서 상태를 치료하는 방법이다.

하지만 가장 중요한 것은, 진짜 전문가라면 특정 치료방법 한두 개에 얽매이지 않고, 필요에 따라 때로는 인지치료를 때로는 행동치료를 자유자재로 구사할 줄 안다는 것이다. 〈우리 아이가 달라졌어요〉의 오은영 박사님이 바로 그런 분이었고, 실제로 여러 에피소드에서 훈육이 아닌 보듬기의 방법으로 아이의 상처받은 마음을 달래주는 모습을 여러 번 지켜볼 수 있었다.

그렇다면 떼쓰는 우리 아이가 과연 훈육의 대상인지, 보듬기의 대상인지 일반 엄마들이 어떻게 구분할 수 있을까?

❶ 평상시 나의 양육태도를 점검해보자

일정한 규칙을 가지지만 아이에게 자율을 허용하고 대부분의 아이 요구를 수용하는 경우 '민주적인 부모'의 양육 태도라고 부른다. 모든 부모들이 민주적인 부모가 되고 싶어 한다. 하지만 민주적인 양육 태도는 항상 허용적인 양육 태도와의 경계에서 아슬아슬한 줄타기를 한다. 민주적인 양육 태도가 허용적인 양육 태도로 변질되는 가장 큰 변곡점은 일정한 규칙이 자주 흔들린다는 데 있다.

가령 평상시 집에서는 그나마 스마트폰을 보여주지 않고 아이를 키우다가, 식당에서 밥을 먹일 때나 공공장소에서, 대중교통에서 아이를 조용히 시키기 위해 스마트폰을 자주 쥐어준 경험이 있는 부모라면, 조만간 언제 어디서든 스마트폰을 내놓으라며 떼쓰는 아이를 마주해야 하는 상황에 부딪히게 된다.

또는 아이에게 최대한 '안 된다 규칙'을 적용해보려 하다가도 아이가 계속 떼를 쓰면 마지못해 아이의 요구를 못 이기는 척 들어주는 경우, 이런 경험이 축적되면 아이는 떼를 무기로 사용하게 된다.

한편, 규칙 자체가 없이 허용만 하는 부모들도 간혹 발견할 수 있다. 평상시 아무 규칙과 질서 없이 아이를 허용적으로 키우다가, 급할 때 갑자기 즉흥적인 규제를 시도하려고 하면 아이는 반발한다. 쉬운 말로 '떼쟁이'가 되어버리고 마는 것이다.

마지막으로 양육자 혼란 상태를 들 수 있다. 부모는 규칙을 세워 아이를 키우는데, 조부모나 부양육자가 규칙 없이 허용적인 태도로 아이를 키운다거나, 엄마는 엄격한데 아빠는 허용적인 경우 아이는 떼쓰기 방법으로 효과적으로 부모를 통제하려는 시도를 하게 된다.

결국 네 가지 사례 모두 완벽한 민주적인 부모가 되지 못한 허용적인 부모의 테두리 안에 포함된다. 다시 말해 아이 입장에서는 부모가 봉인 셈이다. 이런 경우 당연히 일정한 규칙을 바로 세우고 떼쓰는 아이를 훈육해야 한다.

❷ 아이의 감정을 면밀히 살펴보자

아이가 떼를 쓸 때, 억울한 감정을 가지고 있거나 눈물을 보일 정도로 울분을 참지 못할 때, 그것은 아이가 평소에 억압당한 경험, 부정당한 경험, 억울한 경험을 많이 축적했기 때문일 수 있다. 예를 들어 누구는 되고 누구는 안 된다는 말을 자주 들은 경우, 차별을 당한 기분이 많이 들었던 경우, 아까는 되었는데 지금은 안 되는 등 기준이 모호했던 경우, 아이는 억울한 감정을 품게 된다.

크게 잡아 하루에 안 된다는 말을 열 번 이상 듣고 사는 경우, 안 되는 것이 8할 되는 것이 2할 정도밖에 없을 때, 하루 종일 잔소리를 달고 사는 부모 밑에서 자라는 경우, 행동에 제한을 지나치게 많이 받는 경우, 밤늦게까지 어린이집이라는 통제된 상황에서 지나치게 오래 머무는 경우 등 아이가 자율성과 주도성을 발휘할 기회가 좀처럼 주어지지 않을 때는 '분노'의 정서에 기반을 둔 짜증과 떼쓰기가 튀어나오기 쉽다.

아이는 분노하고 있는데, '훈육'의 방법으로 아이를 더욱 통제하고 행동을 수정시키려고 하면 아이는 더더욱 엇나갈 수밖에 없다. 이럴 때는 아이의 마음을 읽어주고 보듬어 주는 감정코칭과 보듬기 방법을 써서 아이를 온순한 양으로 만들어 나가야 한다. 이런 경우 '화안키'가 진정한 빛을 보게 된다. 부모 자신은 강압적이고 권위적인 부모라고 깨닫지 못한 채 권위적인 양육을 하는 경우, 애착육아를 제대로 하지 못한 경우 모두 해당된다. 상처받은 아이의 마음을 달래서 아이를 내 편으로 만들어야 한다. 화안키를 하기 이전의 내 모습이기 때문에 내가 가장 잘 아는 부모의 모습이다.

위의 두 가지 사례 모두 화안키는 필요하다. 하지만 첫 번째 사례에서는 엄격함을 유지하고 질서를 바로 세운 화안키가 필요하고, 두 번째 사례에서는 허용치를 높이고 아이를 보듬어 주는 화안키가 요구된다. 두 번째 사례의 아이에게 과도한 훈육은 금물이다.

화안키 하 얀내고 아이 키우기

　　화안키는 엄마 혼자 하는 게 아니다. 물론
엄마가 계획하고 준비하고 더 많이 노력해야 하는
것이 사실이지만, 아이가 도와주지 않으면 화안키
는 도로아미타불이 될 수도 있다. 그렇다면 화안
키를 시작하기에 앞서 아이에게는 어떤 준비를 시
켜줘야 할까? 아이가 사전에 꼭 알아야 할 사항들
은 어떤 것일까?

26

화안키, 몇 개월부터
시작하는 것이 좋을까?

나에게는 영아산통으로 한번 울기 시작하
면 악을 쓰고 2시간은 울어 제끼는 아이를 안고 어쩔 줄 몰라 당황하
던 시절이 있었다. 처음에는 전전긍긍하며 어떻게든 아이를 달래보려
고 빌다시피 사정을 하다가, 나중에는 급기야 갓난쟁이에게 "그만 좀
울어!" 소리를 빽 질러버리는 것으로 내 감정을 해소하곤 했다.

6년이 지난 지금도 그것이 정말 영아산통이었는지, 극심한 잠투정
이었는지 확실치 않다. 영아산통이라고 미루어 짐작하는 이유는 시작
을 알리는 첫 울음부터 악을 쓰는 것으로부터 비롯되고 2시간은 울어
야 그치고 잠이 들었기 때문이다.

보통의 아이들이 찡찡대는 것으로 울음을 시작한다면 내 아들은
첫 시작부터가 극심한 악쓰기였다. 비명에 가까운 악쓰기를 2시간 내
내 듣고 있다 보면 엄마의 감정 컨트롤 능력이 안드로메다로 날아가

버리는 것은 당연지사.

영아산통을 한번 겪고 난 아이들은 조금만 신경질이 나도 강도 6~7 정도의 울음부터 시작하는 버릇이 생긴다. 그래서 돌 전까지 아들을 키우면서 아이의 울음이 나를 미치게 만들었다. 영아산통 때 울던 버릇은 아직도 이어진다. 이제 아이가 일곱 살이 되어 평소엔 별로 잘 울지 않지만 뭔가 자기 수틀리는 일이 생기면 5~6 정도의 강도로 빽 울어버린다. 징징거리며 울어본 경험이 없는 아이는 징징거릴 법한 상황에서도 악쓰기부터 시작한다.

일반적으로 아이에게 훈육을 시작하는 시기는 만 18개월 정도인데, 공교롭게도 아이에게 가장 많이 화를 내는 시기는 만 18개월 이전이다. '훈육'이란 말이 통하는 대상에게 가르치고 교육하는 시도를 말하는 것인데, 말이 안 통하는 대상에겐 훈육이 먹히지 않기 때문이다. 말이 전혀 안 통하는 대상에 대해 통제감을 상실하면 자기도 모르게 분노가 치솟는다. 그래서 많은 엄마들이 시도 때도 없이 울어대고 이유식을 뱉어버리는 아이에게 불같이 화를 내본 경험들을 가지고 있다.

말 안 통하는 아이에겐 훈육 소용없어

만 18개월 이전의 소위 '미물' 상태인 아이들에게는 어르신들이 하시는 대로 '예스맨'이 되어주자. 나도 백일도 안 된 애한테 어릴 때부터 습관을 들인다며 이것저것 가르치려 들고 혼내기도 했었는데, 지금 돌이켜보면 '바보짓'이었다. 이 아이들에게는 어떤 설명을 해줘도 정확히 알아듣지 못한다. 좋다 싫다는 감정만이 존재하는 시기에 옳고 그름과 개념을 가르치려 드는 어른이 오히려 이상한 것이다. 물론 이 시기에 '이건 된다, 저건 안 된다'를 이야기로 충분히 반복해서 알려주는 행위 자체는 '어렴풋한' 개념형성에 도움이 되지만 그것을 넘어 아이의 행동 수정을 바란다거나 버릇을 고치려 드는 행위는 의미가 없다는 뜻이다.

하지만 어떤 초보 엄마들은 아주 어릴 때부터 훈육을 하기 위해 애를 혼내기도 하고, 안 된다는 말로 아이의 행동을 제지하기도 하며, 때로는 크게 화를 내기도 한다. 나 역시 그랬다. 어릴 때부터 엄하게 가르쳐야 한다는 잘못된 믿음을 가지고 있었던 까닭이다. 나 외에도 많은 초보 아빠들이 가지고 있는 잘못된 생각이다.

아주 어린 아이에게 엄하게 질책하는 행동들을 종종 볼 수 있다. 나도 그랬다. 그러다가 아동심리상담사 자격증 과정을 공부하면서 만 36개월 이전의 아동에게는 세상을 긍정적으로 인식하게끔 애착의 육아를 해주어야 한다는 사실을 배우면서 멘붕에 빠졌다.

출생부터 만 1세까지

출생부터 만 1세까지는 엄마에 대한 기본적인 신뢰감과 이 세상은 살만한 곳이라는 안정감을 주어야 하는 시기다. 타인을 신뢰하고 그들을 의존할 수 있고 믿을 수 있는 사람으로 보는 연습을 해야 한다. 이를 바탕으로 아이는 스스로를 신뢰할 수 있게 된다.

때문에 돌도 안 된 아이에게 엄한 훈육이나 크게 혼을 내는 행위,

감정적으로 분노의 감정을 표출하는 행위는 아이에게 좋지 못한 영향을 끼칠 수 있다. 가령, 기본적인 사람에 대한 신뢰감을 형성하지 못하게 되면 불안한 심리상태가 되어 다른 아이를 때린다든지, 이상한 반복행동을 하는 등 갖가지 문제행동을 나타내는 아이로 성장할 가능성이 있다.

1세에서 만 3세까지

이 시기의 유아들은 자율성을 배워야 하며, 그렇지 못할 경우 수치감 또는 자기 자신에 대한 의구심을 갖게 될 수 있다. 흔히 엄마들이 "'안 돼'를 사용하면 안 된다"고 알고 있는 시기가 바로 이 시기다. 이 시기에 '안 돼'를 많이 듣게 되는 아이는 자율성 발달에 안 좋은 영향을 받을 수 있다.

때문에 위험한 행동을 사전에 미리 방지하는 부모의 부지런함이 요구되며, 부모는 예스맨이 되어주어 아이의 자율성을 키워주어야 한다. 정말 안 되는 행동일 경우에는 아이의 주의를 다른 데로 끌어서 해당 행동으로부터 관심을 돌리게 해주는 스킬이 필요하다. 중요한 요점은, 아이와 맞서 싸우지 말라는 것이다.

또 만 36개월까지는 자기주장과 초보적인 독립심 학습을 해야 한다. 자신의 행동을 자랑스러워하고 판단을 연습하게 된다. 보행, 파악 및 다른 신체적 기술을 이용해서 자신의 행동을 자신이 스스로 선택해보게 된다. 특히 이 시기에 많은 아이들이 배변훈련을 하게 되는데, 성공하게 되면 자부심을 느끼지만 적절히 처리하지 못하면 수치심을 갖게 된다고 한다.

이 시기에 엄마가 아이의 행동을 지나치게 통제하거나 간섭하고 훈육하려고 들면 아이는 주눅이 들거나 오히려 잦은 실수를 벌이는 등 행동에 안정이 되지 못한 모습을 보이기도 한다. 가령, 만 세 돌 정도가 되면 물건을 떨어뜨리거나 물컵을 쏟을 정도의 실수가 줄어들 법도 한데 매번 식탁에서 이런 사소한 실수를 반복한다면 아이가 엄마에게 혼날까 봐 항상 긴장하고 있다는 사실의 방증이기도 하다.

만 3세에서 만 5세까지

이 시기의 유아들은 자기주도성을 키운다. 가령 엄마 아빠, 혹은 동생과 역할놀이를 하면서 자기가 대장을 하고 다른 사람들에게 다른 역할을 정해주는 등 자기가 상황을 주도하고자 하는 시도를 한다. 자기주도성이 제대로 키워지지 않으면 자기 행동에 대해 죄책감을 느낀다. 또 주위 환경과 사물에 대해 강한 호기심을 느끼고, 문제를 탐색하며 의문을 가진다. 엄마에게 '왜, 왜?' 하고 질문하는 시기가 바로 이 시기다. 이전 시기보다 자기주장이 강하고 공격적이 되기도 한다.

미운 네 살, 미운 다섯 살, 미운 여섯 살이라고 불리는 시기가 바로 이때다. 자기주도성을 키우기 위해 어른들의 말을 듣지 않고 자기 멋대로 하려는 것처럼 보일 수도 있다. 그래서 어른들로부터 엄청 혼나기도 하고 이에 맞서기 위해 떼를 쓰기도 한다.

이 시기에는 아이에게 대장놀이를 시켜줌으로써 자기주도성을 키워주면 좋다. 자기가 상황을 효율적으로 통제할 수 있다는 경험을 쌓은 아이는 자기효능감을 배워서 자기주도성을 키워나갈 수 있다.

화안키, 시작은 바로 지금부터

나는 화안키를 만 36개월부터 시작했다. 36개월 이전에는 아이를 엄청 엄하게 키우고, 자주 혼내고, 내가 화가 나면 그대로 여과 없이 아이에게 화를 표출했었다. 하지만 아동심리상담사 자격증 공부를 시작하면서 내 행동이 엄청나게 잘못되었다는 사실을 깨닫고 바로 그날부터 나의 행동을 180도 수정했다.

아이 역시 달라졌다. 화안키를 시작하기 이전 아이는 신경질이 잦고, 떼도 잘 쓰며, 툭하면 울음을 터뜨리는 고집쟁이였다. 하지만 내가 화안키의 시작을 정식으로 알리고 화안키를 시작하자 단 며칠 만에 아이가 180도 달라져서 온순하고 착하고 순한 기질의 아이로 변했다.

돌 이전에 형성해야 했던 엄마와 아기 간의 신뢰감을 36개월이 지나서야 겨우 굳건히 형성하게 되었고, 툭하면 안 된다는 소리를 입에 달고 살던 내가 웬만하면 아이의 행동을 다 받아주었으며, 아이가 하지 말아야 할 행동이 있으면 사전에 방지하거나 주의를 다른 데로 돌려서 부정적인 표현을 하지 않았다. 아이가 시간을 끌며 답답하게 하면 충분히 기다려주다가 나중에 개입함으로써 아이에게 행동표현의 기회를 충분히 제공해주었다.

그런데 더욱 놀라운 것은, 화안키를 통해 단순히 아이가 착하고 온순한 아이로 변한 것에서 더 나아가, 인지발달 측면에서도 놀라운 성장을 했다는 점이다. 자기주도학습지도사 과정에서는 온전한 정서적 안정의 베이스 위에서만 인지발달 능력을 키울 수 있다고 가르친다. 정서적 안정이 곧 아이 지능발달의 첫걸음이라는 뜻이다.

실제로 준이는 화안키 이후 정말 몰라보게 똑똑해졌다. 지식에 대한 습득력과 사고력, 창의력까지 하루가 다르게 발전해나갔다. 하루하루 나에게 들었던 생각은 오로지 화안키를 좀 더 일찍 알고 실천했더라면, 하는 늦은 후회뿐이었다.

가장 좋은 화안키 시작 타이밍은 바로 신생아 때다. 하지만 많은 초보 엄마들이 말도 안 통하는 아이들에게 화도 내고 혼내기도 하는 등 수많은 시행착오를 거친다.

화안키, 바로 오늘부터라도 실천해야 한다. 그러면 아이가 달라진다. 이미 늦은 건 아닌가 싶은 그 순간부터라도 일단 시작하면 아이는 달라진다.

27

아이에게
화안키의 시작을 알려라

신생아시기에는 물고 빨고 이뻐 죽겠다고
하던 엄마가, 슬슬 기어 다니고 걸어 다니기 시작할 무렵부터 아이를
'혼내기' 시작한다. 어른들은 혼내는 행동은 잘못된 행동을 바로잡으
려는 수단이라고 생각하지만, 영유아에게는 그런 개념이 없다. '아까
는 나를 좋아했는데 이젠 나를 싫어한다'고 생각할 뿐이다. 얼마나 단
순한 뇌구조인가! 하지만 혼나는 것이 끝나고 다시 안아주면 '이제
다시 나를 좋아한다'고 생각하게 된다. 다시 한 번 말하지만, 정말 단
순하다. 그러나 혼나는 경험이 계속 반복되면 '나는 언제든 혼날 수
있을지도 모른다. 언제든지 엄마가 나를 싫어할 수 있을지도 모른다'
고 생각하게 된다. 그런 걱정이 아이의 정서에 '불안'이라는 기저를
형성한다. 그런데 가만 생각해 보면 아이들이 혼나게 되는 경험 중 대
다수는 '의도하지 않은 실수'에 의해서 발생한다. 애들이니까 행동이

서툴러서 물건도 흘리고 물도 쏟고 하는 건데, 엄마들은 이를 참지 못하고 아이를 혼내곤 한다. 당연히 아이에게는 억울한 감정이 쌓일 수밖에 없다.

화 안 내고 아이 키우기를 통해 아이의 사소한 실수에 포용력을 가지자. 실수가 잦은 아이는 정서적으로 불안정한 상태에 있을 확률이 높다. 정서가 불안정해지면 실수가 더 많아지는 악순환이 생긴다. 화안키를 하다 보면 아이의 정서가 매우 안정되어 그동안 흔하게 저질렀던 실수가 줄어들고, 엄마를 잘 따르는 아이로 변해가는 모습을 볼 수 있다.

화안키를 시작하기 위해서는 먼저 두 가지를 기억하자.

① 그동안 혼났던 과거의 기억 없애주기
② 앞으로 혼내지 않는 엄마가 될 것 선언하기

❶ 그동안 혼났던 과거의 기억 없애주기

앞서 말했듯, 나는 준이가 36개월이 됐을 무렵 화안키를 시작했다. 계기는 내가 다수의 아동심리학 관련 자격증을 취득하면서부터였다. 다양한 자격증을 취득하는 과정에서 일반 교양서적이나 육아서에서 건질 수 없었던 육아 이론들과 심리학 이론들을 배우게 되었고, 그동안 내가 아이를 얼마나 잘못 키우고 있었는지 밑바닥부터 뒤집어볼 수 있었다.

화안키를 통해 일단 내가 엄청나게 변화했다. 우선 준이를 혼내는 횟수를 현저하게 줄였다. 예전 같으면 화를 내고 혼냈을 일에 일단 화를 가라앉히고 아이의 마음을 읽어주었다. 예를 들면 아이가 자꾸 장난감을 던질 때 혼내는 대신, "준이, 저 장난감 던지고 싶었어?" 하고 아이의 감정을 읽어주었다. 그러면 어이없고 뻔뻔하게도 아이는 "응!"이라고 대답한다. "왜 던지고 싶었어?"라고 묻는 순간 아이는 이미 자기가 잘못한 것을 아는 표정을 짓는다. 좀 더 큰 아이라면 "네가 잘못한 것을 말해보라"고 더 다그쳐보겠지만 36개월짜리 아기는 아직 어리기 때문에 가혹한 고문(?)은 하지 않았다. 이미 자신의 잘못을 알고 있기 때문에 더 이상 혼낼 필요가 없었다. "이제 안 던질 거지?" 하면 "응!" 대답한다.

이제부터가 중요하다.

그런 후 준이의 마음에 완전한 안심을 심어주기 위해 이렇게 몇 번이고 반복해서 얘기했다.

"이제 엄마가 준이 안 혼낼 거야. 그동안 엄마가 준이 많이 혼냈었지? 이제는 안 혼내. 그동안 많이 혼났던 것은 다 잊어버려도 돼. 이제는 정말 안 혼내는 엄마가 될 거야. 그런데 진짜 많이 잘못했을 때는 조금 혼날 수 있을지도 몰라. 그런 경우는 준이가 정말 잘못한 거니까 '잘못했어요' 하면 되는 거야. 알았지?"

그랬더니 애가 "이제 엄마가 안 혼내?"라며 뭔가 감명을 받은 것 같은 반응을 보였다. 그 반응에 오히려 내가 놀랐을 정도다. 정말, 진심으로 놀란 듯 보였기 때문이다. 혼자 놀다가도 혼잣말처럼 "이제 엄마가 안 혼내…"라고 몇 번 말하는 것을 들었다. 그 정도로 아이는 엄마가 혼냈던 과거의 기억들이 무거웠던 것이었나 보다. 나는 아이의 무거운 기억을 소거해주기 위해 몇 번이고 그동안 혼났던 기억들은 다 잊어버리라고 얘기해주었다. 이제는 안 혼난다고, 그러니까 무서워하지 않아도 된다고.

그리고 가끔 애가 너무 심하게 잘못을 한 경우에만 엄하게 혼낸 뒤, "슬펐어? 속상했어?"라고 꼭 물어봐 주고 "그렇다"고 얘기하면 "슬프고 속상한 건 알겠는데 억울한 건 아냐. 잘못을 했을 경우엔 혼날 수도 있는 거야. 억울하게 생각하지 마. 잘못한 것은 혼나야 하지만, 엄마는 네가 잘못을 해도 널 사랑해" 하고 안심을 시켜주었다. 이 에피소드가 벌써 3년 전 이야기다. 7년차 엄마인 내가 지금 생각하면 그 당시 아이가 심하게 잘못해봤자 뭘 잘못했겠나 싶다. 지금 내 기준에선 고작 36개월짜리 아기가 잘못할 수 있는 일들이 무엇일까 어림도 잘 되지 않을 정도다. 그러니, 대부분은 용서할 수 있는 일들이라는 뜻이다.

❷ 앞으로 혼내지 않는 엄마가 될 것 선언하기

그동안 혼났던 아이의 과거 기억들을 계속해서 소거해주는 동시에 함께 해주어야 할 작업이 바로 '앞으로 혼내지 않는 엄마가 될 것 선언하기'다. 이를 통해 아이에게 궁극의 안정감을 심어줄 수 있다. 아이가 어리면 어릴수록, 이제 혼나지 않는다는 사실에 엄청난 안정감을 느낀다.

뜬금없더라도, 밥 먹다가도, 책 읽어주다가도, 차타고 어딘가에 가는 길에도, 갑자기 아이를 붙잡고 이렇게 얘기하는 것이다.

"아까 엄마가 준이한테 이제 혼내지 않는다고 얘기했지? 준이도 앞으로 혼나지 않는 착한 아이가 되자."

이렇게 아이에게 몇 번이고 이 약속을 상기시켜준다. 어쩌다 한번 해본 말이 아닌, 진짜로 앞으로 일어나게 될 일임을 아이에게 각인시키는 작업이다.

'기억 소거하기'와 '화안키 엄마 선언하기'는 3박 4일 정도 꾸준하게 반복해주는 게 좋다. 엄마 스스로에게도 각인효과가 생겨서 애를 혼낼 일이 생겨도 혼내고 싶은 마음이 한결 줄어든다.

그리고 내가 화안키와 함께 했던 일은 '안 돼!'를 줄인 일이다. 사실 그동안 애가 하자는 것 중 안 된다고 대답했던 일들의 절반은 지금 당장 내가 시간이 없어서 하지 말라고 했던 것들이었다. 지금 마트에 가서 뭘 사야 하는데 길가는 도중 아이가 다른 데 가자고 조르면 "안 돼!", 내가 무언가를 하느라 바쁜데 뭘 물어보거나 나를 어딘가로 데려가려고 할 때면 "안 돼!"를 연발했었다. 그러던 내가 화안키 시작한 후로는 웬만하면 뭐든지 애가 하자는 대로 다 들어주었다.

3~6세는 주도성을 기르는 중요한 시기이기 때문에 무엇이든 아이가 스스로 하고 싶은 걸 결정해서 해보고, 성취감을 얻게 하는 것이 가장 중요하다. 이 개념을 배우고 난 후 나는 무조건 아이의 자율성과 주도성을 존중해주기 시작했다. 0세부터 36개월까지 잘못 키웠던 시간을 거꾸로 돌리기 위해서라도 더 열심히, 최선을 다해, 덮어놓고 아이를 중심으로 육아하기 시작했다. 심지어 요리를 하겠다고 설쳐대

도, 흔쾌히 뒤지개를 손에 쥐어주고 네가 해보라고 했다. 아예 쿠키를 같이 만들자며 반죽을 네가 하라고 하기도 했다. 시간 없는데 이상한 데 가자고 하거나 물건 안 살 건데 수퍼에 들어가자고 해도 아이가 원하는 대로 다 해보라고 놔뒀다. 애들의 집중력은 어차피 짧아서 사탕 가게 들어가서 10분 이상 노는 것도 아니고, 단 몇 십 초, 1~2분이면 상황 종료였다. 내 마음의 조급함을 풀어놓는 것이 상책이었다. '급할 게 뭐 있어? 여유 있게 하자'고 마음먹고 저녁준비도 여유 있게, 빨래도 여유 있게, 청소도 여유 있게. 뭐든지 여유 있게 하려고 하니 애가 중간에 방해를 해도 그게 고깝지가 않게 느껴졌다. 그렇게 하다 보니 뭐든지 엄마가 '허락해준다'는 경험에 대한 아이의 정서가 무척 긍정적으로 변하는 것이 느껴졌다.

그 결과 화안키 시작 후 단 3개월 만에 준이가 변화한 모습을 돌이켜보면 마치 제2의 탄생을 한 것과 같이 느껴질 정도였다. 아이가 온 순해진 것은 단 며칠만의 일이었지만 몇 개월 뒤의 모습은 더 놀라웠다. 일단 아이가 너무도 몰라보게 똑똑해졌다. 암기력과 이해력을 뛰어넘어 EQ가 발달한 것 같은 느낌이 왔다.

타인에 대한 공감능력도 생겼다. 자신의 감정을 이해받고 공감받으니 타인의 감정을 헤아리고 타인의 감정에 맞춰 행동하는 법을 배워나갔다. 애가 변화하니 애가 미운 순간이 없고 하루 종일 이쁜 짓만 하는 것처럼 보였다. 당연히 나도 하루 종일 우리 애 이쁘다는 말만 달고 살게 되었다. 실제로 이쁜 행동만 하기 때문이었다. 준이는 하루에도 몇 번씩 깜짝깜짝 놀랄 정도로 쑥쑥 성장한 아이처럼 의젓한 말들을 내뱉었다. 다음 해 유치원에 보내기 위해 유치원 상담을 가서 잠깐 상담하는 동안 다른 교사가 준이와 20분가량 놀아주었는데, "얘는 다섯 살 수준을 이미 뛰어넘었는데요, 특수교육을 시키셨어요?"라고 물어볼 정도였다. 그때가 4세 후반의 일이었는데 말이다.

자꾸 칭찬을 해주니 칭찬을 받고 싶어서인지, 아이는 칭찬받을 행동을 하려고 했다. 그 전에는 밥을 잘 안 먹어서 그렇게 애를 먹이던 애가 "내가 밥을 잘 안 먹으면 엄마가 속상해. 내가 밥을 잘 먹으면 엄마가 기뻐해"라고 하면서 밥을 잘 먹기 시작했다. 타인을 기쁘게 하기 위해서 자신에게 기대되는 행동을 하는 것이었다.

심지어 영어 사교육 없이 아는 단어가 200개도 넘고, 간단한 문장은 외워서 말할 수 있게 되기도 했다. 간단한 영어 동화책을 읽어달라고 할 때마다 읽어주고, 그 동화책에 나왔던 표현을 생활 속에서 계속 영어로 얘기해주고 반복해주었더니, 자기도 영어가 재미있다고 했다. 애가 처음 영어를 접한 것이 화안키 시작 3개월 전 친정에 가는 KTX 안에서였음을 떠올려보면 급작스럽게 이뤄낸 성과였다. 생활하면서 갑자기 궁금해진 단어가 있으면 "엄마 이건 영어로 뭐야?" 하고 물어왔다. 내가 아는 것이면 바로 대답해주고, 모르면 앱을 켜서 알려준 뒤 발음을 들려주고, 나도 같이 발음을 해주며 영어를 익히게 해주었다.

엄마와 아이의 완전한 신뢰, 정서적 연대는 아이의 인지능력을 향상시킨다. 또 엄마와 아이가 함께 배우고 즐기는 과정을 거치면 아이가 접하는 모든 지식들이 생생하게 장기기억화된다. 직접 경험해보면 실로 놀랍다. 이걸 왜 이제야 알게 되었나 후회하고 반성하기도 했다. 하지만 내일 시작하는 것보다 지금 당장 실천하는 것이 더 중요하다. 그리고 아이의 인생은 언제나 현재진행형이기 때문에 이미 늦었다고 생각된 시기에 바꾸어주어도 아이는 변화한다. 변화의 속도에만 차이가 있을 뿐이다.

화안키, 오늘부터 당장 시작하자.

28

아이에게
화안키의 규칙을 알려라

일단 화안키를 시작하게 되면 아이도 본능적으로 엄마의 변화를 감지한다. 뭔가 이전과는 달라졌다는 것을 직감으로 눈치채는 것이다. 처음 며칠 동안은 엄마의 눈치를 보는 아이도 있고, 엄마 껌딱지가 되는 아이도 있다. 아이도 그동안과는 다르게 안 하던 행동을 할지도 모른다. 헌데, 계속해서 엄마가 아이의 행동을 수용해주고 아이에게 무조건 화를 내지 않게 되면 아이가 이를 이용해서 자기 멋대로 행동하는 수단으로 악용할 수도 있다. 때문에 아이에게 화안키를 유지하기 위해서는 몇 가지 지켜야 할 규칙이 있어야 함을 사전에 알려주고, 이를 지키지 않을 때는 패널티가 따를 수 있다는 사실도 인지시켜주어야 한다.

가정마다, 아이마다, 엄마마다 주어진 환경과 성격이 다르므로, 화안키를 하면서 꼭 지키고 싶은 규칙은 각자 자율적으로 만들어 나가야 한다. 규칙의 내용은 서로 다르겠지만 중요한 것은 화안키를 하기 위해서 규칙은 반드시 필요하다는 사실이다. 무규칙의 화안키는 아이를 응석받이로 만들 수 있는 위험이 있기 때문이다.

아래 적은 3가지는 내가 준이와 함께 만들어본 화안키 규칙들이다.

> ① 울면서 이야기하는 것은 안 들어준다.
> ② 서로 합의된 상황에서는 야단맞을 수 있다. (예 : 같은 이야기를 세 번 해도 안 들을 때, 미리 예고한 후 야단맞을 수 있음)
> ③ 혼난 뒤에는 서로 꼭 안아주고 뽀뽀해준다.

❶ 울면서 이야기하는 것은 안 들어준다

준이는 상황이 원하는 대로 흘러가지 않으면 울음부터 터뜨리는 아이였다. 울면서라도 말을 하면 다행이게? 아무 말도 안 하면서 울기만 하고 짜증만 내기도 부지기수였다. 때문에 화안키를 잘하기 위해서는 일단 준이가 무슨 일에든 울음부터 터뜨리는 버릇부터 고쳐야 했다. 아이가 요구하는 바를 명확히 알아야만 나도 그 요구를 수용해줄지, 교정해줄지 결정할 수 있기 때문이었다.

그래서 준이에게 앞으로는 엄마에게 하고 싶은 말이 있거나 짜증이 날 때 꼭 울지 말고 이야기하라고 했다. 그렇게 여러 번 주지시킨 후 아이가 짜증을 내고 울려고 하면 일단 나 자신을 진정시킨 뒤 "울지 않고 얘기하기로 약속했지?" 하며 아이와 약속한 사실을 참을성 있게 각성시켜주었다. 처음엔 잘 되지 않았지만 아이에게 지속적으로 '엄마와 한 약속'에 대한 어필을 해나가며 '울지 않고 이야기하기'에 대한 습관을 고쳐나갔고, 울지 않고 또박또박 이야기했을 때에 적절한 보상을 해주니까 서서히 이런 나쁜 습관이 사라지기 시작했다. 아직도 준이의 천성이 완전히 사라지진 않았지만, 아이가 울음을 터뜨리려고 준비하는 순간부터 "울지 않고 얘기하기로 약속했지?" 하고 상기시켜주면 아이가 스스로 진정하기 위해 노력하는 모습을 보여준다.

❷ 서로 합의된 상황에서는 야단맞을 수 있다

준이가 계속 야단맞을 행동을 했을 경우엔 이렇게 이야기한다.

"엄마는 이제 준이 안 혼내기로 약속했는데, 준이가 계속 야단맞을 행동을 하네…. 준이가 약속을 어기면 엄마도 약속 안 지켜도 되겠다, 그치? 서로 약속을 지키면 엄마한테 혼나지도 않고 좋을 텐데. 약속을 어기면 준이가 혼나게 돼서 엄마도 속상하고 마음 아파. 엄마는 준이 혼내기 싫은데, 준이가 엄마 말 잘 들어줄 수 있을까?"

긴 이야기지만 이렇게 구구절절한 사연을 읊어주면 아이도 나름 생각이라는 것을 해본다. 엄마와 했던 약속을 떠올려보기도 하고, 엄마가 자신을 야단치기 싫어하는 마음도 이해해보려고 한다. 매번은 아니지만 70% 정도는 엄마의 의견을 따라준다. 일곱 살이 된 지금은 1절만 읊어도 바로 행동수정이다.

나머지 30%의 경우에는 아이를 야단치되, 버럭 화를 내는 것이 아니라 단호하면서도 간결하게 잘못한 점을 이야기해 준 후 '맴매'를 찾는다. 사실 우리 집엔 맴매가 없다. 일종의 제스처였을 뿐이다. 맴매를 찾으러 가는 동안 이미 상황은 종료되는 경우가 대부분이다. '이놈 아저씨'를 부르러 가거나 '이놈 아저씨'에게 전화를 거는 등의 제스처를 할 때도 있다. 대부분 '이놈 아저씨' 이야기만 꺼내도 아이는 문제행동을 멈추는 경우가 많다.

화안키가 무사히 잘 정착되면 때로는 엄마가 무서운 얼굴로 이야기하는 것만으로도 아이가 겁을 먹고 울기 시작하는 경우도 있다.

"화난 얼굴 싫어요. 웃는 얼굴이 좋아요, 엉엉!"

이런 얘기를 들으면 속에서 웃음이 터져 나와 죽겠다. 웃음을 애써 참아가며 아이를 훈육해야 하는 상황이다.

❸ 혼난 뒤에는 서로 꼭 안아주고 뽀뽀해준다

준이가 혼난다고 생각하는 상황은 대게 엄마가 무서운 얼굴로 얘기할 때가 전부다. 준이는 내가 무서운 얼굴을 하고 엄하게 얘기하는 것만으로도 혼이 났다고 여긴다. 아이를 때리거나 버럭 소리를 지르는 상황은 거의 없다.

그래서 요즘엔 "너 자꾸 그런 행동 하면 엄마 웃는 얼굴 안 해준다!" 이런 말만 해도 아이가 무서워하면서 말을 잘 듣는다. 내 관점에선 혼낸 것이 아닌데, 아이 관점에선 혼났다고 생각하는 경우가 꽤 되는 것 같다. 일단 내가 엄한 표정을 지으면 아이가 무서워서 울기 때문이다.

의도하지 않았지만 일단 아이를 울린 후에는 반드시 꼭 안아주고 뽀뽀를 해준다. 그러고 나면 아이가 "용서해주세요" 하고 간곡히 청한다. 그러면 "알겠어. 용서해줄게" 하고 상황이 종료된다. 마지막으로 "엄마 말 잘 듣고 따라줘서 고맙다, 우리 아들. 넌 정말 좋은 사람이 될 거야" 하고 격려하며 마무리를 해준다.

엄마한테 혼나는 이유를 아는 것도 중요하지만 혼난 후 반드시 용서해주고, 엄마의 훈육을 통해 좋은 사람으로 성장할 수 있다는 자신감을 심어주는 작업 역시 중요하다. 그래야 자신이 혼난 것에 대해 덜 억울해하고 보람을 찾을 테니까.

화안키 규칙 만들기 팁

① 형제가 있는 경우, 형제간에 다툼이 생길 때 둘에게 모두 벌칙을 정해두고 이를 따르게 한다.

② 아이가 반복적으로 잘못하는 몇 가지에 대해서는 별도의 규칙을 만들어서 주의시킨다.

③ 아이를 혼내는 대신, 벌칙 또는 패널티를 마련해서 훈육한다.

④ 잘하는 것을 강화시켜 주고 싶을 때 칭찬 스티커나 좋아하는 간식을 이용해본다.

⑤ '정적 강화, 부적 강화, 정적 처벌, 부적 처벌'을 적절히 이용한다.

- 정적 강화 : 긍정적인 행동을 했을 때 상을 주는 것
- 부적 강화 : 긍정적인 행동을 했을 때 벌을 줄여주는 것
- 정적 처벌 : 잘못된 행동을 안 했을 때 긍정적인 상을 주는 것
- 부적 처벌 : 잘못된 행동을 안 했을 때 벌을 줄여주는 것

'감정 덩어리'인 화를 내지 않고 아이를 다룰 수 있는 다양한 방법론들이 세상에 많이 소개되어 있다. 중요한 것은, 아이에게 화를 내면 상처를 주기만 할 뿐, 아이의 행동은 수정할 수 없다는 사실을 깨닫고 이를 마음 깊이 느끼는 데 있다.

29

혼내는 것은
미워하는 것이 아님을 알려주기

사람과 사람 사이에 다툼이 있을 때 가장 두려운 것은 무엇일까? 분쟁의 원인이 된 그 사건 자체가 어떻게 해결되는지보다 사람과 사람 사이에 감정이 상하는 것, 그로 인해 사이가 멀어지거나 서로 미워하게 되는 것이 가장 무서운 일일 것이다. 아무리 사이좋게 몇 년간 잘 지내던 사이라도 사소한 오해와 다툼으로 소원해지는 경우, 반대로 평소에 사이가 좋지 않던 사이더라도 우연한 기회에 서로 간의 공통점을 찾아 베프가 되는 경우 등 인간관계에서는 예상할 수 없는 사건사고들이 수없이 일어난다. 이렇게 예측 불가한 것이 우리의 인생사이기 때문에 성인들은 서로 간에 조심을 하고 예의범절을 지키며 살아간다.

하지만 아이는 다르다. 오래 살아본 경험이 적어 경험적 지식이 전무할 뿐더러, 미래를 예측할 수 있는 식견도 없다. 한 치 앞의 미래를 내다볼 능력 따위는 없으며 그때그때 일차원적인 사고만이 가능할 뿐이다. 이런 아이들에게 있어 어른에게 혼난다는 경험은 어떤 감정을 불러일으킬까?

자신이 한 행동에 대해 잘못을 뉘우치고 반성하게 될까? 물론 가능할 수도 있다. 단, 아이가 최소 열 살은 넘어야 할 것이다. 그렇다면 그보다 어린 아이들은 어른들에게 혼날 때 어떤 생각과 감정을 가지게 될까?

"무섭다."

"두렵다."

"저 사람이 나를 미워한다."

미래를 모르고 현재의 순간만을 살아가는 아이들은 혼이 날 때 어른들로부터 미움 받는 것만을 생각하고, 그에 대해 두려움과 무서움을 느낀다.

"조금 전에는 나한테 사랑한다고 했는데, 이젠 나를 미워한다. 어떡하지? 무서워."

논리라고는 찾아볼 수 없는 아이들의 사고구조 속에서 자신의 행동에 대한 반성은 온데간데없다. 자신의 잘못된 행동은 어른들로부터 미움을 받게 만든 야속한 해프닝일 뿐, 그것을 수정하거나 개선하는 데 대한 관심은 없다.

"잘못했다고 얘기하면 용서해준다."

이 위기상황에서 벗어나기 위한 유일한 방법은 그저 '잘못했다고 말해 용서를 구하는 것' 뿐이다. 진심으로 뉘우친다거나 반성하는 것이 아니다. 같은 잘못을 수백 번 반복하고 수백 번 혼나도, 또 같은 잘못을 다시 반복하는 데에는 '자신의 행동에 대한 자기성찰이 전혀 없기' 때문이다.

이쯤 되면 도대체 아이에게 잘못한 행동을 지적하고 혼을 내는 행동 자체가 무의미하게 느껴진다. 그렇다. 실제로 무의미하다. 아이들은 똑같은 잘못을 다시 반복할 테니까. 소리 높여 나의 화난 감정을 전달하고 잘못을 일깨워주고 싶지만 상대방에게는 감정만 전달될 뿐 논리가 전하는 메세지는 닿지 못한다. 하지만 그렇다고 야단치지 않고 허허실실 넘어갈 수도 없는 노릇이다. 도대체 어찌해야 되는 것일까?

① 단호한 분위기 만들기
② 잘못한 행동 분명히 짚어주기
③ 잘못된 행동이 유발하는 위험성이나 나쁜 결과에 대해 알려주기
④ 엄마의 감정 읽어주어 미안한 마음 갖게 하기
⑤ 혼내는 것은 미워하는 것이 아님을 알려주기

❶ 단호한 분위기 만들기

단호한 분위기는 무표정과 낮은 어조로 충분하다. 내 성대를 희생해가며 소리를 지르고 불같이 화를 내는 행동은 나의 정신건강만 해롭게 할 뿐이다. 엄마의 무표정을 대하는 것만으로도 대다수의 아이들은 무서움을 느낀다고 한다. 뭔가 상황이 잘못되었다는 것을 직감

하는 것이다.

❷ 잘못한 행동 분명히 짚어주기

"네가 방금 한 ○○○ 행동은 잘못된 거야."

짧고 간결하게 잘못된 행동에 대해 짚어준다.

❸ 잘못된 행동이 유발하는 위험성이나 나쁜 결과에 대해 알려주기

"왜냐하면 ○○○ 행동은 ○○○할 위험이 있기 때문이지."

아이가 잘못된 행동을 함으로써 발생할 수 있는 위험이나 초래될 수 있는 나쁜 결과에 대해 이야기를 해준다. 약간 과정을 섞어서 얘기 해주면 더 효과적이다.

❹ 엄마의 감정 읽어주어 미안한 마음 갖게 하기

"그렇기 때문에 네가 그 행동을 했을 때 엄마는 속상하고 화가 나. 네가 다음부터는 조심해 주었으면 좋겠어."

아이에게 미안한 마음을 갖게 해주는 것만큼 행동수정에 효과적인 방법도 없다. 깊은 뉘우침의 단계까지는 아니지만 얕은 단계까지는 아이의 마음을 움직일 수 있는 방법이다. 최소한 자신의 행동이 엄마의 마음을 다치게 했다는 것까지는 느낄 수 있기 때문이다. 다른 사람의 마음을 아프게 하는 자신의 행동 결과에 대해서 인지하고 기억할 것이다.

❺ 혼내는 것은 미워하는 것이 아님을 알려주기

마지막, 가장 중요한 부분이다!

"엄마가 널 지금 야단친 것은 네가 한 ○○○ 행동에 대해서만 그런 거야. 널 미워하는 건 아니야. 알겠지? 네가 나쁜 행동을 하더라도 여전히 널 사랑해. 하지만 그 행동은 정말 나빴으니까 꼭 고쳐주렴."

'내가 나쁜 행동을 하더라도 날 사랑한다니!' 이 얼마나 감동스러운 대사인가? 어른과 어른 사이의 다툼에서도 이와 같은 말을 듣는다면 없던 사랑도 싹틀 것이다. 아이는 엄마의 마지막 대사에 감격할 수밖에 없다. 그리고 자기가 정말 나빴다는 것을 가슴 속에 담을 것이다. 그래도 아이이기 때문에 같은 실수는 여전히 반복할지 모른다. 하지만 엄마가 전하고 싶은 메시지는 이미 충분히 전달됐기 때문에 아이를 훈육하고자 했던 의도는 완벽하게 충족되었을 것이다.

일곱 살이 된 내 아들 역시 같은 실수를 하루에도 수없이 반복한다. 밥을 잘 먹는 날이 많지만 여전히 잘 안 먹는 날도 있다. 제대로 훈육한다고 나름 하느라 했는데도 돌아서면 같은 잘못을 또 한다. 바로 그런 점이 아이들만의 특징이기도 하다. 야단치겠다고 작정하면 하루에도 수십 번이 부족할 것이다. 하지만 그렇게 수없이 잘못된 실수를 반복하는 아이들에게 나의 감정 에너지를 소모할 필요가 있을까 뒤집어 생각해보았다.

"아니다."

나의 감정 에너지를 소모할 필요도 없고, 아이의 정서에 상처를 줄 필요도 없다는 것을 깨달았다. 어차피 무수히 반복될 일이라면 짧고 굵게, 그리고 정확하게 필요한 메시지를 전달하는 데에만 집중하는 편이 낫겠다 싶었다.

그렇게 서서히 나의 화안키는 자리 잡아 갔다. 화안키도 일종의 습관이었다. 아이의 잘못된 행동에 앞서 즉각적으로 화를 내기보다 한 박자 늦게 아이에게 다가가기, 그리고 차근차근 훈육하기를 진행하니 나도 아이 앞에서 마구잡이로 화가 나지 않게 되었다. 화를 잘 다스릴 수 있게 되니 한결 훈육하기도 수월해졌다.

아이가 가끔 이런 말을 던진다.

"내가 미운 행동을 해도 엄마는 나를 사랑하지?"

"응 맞아. 하지만 일부러 미운 행동을 해서 엄마 속상하게 하면 안 돼!"

"알았어."

아이도 나름 엄마와 있었던 일들을 혼자서 곱씹어 보는 순간들이 있나 보다. 뜬금없이 이런 말들을 던지는 것을 보면 말이다. 그러니 아이 앞에서 하는 모든 말과 행동은 다 아이들이 보고 배운다고 하는 것이다. 더욱더 아이 앞에서 행동을 조심해야 할 필요성을 느낀다.

우리 전통의 훈육 언어 "어허, 이놈, 에비, 지지!"

우리 세대 엄마들은 아이에게 '안 돼!'라는 소리를 하길 꺼려한다. 그도 그럴 것이, '안 돼!'라는 표현이 아이의 자존감을 떨어뜨리고 자율성 발달을 저해한다는 육아 정보가 온라인상에 파다하게 퍼진 지 오래이기 때문이다. 헌데 '안 돼!'라는 말을 쓰지 말라는 육아 정보의 출처는 사실 우리나라가 아니라 다름 아닌 서양이다. 서양에서는 우리나라와 달리 아이들의 행동을 제지할 때 '안 돼No!'라는 한마디만을 사용하기 때문이다. 이 '노No'를 우리말로 번역해서 옮기다 보니 '안 돼'가 된 것이고, 아이에게 안 된다는 말을 하지 않는 게 좋다는 육아 정보가 우리나라에 퍼지게 된 것이다.

그렇다면 우리의 전통적인 훈육 언어는 뭐가 달랐을까?

그렇다. 많이 다르다. 우리나라에서는 '안 돼!'라는 외마디 말 대신 '어허, 이놈, 에비, 지지'라는 말을 상황에 맞게 나누어 썼다. 위험할 때는 '에비!', 더러운 것을 만질 때는 '지지!', 버르장머리 없는 행동을 할 때는 '어허!', 말썽을 부릴 때는 '이놈'이라며 애정 어린 표현으로 아이들의 행동을 제지했다. '이놈'과 '어허'는 사용하는 사람에 따라 자율적으로 혼용하여 사용했다.

서양에서는 '안돼'라는 말을 금지하는 대신, 상황별로 그 행동을 막을 수 있는 다른 표현을 쓰라고 조언하고 있다. 위험한 것을 만지면 '위험해!', 더러운 것을 만지면 '더럽단다'라는 식으로 아이에게 설명을 해주라는 것이다. 하지만 서양 부모들은 '노№'라는 외마디 말이 습관적으로 자주 튀어나오기 때문에 말을 수정하는 데 애를 먹고 있는 모양이다.

그러나 우리나라는 상황이 많이 다르다. 우리에게는 '어허, 이놈, 에비, 지지'가 있다. '어허, 이놈, 에비, 지지'라는 말은 우리가 어렸을 때도 익숙하게 들어왔던 말이다. 그리고 본능적으로 어떤 상황에서 그 말들을 꺼내어 써야 하는지도 잘 알고 있다. 그리고 각 말들은 어떤 톤으로 사용하느냐에 따라 다정하고 애정 어린 제지가 될 수도 있고, 따끔한 주의가 될 수도 있다. 내가 굳이 오디오 파일로 녹음해서 알려드리지 않아도, 한국 사람이면 누구나 애정 어린 '어허, 이놈, 에비, 지지'가 어떤 톤인지 충분히 떠올릴 수 있을 것이다.

그리고 상황에 따라서는 짧고 엄하게 '어허, 이놈, 에비, 지지'라는 말로 아이를 당황하거나 놀라게 할 수도 있다는 것을 우리는 잘 안다. 우리의 생활 문화 속에서 우리는 다양하게 그런 표현들을 접하며 자라왔으니까.

'어허, 이놈, 에비, 지지'는 아이에게 부정적인 뉘앙스를 풍기지 않으면서도 상황별로 아이의 행동을 효과적으로 제지할 수 있는 '아이 맞춤형 눈높이 언어'다. 어른들끼리는 사용할 수 없는, 어른이 아이에게만 사용할 수 있는 언어다. 우리나라는 전통적으로 아이에게 '안 돼'라는 부정적 언어 대신 부정의 분위기가 전혀 없는 '어허, 이놈, 에비, 지지'를 사용해왔다.

약간은 올드한 느낌, 구식인 느낌이 들어 이런 표현을 아이들에게 잘 사용하지 않았던 부모들이 있을 수도 있다. 그리고 약간은 내 입에 익지 않아 낯선 느낌도 준다. 젊은 엄마들은 '지지' 정도는 사용하나 '어허, 이놈, 에비'는 잘 사용하지 않는 것 같다. 하지만 한두 번 사용하다 보면 입에 착착 달라붙을 뿐만 아니라, 아이의 행동을 효과적으로 제지하면서도 부정적인 정서를 전달하지 않을 수 있는 마법의 단어들이라는 것을 깨닫게 되어 앞으로 빈번하게 사용하게 될 것이다.

서양의 '노No'는 광범위하게 사용된다. 안된다고 할 때, 싫다고 할 때, 아니라고 할 때 모두 '노No'를 사용한다. 그러다 보니 서양 사람들에게는 '노No'가 굉장히 자주, 빈번하게 사용하는 소위 '입에 붙은 말'이다. '노No'는 어른과 어른 사이에서도 사용되고 아이와 아이 사이에서도 쓰이며 어른과 아이 사이에서도 사용된다. 그러니 아이에게 '노No'라는 부정적인 표현을 사용하지 않기 위해서는 별도의 노력이 필요하다. 말버릇 자체를 고쳐야 하는 상황에 놓이게 되는 것이다. 그리고 이를 대체해야 하는 표현들은 단어가 길다. 우리나라처럼 '어허, 이놈, 에비, 지지'와 같은 아이 눈높이의 대체 단어도 없다. 그래서 아이에게 상황을 설명해야 하거나, 문장형으로 이야기해야 한다. 우리나라에 비하면 귀찮은 측면이 아주 많다.

이렇게 우리가 알고 있는 육아 정보들 중에는 서양의 이론이 무비판적으로 넘어온 것들이 참 많다. 이론만 넘어와도 받아들이기 버거운데, 번역의 오류에 빠지거나, 번역의 오해가 발생할 경우에는 육아 정보 자체가 모호해지거나 오해를 불러일으키는 경우가 파다하다. 우리나라에서는 전통적으로 '안 돼!'라는 표현 대신 '이허, 이놈, 에비, 지지'를 잘 사용하고 있었는데, 마치 우리나라 부모들이 '안 돼'를 빈번하게 사용하고 있기라도 했던 것처럼 어느 날 갑자기 '아이에게 안 된다고 하지 말라'는 이론이 퍼지기 시작한 것이다. 우리나라의 육아 풍토를 면밀히 관찰하고 퍼뜨린 육아 정보가 아니라, 그저 서양의 이론을 번역해서 알리기에 급급한 나머지 발생한 해프닝이라고 볼 수 있을 것 같다.

'안 돼'를 사용하지 말라고 하니 역으로 더 자주 '안 돼'를 사용하는 부작용마저 발생했다. '어허, 이놈, 에비, 지지'가 있다는 것을 까맣게 잊고, 오히려 '안 돼'라는 표현에 매몰되어 아이를 키우게 된 것이다. '이 상황에서 안 된다고 해야 될까 말아야 될까?'를 고민하며 오로지 아이 훈육에는 '안 돼'를 사용하면 될까 안 될까만 고민하고 있는 부모들이 많다. 우리나라에는 '안 돼' 말고 대체제가 많다. 마음껏 자유롭게 활용하자. 부정적인 정서를 풍기지도 않고, 아이의 자율성을 침해하지도 않는다.

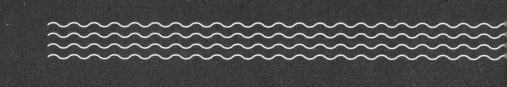

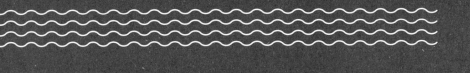

3장

화안키
시작하기

생각부터 바꿔야 화가 덜 난다

　　누구든 끓어오르는 화를 참기란 결코 쉬운 일이 아니다. 그러므로 성공적인 화안키를 위해서는 이미 생겨난 화를 참는 데 집중할 것이 아니라, 화가 나는 원인을 찾아내고 분석하여 근본적으로 화가 생겨나지 않도록 할 필요가 있다. 사전에 예방하자는 것이다. 엄마들이 느끼는 화의 원인과 해결책을 찾아보자.

30

우리 애는 밖에 나가는 걸
유난히 좋아한다?

아이가 조금 자라면 무조건 밖에 나가자고 떼쓰는 시기가 한 번씩은 온다. 말을 하지 못하는 아이가 현관문을 손가락으로 가리키며 징징거리면 엄마들은 속수무책이다. 아이의 밖으로 나가자는 요구는 아침이고 오후고 밤이고를 가리지 않는다.

엄마들은 이때부터 어렴풋이 '우리 애는 밖에 나가는 걸 좋아한다'고 생각하게 된다. 그런데 3세 이전 바깥 타령 시기가 슬슬 끝난 이후, 4~5세경이 되면 아이들은 대게 집돌이, 집순이 스타일과 그렇지 않은 스타일로 나뉘게 된다. 무조건 덮어놓고 모든 아이들이 밖에 나가는 걸 좋아하는 것은 아니라는 얘기다.

물론 아이들 입장에서 밖에 나가면 재미있어 좋다. 마음껏 뛰고, 다양한 사물들을 구경할 수 있다. 하지만 내 아이가 집에 있는 것을 힘들어하고, 특히나 앉아 있는 것을 유난히 괴로워한다면 그 이유에 대해 한 번쯤 돌아볼 필요가 있다. 조금 전에 얘기했듯, 모든 아이가 무조건 다 바깥에 나가 노는 것을 좋아하는 것은 아니기 때문이다.

요즘은 어느 집이나 아이의 장난감은 충분하다. 집에 있다고 해서 심심할 리가 없다. 그럼에도 불구하고 아이가 밖에 있을 때보다 집에 있을 때 불행해 보인다면 엄마의 양육 태도를 점검해보는 것이 좋다.

집이란 알게 모르게 아이에게 있어 억압의 공간이고, 제약의 공간일 수 있다. 뛰면 안 되고, 시끄럽게 해서도 안 된다. 엄마들은 자기도 모르게 아이들에게 안 된다는 말을 남발한다. 또 엄마들은 집안일을 하느라 아이들을 하염없이 기다리게 만들기도 한다. 아무리 장난감이 많다 하더라도, 같이 놀아주는 사람 없이 혼자 노는 것은 5분도 채 지나지 않아서 금세 시시해진다. 아이들은 엄마에게 같이 놀아달라고 보채거나 매달려 보지만 엄마들은, 특히 아들 엄마들은 아이와 재미있게 놀아주기가 힘들다.

그리고 더 나아가서 엄마들은 집에서 아이들에게 화를 많이 낸다. 안 되는 게 많고, 못하는 게 많고, 엄마가 다른 일을 하느라 바쁜 상황이라면 화를 내지 않는 것이 더 이상할지도 모른다. 그래서 아이들은 집에 있는 것보다 나가서 눈치 보지 않고 마음대로 행동할 수 있는 것을 더 좋아한다.

그렇다면 4~5세 집돌이, 집순이들은 어떻게 만들어지는 걸까? 비록 적은 숫자의 샘플이지만, 내가 지금껏 봐온 집돌이, 집순이들의 경우 외동아이인 경우가 많고, 그렇지 않은 경우라 하더라도 엄마가 매우 수용적이고 관대한 경우가 많았다. 집에 있더라도 억압되지 않고,

집에 있더라도 아이의 자율성이 최대로 살아난다면, 불편하고 익숙하지 않은 바깥 공간보다 익숙하고, 자기 물건이 넘치는 집이란 공간을 더 선호하게 될 가능성도 있다는 얘기다.

외동아이들이 집돌이, 집순이인 이유는 아이가 하나밖에 없는 엄마가 아이를 중심으로 하는 양육 태도를 가진 경우가 많아서였다. 놀아달라면 조금 귀찮더라도 잠깐이라도 눈 맞추고 놀아주고, 자기를 봐달라면 억지로라도 봐주는 시늉을 남들보다는 조금이나마 더 했다는 뜻이다. 형제를 낳아주지 못한 미안함에 부모가 아이들에게 나름 더 정성을 쏟는 부분이 바로 '교감' 부분이기 때문이다.

형제가 있는 아이들이나 없는 아이들이나, 엄마를 차지하기 위한 몸부림은 절실하다. 그런데 형제가 없는 아이들은 당연히 수월하게 엄마를 가질 수 있지만, 형제가 있는 아이들의 경우 '너네끼리 놀아라'라는 엄마의 주문을, 결코 무시할 수 없는 횟수만큼 듣고 자란다. 엄마가 집안일 하는 상황을 비슷하다고 가정했을 때에도 말이다.

엄마가 동일한 양의 집안일을 한다고 했을 때 외동아이들은 수시로 엄마를 찾아도 대체로 엄마가 관심을 넣어준다. 하지만 형제가 있는 경우 "너희끼리 놀아", "너희끼리 잠깐 ○○○ 좀 하고 있어"란 말을 밥 먹듯이 듣는다. 아이들끼리 평화롭고 사이좋게 노는 집도 적지 않지만 밥 먹듯이 싸우는 경우도 빈번하다. 그런 경우 집이란 공간은 전쟁터이자 욕구불만의 공간이 될 수 있다. 그런 아이들은 밖에 나가는 것을 좋아하고, 형제와 함께 노는 것보다 친구들과 어울리는 것을 더 좋아한다.

내 포스트에 어떤 분이 특이한 사연의 글을 올린 적이 있는데, 엄마가 너무나도 아이와 재미있게 놀아주어서(아이는 외동이었다) 아이가 밖에 나가거나 친구와 노는 것을 시시하게 여기고, 무조건 집에서 엄마와 역할놀이를 하며 놀고 싶어 한다는 것이었다. 엄마는 아이와 열심히 놀아주느라 진이 다 빠진 상태였고, 나에게 어떻게 하면 아이와 덜 놀아줄 수 있느냐는 고민 상담을 해왔다. 그러면서 자신의 양육 태도에 문제가 있는지 걱정을 했다. 아이의 사회성 부분을 걱정하면서 말이다.

사람의 사회성은 엄마와 아이의 2자관계가 기반이 되어야 한다. 엄마와 아이의 2자관계가 탄탄하면 아빠와 아이의 3자관계가 단단해지고, 3자 관계를 바탕으로 친구 대 친구의 4자 관계가 완성된다. 그 엄마는 단단한 2자관계를 맺고 있음에도 불구하고 괜한 걱정을 하고 있었던 것이다.

우리 아이가 밖에 나가는 것을 좋아하는 것인지, 밖에 나가면 달라지는 나(엄마)의 태도 때문에 그러는 것인지 한번 돌아볼 필요가 있다. 엄마들은 밖에 나가면 그래도 아이들을 쳐다봐주고, 말을 걸면 대답해주고, 뭔가 필요하다고 하면 즉시 들어준다. 집에서처럼 기다리라고 한다거나, 화를 내는 일도 확연히 줄어든다. 혹시나 긴가민가 싶다면 아이에게 직접 물어보면 된다. 밖에 나가는 게 왜 좋은지, 혹시 엄마가 화를 덜 내서 좋은 것인지 직접적으로 물어보면 그에 맞는 대답을 해줄 것이다. 단지 밖에 나가는 것이 재미있어서 그렇다는 아이들은 그대로 인정해주고 지지해주면 된다.

역으로 생각하면, 집에 있더라도 밖에 나가 있는 것처럼 아이들을 대해야 한다는 것을 알 수 있다. 즉각적인 반응, 욕구의 수용, 덜 혼내기, 관심과 지지라는 사랑의 재료를 충분히, 듬뿍 주자. 아이들은 받은 만큼 돌려주는 존재들이다.

31

여행을 가면
화를 안 내서 좋다?

　　　　　우리나라는 언젠가부터 여행중독 국가가
된 것마냥 여행을 사랑하게 되었다. SNS 등의 효과도 한몫 했지만, 여
행으로 누리는 장점이 확실하기 때문에 그런 것도 같다.

　결혼 안 한 20대들은 '여행계'를 들어 1년에 한 번 정도 친구들과
장거리 여행을 떠나는 경우가 많다. 이들은 좋은 사진을 많이 건지기
위한 여행을 하는 듯 보인다. 결혼하고 애도 있는 30대의 경우 자잘
한 국내여행이라도 될 수 있으면 자주 떠나는 집들이 많고, 특히 캠핑
족으로 대변되는 주말 나들이족의 수도 무시할 수 없을 만큼 많아졌
다. '우리'들은 좋은 사진을 건지기 위해서라기보다 '탈출'하고 싶어
서 여행을 자주 떠나는 것 같다.

　워킹맘이건 전업맘이건 일시적이나마 살림에서 벗어날 수 있다는
그 달콤함은 한번 중독되면 헤어 나오기 어렵다. 그런데 엄마들이 여

행에서 아이에게 화를 덜 내는 이유는 단연 '밥을 하지 않아서'이다.

"우리 아이는 여행을 정말 좋아해요. 엄마 아빠가 자기만 바라보며 놀아주지, 엄마는 밥이나 청소 같은 살림을 안 해도 돼서 짜증이 없지, 매일 맛있는 밥 먹지, 장난감도 사주지… 얼마나 좋겠어요?"

내 지인이 해외여행을 다녀와서 너무 좋았다며 해준 이야기다. 여행을 가면 일단 엄마의 마음이 풀어진다. 밥과 청소를 안 해도 된다는 해방감에 엄마의 미간이 절로 펴진다. 밥을 직접 해 먹는 캠핑이라 하더라도 남편들이 식사준비를 전담하거나 최소한 '같이' 준비하기 때문에 스트레스가 크지 않다. 그리고 아이에게 굳이 학습지를 시키거나 숙제를 시키지 않는다. 놀러 왔기 때문에 그동안 아이에게 가했던 제약도 마음껏 풀어준다. 아이는 실컷 놀 수 있고, 간식이나 장난감을 사달라고 해도 크게 혼나지 않는다. 그러니 여행을 좋아하지 않을 사람이 어디 있겠는가.

반면 여행을 가서도 집에서처럼 하는 사람들은 여행의 재미를 크게 느끼지 못하는 경우가 많다. 나 역시도 조금 비슷하다. 여행을 가서도 아이에게 숙제를 시키고, 여행을 가서도 내가 한 끼 정도는 밥을 한다. 나에게 지워진 의무가 많은 만큼 여행을 제대로 즐기기 어렵다. 아이에게 시켜야 할 과제가 많은 만큼 기본 정서 상태가 그리 여유롭고 너그럽진 못하다.

여행 이야기를 장황하게 꺼낸 이유는, '여행만 가면 아이에게 화를 내지 않아서 좋다'는 말 이면에 담긴 면면을 살펴봐야 한다는 얘길 하고 싶어서다. 여행을 가면 화를 내지 않게 되는 이유는 단연 집안일 해방이 첫째고, 마음껏 놀게 내버려 두기가 둘째다. 그럼 바꿔 말하면, 집에서 아이에게 화를 내게 되는 이유는 집안일과 아이 공부문제 때문이라는 것이다.

입장 바꿔 잘 생각해보자. 집에서 유난히 화를 많이 내는 존재는 단연 엄마다. 집안일 족쇄에 매여 있는 존재이기 때문이다. 집은 쉴 곳이 아닌 엄마들의 일터다. 그렇기 때문에 신경이 곤두서 있다. 반면 남편은 어떠한가? 많은 남편들이 집에서 아내가 아이에게 화를 내는 것에 대해 못마땅해 하면서 본인들은 아이를 무한히 풀어주고, 응석받이로 키우려고 하면서 '친구 같은 아빠'가 되려 한다며 변명하는 모습을 보여준다. 집은 그들에게는 쉴 곳이자 휴식처에 지나지 않는다.

아무리 맞벌이하며 가사분담을 잘하는 남편이라 하더라도 집안일 전체에 대한 총감독권을 가지고 집안일을 대하는 것이 아니기 때문에 집은 여전히 그들에게 쉴 곳이며, 아이들은 놀아야 하는 존재라는 생각을 가지고 있다.

답은 나왔다. 집안일이 엄마들을 화나게 한다는 것, 아이 공부문제가 엄마와 아이들을 동시에 스트레스 받게 한다는 것이다. 이 문제에서 자유로운 아빠라는 존재들은 같은 상황에서도 화가 나지 않는다.

그럼 유난히 아이에게 화를 많이 내고 있는 엄마라면, 자신의 화의 원천이 바로 아이 때문이 아니라 집안일 때문이며, 아이가 못되고 나빠서가 아니라 아이를 억지로 공부시켜야 하는 대한민국의 현실 때문이라는 사실을 인식해야 한다. 그래야 화가 덜 난다. 공부하기 좋아하는 아이는 거의 없다. (간혹 있기는 하다. 그런 아이들은 TV에 나올 정도로 희귀하다.) 공부하기 싫어하는 정상적인 나의 아이를 문제라고 단정 지으며 화내지 말고, 공부하기 싫어했던 과거의 자기 자신과 아이의 마음을 동시에 공감하면서 차근차근 접근해보자.

"공부하기 싫지? 엄마도 그랬어. 그런데 엄마도 어쩔 수 없더라. 어른이 돼서 보니까 이렇게 조금이나마 엄마랑 10분씩 같이하는 공부가 나중에 많이 도움이 되더라. 조금만 참고 같이 공부해보자. 엄마는 이렇게 잘 따라와 주는 네가 참 고맙고 자랑스럽다."

아이들에게 유난히 위로되는 말 한마디가 바로 '엄마도 그때 그랬어'다. 내 아들 준이는 종종 나에게 "엄마도 내 나이 때 그랬어요?" 하면서 자기가 조금 못한다고 생각하거나 하기 싫다고 생각하는 것들에 대해 어린 시절의 나에게서 동의를 구하곤 한다. 그러면 덮어놓고 "그랬다"고 공감해준다. 사실 내가 일곱 살 때 잘했던 것들이라도 준이에게는 "엄마도 그때 그걸 잘 못했다"고 무조건 동의해준다. 그래야 아이가 비로소 안심하고 조금이라도 더 노력하는 모습을 보여준다.

준이와 나 사이에는 '노력하면 뭐든지 잘하게 된다'라는 명제가 존재한다. 내가 아이에게 무수히 세뇌해왔던 개념이다. "엄마도 처음에는 못했고, 노력하니까 잘하게 되었다, 너도 역시 그렇다"며 아이가 처음에 못하다가 잘하게 된 것들을 일일이 나열해주면서 아이를 지지해주고 용기를 주면 아이가 조금이나마 마음의 위안을 얻고 용기를 낸다. 이런 아이의 모습을 보면 참 귀엽고 대견스럽다. 아이의 마음은 한없이 여리다는 것을 매일 깨닫는다.

32

우리 애는 왜 이유 없이
자주 짜증을 낼까?

이유 없이 짜증을 내는 아이는 없다. 모든 짜증에는 반드시 이유가 있다. 다만 그 이유를 엄마가 잘 모를 뿐이다.

나는 최근에야 아이의 짜증 중 새로운 것 하나를 알게 되었다. 준이는 어렸을 때부터 목욕하는 것을 유난히 싫어하는 아이였다. 다른 집 아이들은 물속에 몸을 풍덩 담그는 것을 좋아해서 목욕하는 데 한 시간씩 걸린다고도 하는데, 어찌 된 일인지 우리 집 아이는 물을 너무 싫어할 뿐만 아니라 목욕시키는 도중 꼭 한 번씩 우는 타이밍마저 있어서 만 6년간 애를 먹었다.

그런데 어느 날 준이가 여느 날처럼 머리를 감기고 있는데 이런 말을 하는 것이 아닌가.

"머리 감을 때 목이 뒤로 넘어가면 침을 삼키기 힘들어서 너무 괴로워요."

판도라의 상자가 하나 열리는 순간이었다. 준이는 특히 얼굴에 물이 닿는 것을 유난히 싫어하는 아이였기 때문에 나는 일곱 살이나 된 다 큰 아이를 신생아처럼 안아서 뒤로 고개를 젖히게 한 후 머리를 감기곤 했는데, 그 자세가 너무 힘들다는 것이었다. 침을 삼키기 어렵기 때문에. 그렇다고 고개를 앞으로 숙여서 머리를 감길 수도 없는 노릇이다. 얼굴에 물이 닿는 것은 더 자지러지게 싫어하기 때문이다.

이렇게 말로 해주면 얼마나 편하고 좋은가. 하지만 대부분의 아이들은 자기가 왜 짜증을 내는지 그 이유를 어른들이 알아들을 만큼 논리정연하게 설명하지 못한다. 그래서 많은 부모들이 자기 아이가 짜증을 내는 것에 대해 이유 없이 짜증을 낸다거나, 성질이 나빠서 그렇다는 식으로 이해한다.

상대방(아이)이 이유 없이 나에게 짜증을 낸다고 생각하기 때문에 내 입장에서는 더 큰 화를 내고, 더 큰 소리를 질러서 아이를 제압하고 입 다물게 만들고 싶어진다. "너만 소리 지를 줄 아냐? 난 더 크게 소리 지를 수 있어!" 하며 아이와 똑같은 수준으로 소리 지르기 경쟁을 한다. 아직까지는 그래도 아이를 이길 수 있다. 어른인 우리의 목청이 더 크기 때문이다.

하지만 언제까지 계속 소리 지르고 윽박질러서 아이를 키울 것인가. 아이와 부모의 이런 소리 지르기 경쟁은 결국 어느 시점엔가 '개입'이 필요한 순간까지 치닫게 된다. 스스로 아이 손을 잡고 상담센터로 걸어 들어가면 그나마 양반이다. 아이가 학교에서 말썽을 일으키거나, 선생님의 개별 면담 요청이라도 받는 날에는 드디어 나와 아이의 문제가 제3자들에게 공개되는 창피한 순간에 맞닥뜨리게 된다.

상담센터 프로그램이나 담임선생님과의 개별 면담 시간에 어떤 얘기를 듣게 될 것이라고 기대하는가. 바로 이 책에서 실컷 떠들고 있는 바와 크게 다를 바 없는 이야기를 조금 더 압축해서, 지시적으로 듣게 될 것이다. 이 책을 쓴 나는 그나마 얼굴도 모르는 누군가인 아줌마지만, 당신 눈앞에서 당신 얼굴을 똑바로 쳐다보며 당신의 잘못을 일일이 들추는 전문가를 마주하게 되면 쥐구멍에라도 숨고 싶은 심정이 올라올 것이다.

아이를 억압적으로, 화를 내서 기르는 방식은 언젠가는 더 이상 통하지도, 계속할 수도 없는 상황이 온다는 것이다. 그렇게 되기 전에 부모로서 내 아이를 '잘 관찰'하는 눈을 길러보자.

아이가 짜증을 내는 데에는 일정한 패턴이 있다. 아무리 둔감한 부모라도 아이가 어떨 때 짜증을 내는지 대충 감으로 알고 있는 경우가 많다. 다만, 그 이유를 모르기 때문에 부모 입장에서 화가 나고 같이 짜증이 날 뿐이다. 그렇다면 마음가짐을 어떻게 바꿔야 하는가? 아이가 짜증을 내는 것은 그 애가 나빠서가 아니라, '엄마인 내가 몰라줘서'라는 사실을 인정하자. 일단 남탓(아이탓)이 아닌 내탓을 해야만 화가 덜 올라온다.

아무리 전문가라 하더라도 수백만 명의 다양한 아이가 왜 짜증을 내고, 어떨 때 신경질을 내는지 모든 사례별로 이유를 파악해주긴 어렵다. 차라리 수년간 그 아이를 직접 키워본 엄마가 그 아이에 대해 더 잘 파악할 가능성이 높다. 내 경험상 아이가 6~7세가 되면 그나마 아이로부터 조금이라도 자기 자신에 대한 설명을 들을 수가 있었는데, 지금은 힘들겠지만 아이가 자랄 때까지 기다려주어야 한다고 말하고 싶다. 다시 말해 5세까지 아이가 짜증내고 힘들어하는 부분에는 절대 함께 맞서지 말라는 얘기다. 아이가 스스로 설명할 힘이 길러질 때까지, 인내심을 가지고 기다려주어야 한다.

너무 힘 빠지는 솔루션을 제공한 것 같아서 조금 더 손에 잡히는 구체적인 상황별 경험담을 추가해보려고 한다.

0~3세까지 아이가 짜증 내는 패턴

앞에서 설명했다시피 3세까지는 자율성을 키우는 시기다. 때문에 자기가 마음속으로 뭔가를 해보고 싶다고 마음먹었는데, 그 행동을 엄마가 먼저 해버렸을 때 빽 하고 짜증을 내는 경우가 많다. 엘리베이터 버튼을 엄마가 먼저 눌러버렸을 때, 먹고 싶다고 생각한 음식을 엄마가 먼저 먹어버렸을 때, 에스컬레이터 손잡이를 엄마처럼 잡아보고 싶은데 손이 안 닿을 때, 자기가 책장을 넘겨보고 싶었는데 엄마가 먼저 넘겨버렸을 때, 버스 손잡이와 같은 손잡이들을 잡아보고 싶을 때 등등이다. 조금 감이 잡히는가?

또 한편으로 다른 아이가 하는 행동을 보고 그대로 따라하고 싶었는데 못했거나, 다른 집 아이가 가지고 있는 물건을 자기도 만져보고 싶은데 그럴 수 없을 때 짜증을 낸다. 아무거나 만져보고 싶은데 '안돼'라는 소리를 많이 들어온 아이는 다음에서 언급할 4세 이후에 억압된 심리 상태로 자랄 수 있다.

4~7세 아이가 짜증 내는 패턴

이 시기 아이들이 짜증 내는 패턴은 크게 두 가지다. 3세까지 주양육자로부터 지지를 제대로 못 받고 커서 기본적인 정서가 불안정한 경우, 특히 무엇이든 안 된다는 제한을 많이 받은 경우, 이런 아이들은 다른 아이들은 그런대로 참을 수 있는 상황에서도 짜증을 폭발시키는 경우가 많다.

다른 한 가지는 일반적인 아이들이 짜증을 내는 패턴으로, 남들과 비교해보았을 때 자기가 좀 못한다는 생각이 들거나, 잘해보고 싶었는데 생각만큼 성공률이 높지 않을 때 짜증을 낸다. 사회적인 자아가 자란 데다가 자기효능감에 대한 개념이 자라나서 자존심을 부리는 경우가 생긴다.

첫 번째 경우의 아이들에게는 일단 제한을 많이 풀어주고 수용적인 태도로 아이를 보듬어주는 양육 태도가 우선 요구된다. 아이의 자율성이 이미 많이 손상된 상태이기 때문에 우선은 아이의 자율성을 되살려주어야만 한다.

두 번째 아이들에게는 지지와 격려가 무엇보다 필요하다. '처음부터 잘할 수는 없다는 것', '노력하면 무엇이든 나아진다는 것'을 인내심을 가지고 알려주어야 한다. 이 시기 아이들은 그나마 말귀가 트여 있고, 말도 통하는 아이들이기 때문에 설명하면 알아듣고 자기감정이나 생각도 어느 정도 말로 표현할 수 있게 된다. 이 시기에는 짜증이란 정서가 많이 줄어들어 있어야 정상적으로 잘 컸다고 볼 수 있다.

많은 육아서에서 '36개월까지는 엄마가 끼고 키우라'고 조언하는 이유에는, 엄마만큼 아이의 짜증을 그런대로 잘 받아줄 만한 사람도 없다는 의미도 포함되어 있다. 엄마가 가까이서 자기 아이를 잘 관찰해야만 아이가 짜증내는 패턴을 더 빨리 쉽게 알아차릴 수 있고, 그에 대한 대처를 더 잘할 수 있게 된다. 마의 36개월, 버티고 버티면 언젠가는 지나간다. 지금 그 시기를 지나고 계신 분들에게 용기를 드리고 싶다.

33

내 마음속에서
화를 키우는 요인들

        빙산의 일각이란, 외부로 나타나 있는 것은 극히 일부에 지나지 않고 대부분의 실체가 해수면 밑에 숨겨져 있음을 비유적으로 이르는 말이다. 심리학에서는 흔히 사람들이 화를 내는 방식을 빙산의 일각에 비유할 수 있다고 본다. 우리가 '화'로 표출하는 부분은 빙산의 일각일 뿐이고, 실제로 화를 구성하고 있는 요인과 원인은 빙산의 아랫부분만큼이나 거대하기 때문에 그 원인을 한두 가지로 가늠하기 어렵기 때문이다.

화가 나는 이유

    사람들이 화를 내는 이유는 각기 다르다. 그래서 그 원인을 찾기도 쉽지 않다. 그런데 자세히 들여다보면, 유독 아이들에게 화가 나는 데는 몇 가지 동일한 법칙이 존재한다는 것을 알 수 있다. 그 법칙은 당연하게 생각하는 자기 신념, 사물을 바라보는 왜곡된 시각에서 비롯되는 경우가 많다는 것이다.

아이에 대해 당연하게 생각하는 자기 신념

엄마의 분노를 이해하는 데 있어 가장 핵심 개념은 바로 부모로서의 '자기 신념'이다. 신념이란 자신이 가진 견해나 사상에 대하여 흔들림 없는 태도를 취하며 변하지 않는 것을 말한다. 모든 부모들은 부모로서 잘하고 싶은 마음에서 아이에게 여러 가지 노력을 기울인다. 그리고 그 결과물로서 아이의 행동이 내 마음과 일치되기를 기대한다.

소위 '해야 한다', '해서는 안 된다'라고 엄마들 스스로 만들어놓은 규칙들이 있고, 아이들이 이에 제대로 따라주지 못했을 때 분노가 생성된다. 그런데 이러한 규칙이나 신념은 '자기에 대한 것', '아이에 대한 것', '상황에 대한 것'의 세 가지로 나누어 살펴볼 수 있다.

❶ **자기 자신에 대한 것**   자기 자신에 대한 규칙이나 신념, 혹은 기대를 말한다. '나는 친구 같은 엄마가 되어야 한다', '나는 절대 화를 내지 않아야 한다', 또는 반대로 '나는 항상 아이를 엄격하게 훈육해야 한다', '아이는 항상 내가 정한 규칙을 따라야만 한다' 등이 있다.

자기 스스로 정한 부모로서의 자아상이 있는데, 그것이 마음대로 되지 않을 때 자기 스스로에게도 화가 나고, 공연히 그 화살이 아이에게 향할 때가 있다는 얘기다.

❷ 타인에 대한 것 타인은 내가 아닌 다른 사람을 지칭하는 말로, 사람들은 보통 타인, 특히 자식에 대한 기본적인 기대심리를 가지고 있다.

어른들과의 관계를 떠올려보자. 나와 잘 맞지 않는 사람과는 심하면 절교를 할 수도 있고, 사소하게 다투기도 한다. 다투지는 않더라도 상대방이 기분 나쁘지 않을 선에서 불만을 이야기하거나, 아무리 노력해도 상대방이 내 마음에 들지 않는 경우 서서히 연락을 끊기도 한다.

그러나 우리가 아이를 대할 때는 어른들 사이에서의 규범과 규칙이 무너지는 경우가 많다. 아이는 나보다 약자이며, 나에게 복종해야 할 것 같은 기분이 드는 존재다. 가장 상처 주지 말아야 할 존재인 내 자식, 가족에게 상처를 주고 마음을 후벼 파는 말로 훈육을 할 때도 있다. 어른들 사이에서는 민주적이고도 균형이 맞는 관계를 유지하면서, 자식과 나 사이에서는 내가 소위 아이를 상대로 '갑질'을 하는 경우가 있는 셈이다. 이런 갑질은 보통 아이는 내 말을 무조건 잘 들어야 한다는 기본 심리가 전제되어 있기 때문이다.

❸ 상황에 대한 것 상황이란 개인이 인식한 이해관계를 가지고 밀접하게 관련되어있는 현실을 말한다.

아이를 내가 직접 양육하고 싶지만 경제적 여건상 맞벌이를 해야 해서 아이에게 나쁜 영향이 갈까 봐 걱정될 때, 아무리 외벌이를 하더라도 육아는 남편과 동등하게 하고 싶은데 마음대로 되지 않을 때, 육아는 엄마인 내 방식대로 해야 할 것 같은데 여건상 부양육자들이 많아서 그렇게 되지 않을 때, 나를 둘러싼 상황이 내 기대를 충족시키지 못하게 된다.

이렇게 상황에 대한 서로의 기대는 모두 다르기 마련이다. 예를 들어 '육아는 부부가 똑같이 해야 해', '부부의 육아관은 서로 같아야만 해', '아이는 무조건 엄마가 키워야 해', '항상 내 방식대로 해야 해' 등등 서로가 기대하는 방향은 다른 쪽을 향하고 있을 때가 많다. 이런 다양한 기대가 지켜지지 않을 때 결국 분노라는 같은 결과가 나오게 된다.

이럴 때는 '완벽하게 공평한 것은 없다', '완벽하게 같은 육아관은 없다', '아이는 가족과 기관이 함께 키울 수도 있다', '무조건 옳은 육아 방식은 없다'는 마음으로 한 템포 내 마음의 당위적 기대를 낮추는 것이 바람직하다.

34

아이는 화내는 방식을
어떻게 배우나?

이심전심이라는 말이 있다. 사람의 마음
이 서로 전달된다는 뜻이고, 감정이 전염된다는 말이다. 그런데 화 또
한 주변 사람에게 전염되는 특징이 있다. 그리고 화를 내는 다양한 방
식(언어와 행동)은 환경에서 배우고 습득하게 된다.

화내는 방식을 배우고 습득하는 방식은 두 가지가 있는데, 경험과
유사한 방식, 경험과 정반대의 방식이 그것이다.

❶ 경험과 유사한 방식

아이는 부모의 거울이다. 화를 많이 내고 체벌을 당하는 아이들은
비슷한 방식으로 다른 아이에게 화를 내고 폭력을 행사하기도 한다.
반면, 동생이 많은 아이의 경우 친구들을 대함에 있어 사려 깊고 배려
하는 모습을 보여주는 경우도 있다. 가정에서 아이들은 실로 세상살

이의 기초가 되는 스킬들을 많이 배우게 된다.

아이들은 화내는 방식 역시 자신도 모르는 사이에 부모가 하는 그대로 따라하게 된다. 반면 부모가 화를 내지 않으면 아이도 화를 내는 방법을 모를 수도 있다. 한편 TV 드라마나 영화로부터 화내는 방식을 배울 수도 있다. TV의 드라마에는 다양한 상황이 등장하는데, 우연히 닥친 똑같은 현실 상황에서 TV를 통해 배운 방식으로 화를 낼 수도 있다. 그리고 학교 혹은 다양한 모임, 단체 생활에서도 배울 수 있다.

❷ 경험과 정반대의 방식

어린 시절 엄한 부모 밑에서 자란 사람들, 부모님 사이가 좋지 않았던 사람들은 부모나 다른 사람들이 화내는 방식을 보고 '그런 행동은 절대 하지 말아야지'라고 자신에게 각인시키거나, '나는 아예 결혼하지 말아야지'라고 생각하기도 한다. 이는 부모의 행동을 따라하지 않기 위해 노력하면서 개인의 행동 패턴이 새롭게 만들어지는 경우라고 볼 수 있다.

가정에서 아버지가 주사가 있거나, 엄마에게 폭력을 행사할 때, 또 화낼 때 큰소리치는 것을 듣고 자란 사람은 자신은 커서 절대 큰소리로 화를 내지 않겠다고 다짐을 하기도 한다. 하지만 이 경우 술을 아예 입에도 대지 않는다거나, 화가 날 때 상대방과 대화를 통해 풀기보다 회피해버리는 방식을 택하거나, 화 자체를 가슴에 묻어두어 화병으로 발전시키는 경우가 생길 수도 있다. 분노는 어떻게든 해소하는 것이 바람직하다.

나는 아이가 36개월이 된 후부터 큰소리치는 훈육을 거의 하지 않았다. 1년에 한두 번 정도 연례행사로만 그쳤다. 2018년인 올해 들어서는 8월인 아직까지 단 한 번도 아이에게 큰소리를 낸 적이 없다. 체벌은 당연히 해본 적이 없다. 물론 아이를 사랑해서 화를 내지 않고 체벌을 하지 않은 것이지만 혹시나 아이가 나에게서 나쁜 행동이나 버릇을 배울까 봐 본을 보이기 위해서 그랬던 이유도 있다. 앞서 말했듯이 아이가 세상 물정을 잘 모르던 36개월 전까지는 소리도 빽빽 지르고, 가끔 엉덩이도 때렸던 엄마였기 때문에 억지로 과거의 모습을 소거하고 개선해 나갔다.

35
1차 감정,
2차 감정 바로 알기

　　　　　　　　　우리가 화가 났다고 느끼는 것은 진짜 감
정이 아닌 경우가 많다. 겉으로 표출된 분노라는 감정은 사실 2차 감
정이며, 1차 감정이 숨겨져 있을 수 있다. 보통 분노로 표출되는 2차
감정 안에 숨겨져 있는 대표적인 부정적 감정 6가지에는 '시기심, 슬
픔, 수치심, 질투, 두려움, 불안'이 있다.

　예를 들어 누군가에게 시기심이 느껴졌을 때, 그 상대에 대해 분노
하는 감정이 올라오는 것처럼 느낄 수 있다. 상대방의 행동 하나하나
가 거슬리고, 그 사람이 대단히 잘못하는 것처럼 느껴지면서 자신의
분노가 마치 상대방의 잘못된 행동에서 기인한 것으로 탓을 하게 되
기도 한다. 하지만 이런 분노의 기저에는 시기심이란 1차 감정이 숨
어 있는 경우가 많다. 나의 시기심을 솔직히 인정하는 과정조차 매우
버겁고 어렵기까지 하다. 나의 시기심을 인정하는 것은 내가 상대보

다 못하다는 것을 받아들여야만 하기 때문이다. 이번 장에서는 6가지 1차 감정이 어떻게 분노로 나타나는지 자세히 알아보도록 하자.

❶ 시기심

시기심은 나에게 없는 장점을 가진 사람을 향한 짜증과 울화가 뒤섞인 감정을 느끼는 것이다. 그렇다면 '시기심'과 '질투'는 어떻게 다를까? 다른 사람이 가진 것을 탐한다면 그것은 '시기'이고, 자신이 지키고 싶은 것으로 인한 것은 '질투'이다. 가령 남편의 여자 직장동료가 내 배우자와 친밀한 모습을 보인다면 나는 질투심을 느낄 것이고, 거기에 그 사람이 굉장히 매력적인 모습을 한 사람이라면 나는 시기심을 느끼게 되는 이치다.

이러한 시기심에는 '침체적 시기심, 적대적 시기심, 경외적 시기심'의 3가지 형태가 있는데, 시기의 반응이 순수하게 한 가지로만 나타나는 경우는 매우 드물며 서로 섞이거나 연달아 나타나기도 한다.

'침체적 시기심'이란 자신보다 우월하거나 자신이 갖지 못한 것들을 누리는 사람을 원망하지 않고 그것을 누리지 못하는 스스로를 원망하는 것을 말한다.

지금 하루하루 신생아 육아에 지친 상태에서 낮잠도 안 자는 아이를 업고 산책을 나갔다고 가정해보자. 하루하루 힘들게 살고 있는 당신은 오랜만에 길에서 아이를 다 키운 동창을 만나게 된다. 그런데 당신보다 얼굴도 못생기고, 공부도 못했던 동창생이 아이들을 이미 다 키우고 공부도 잘하며 행복하게 하루하루를 살고 있다고 말한다.

그렇다면 당신은 그 동창생에게 어떤 감정을 느끼겠는가?

그 동창생의 행복으로부터 고통스러운 감정인 시기심을 느낄 것이다. 그러나 동창생인 친구에게 적의는 느끼지 않을 것이다. 동창생의 행복이 당신에게 침울한 생각을 심어주긴 했지만, 이런 생각은 당신으로부터 비롯된 것이지 동창생을 둘러싸고 일어나는 것은 아니기 때문이다. 보통 이러한 상황에서 '침체적 시기심'이 발생한다. 당신이 갖지 못한 이점들을 누리고 있는 친구를 원망하는 것이 아니라, 그런 것들을 얻을 능력이 없거나 상황이 되지 못하는 스스로를 원망하게 되는 것이다. 이런 경우 행복하게 살지 못하는 스스로에게 분노를 느끼게 될 수 있다.

'적대적 시기심'이란 상대에게 공격적 성향을 표출하는 것, 상대방의 우위를 무너뜨려 둘 사이에 평등성을 구축하고자 하는 것이다.

나는 첫 회사에서 직장 내 왕따를 당한 적이 있다. 같은 부서에 같은 대학을 나온 직속 선배가 근무하고 있었다. 그 선배는 나와 같은 학벌을 가지고 근무도 성실하게 잘했기 때문에 사원들 중에서 인정받고 싶어하는 마음이 강했다. 그러나 내가 그 부서에 발령을 받은 이후로 부서에서 나를 주목하기 시작했고, 상대적으로 덜 중요한 업무를 맡아왔던 그 선배는 주목을 받지 못했다. 그 선배는 동료 사원들과 모의하여 나를 따돌리기 시작했고, 사람들이 많은 곳에서 대놓고 나에게 망신 주는 말들을 하기 시작했다. 이런 방법으로 그 선배는 나의 위치를 깎아내려 자신과 비슷하게 만들고자 했던 것이다.

자기가 상대인 나보다 우월하게 지내지 못하는 상황을 한탄하는 대신, 상대에게 공격적인 성향을 드러내며 상대의 우위를 무너뜨리고 둘 사이의 평등성을 구축하고자 했다. 이는 '적대적 시기심'으로 누군 가를 미워하게 만드는 감정이다.

'경외적 시기심'이란 약간의 고통을 느끼고는 있으나 순수한 경쟁 심으로 발전하는 시기심이다.

아이가 갓 네 살 정도가 되었다고 생각해보자. 말도 알아듣고 학습 능력도 생긴 아이에게 보통의 엄마들은 여러 가지 다양한 교육적 시 도를 해보기 시작한다. 숫자 세기부터 한글이나 영어 등을 가르쳐보 거나 방문수업 등을 통해 아이에게 다양한 경험을 시켜주고자 한다. 그런데 TV 방송이나 육아서에서 5~6세에 한 분야를 마스터 하다시 피 한 아이들이 나오고, 그런 아이들을 길러낸 특별한 육아법에 대해 설명한다면 내 마음속에는 약간의 질투와 불편함을 동반한 경외적 시기심이 생길 것이다. 나는 당장 그렇게 될 수 없지만 노력하면 엇비 슷한 결과를 나타낼 수 있을 것 같다는 투지가 생기고, 그 사람들의 노하우를 습득하고자 하는 마음도 생긴다. 이런 경우의 시기심이 바 로 '경외적 시기심'이다.

❷ 슬픔

슬픔이란 마음이 아프거나 괴로운 감정을 의미한다.

2012년 8월 9일, 외신의 한 매체에서는 톰 크루즈와 케이티 홈즈의 딸, 수리 크루즈가 우울증에 걸린 것 같다는 보도를 했다. 기사에 의하면 수리 크루즈는 하루 중일 침울하고 우울한 표정으로 생활하고 있다고 했다. 그런데 이것은 그 전 달 속전속결로 치른 부모의 이혼과 수리 크루즈가 톰 크루즈와 케이티 홈즈 사이를 주기적으로 오가면서 둘의 판이하게 다른 교육 방식 사이에서 혼란스러워했던 탓이었다. 톰 크루즈는 딸이 원하는 것은 무엇이든지 해주는 일명 '딸 바보'인 반면, 케이티 홈즈는 이와는 반대로 엄격한 교육을 지향하는 스타일이었다.

결국 양쪽 부모 모두와 함께 살 수 없다는 상실감과, 두 사람의 너무 다른 온도 차가 수리의 정서에 악영향을 끼쳤던 것이다.

그렇다면 엄마들의 경우 무엇이 슬픔을 유발할까? 우선 '상실감'이 슬픔이라는 감정을 가져올 수 있다. 아이가 아파서 제대로 된 일상생활을 해나갈 수 없을 때, 아이가 조금 작게 자라서 다른 아이들의 동생으로 보일 때, 아이의 발달이 조금 느려서 또래 아이들보다 늦되어 보일 때 부모의 마음속에는 슬픔이란 감정이 자리하게 된다. 그런데 자신의 감정 상태가 슬픔이란 것을 채 인지하지 못하는 경우, 그것을 분노로 인지하거나 분노로 표출하기도 한다.

그러면 그런 슬픔을 잘 이겨내기 위해서는 어떻게 해야 할까? 우선 우리는 슬픔이 정상적인 감정이라는 것을 기억해야 한다. 슬픔은 우리의 경험과 심리적인 성숙에 관련된 감정이다. 그런데 모든 슬픔에서 벗어나거나 모든 슬픔을 억누르려고만 하는 것은 옳지 않다. 이는 비현실적인 동시에 심리적인 손상을 가져오는 행위이기 때문이다.

슬픔을 잘 이겨내기 위해서는 우선 슬픔을 신중하게 표현해야 한다. 슬픔을 외부에 표현하는 것으로 사람들의 관심을 끌거나 공감을 얻어낼 수 있다. 슬픔은 나누면 반이 된다는 말이 그 뜻이다. 그리고 상대의 말을 들어주고 위로해주는 것으로서 관계를 돈독하게 만드는 역할을 하기도 한다. 나의 슬픔을 공감받기만 해도 내 슬픔이 많이 경감되는 것을 느낄 수 있다.

계속해서 몸을 움직이는 것도 도움이 된다. 위축되고 비활동적인 것들에겐 대개 슬픔이 수반된다. 불행하게도 이러한 상태로 스스로를 오랫동안 방치하면 슬픔이 지속될 위험이 매우 높다. 슬픔을 이겨내기 위해서는 계속 몸을 움직이는 것이 좋다. 슬픔에 빠져 있을 때 방청소를 하거나, 설거지를 하며 마음을 다스리는 행동이 도움이 된다.

❸ 수치심

수치심이란 상대에게 거부당하고 조롱당한 상태에 노출되어 다른 사람으로부터 자신이 존중받지 못한다고 인식하게 되는 고통스런 정서를 가리키는 감정이다.

아이를 키우면서 수치심에 노출되는 예는 최근 인터넷상에서 떠들어대는 '맘충' 문화와 관련이 높다. 나는 그저 아이와 함께 외출했을 뿐인데, 아이의 부주의한 행동으로 인하여 보호자인 내가 누군가로부터 맘충 취급을 받거나, 못마땅한 시선을 받을 때, 그것만으로도 수치심을 느끼게 된다. 또한 노키즈존인 걸 모르고 들어간 가게에서 아이와 함께 있다는 이유로 면전에서 입장을 거부당할 경우 일시적인 수치심이 유발된다.

이러한 수치심에서 벗어나는 방법은 바로 수치심을 표현하는 것이다. 수치심을 남에게 털어놓는 것은 여러 가지 유익한 효과가 있다. 수치심을 말로 구성했다는 것은 이미 이를 스스로 통제하고 있다는 뜻이 된다. 그리고 문장을 만들어봄으로써 거리를 둘 수 있게 된다.

❹ 질투

질투는 두려움, 분노, 슬픔 세 가지 감정이 뒤섞인 복잡한 감정으로, 표현 방식은 저마다 다르다. 그리고 이러한 감정들은 서로 순차적으로 이어지거나, 시간의 흐름에 따라 상호 결합될 수 있다.

나에겐 조리원 동기가 있다. 태어난 날들이 거의 비슷한 아이들 5명의 엄마들이 모여 동기 모임을 한다. 그런데 유독 우리 애만 계속 발달이 느렸다. 뒤집기부터 시작해서 기기, 걷기, 말트기 등 모든 과정이 느렸다.

조리원 동기들의 SNS에는 날마다 아이들이 새롭게 하게 된 재주들이 올라오는데 나는 집에서 아무것도 할 줄 모르는 아이를 마주하며 답답한 마음만 가질 수밖에 없었다. 겉으로는 조리원 동기 아이들의 빠른 발달상황을 칭찬해주고 축하해주었지만 내 속에는 거대한 질투심이 자리할 수밖에 없었다.

우리는 이러한 상황에 질투가 날 수 있다. 하지만 이런 상황을 누군가에게 털어놓기에는 살짝 민망한 기분이 들어서 혼자 삭일 수밖에 없다. 질투의 반응은 특히 개인의 성격에 따라 달라진다. 이는 경쟁자가 되는 사람이 어떤 사람인가에도 크게 영향을 받는다.

여기서 잠깐, 질투심이 특히 더 강한 사람에 대해 생각해 보자. 다른 사람보다 질투를 더 많이 느끼는 사람이 분명히 있다. 옛날에는 칠거지악이라고 해서 여자들이 하지 말아야 하는 7가지 규칙 중에 질투를 넣었다. 어떤 여자들은 질투심이 그다지 크지 않을 수도 있지만 선천적으로 질투심을 크게 타고나는 경우도 있다. 하지만 조선시대에는 모든 여자들에게서 질투심이란 감정을 거세하고자 했다. 참으로 비인간적인 처사이지 않은가.

질투를 심하게 하는 사람들은 종종 자아 평가에 문제를 갖고 있는 경우가 많은데, 반대로 자아를 높이 평가하는 사람들 역시 더 많은 질투심을 느낄 수도 있다는 것이 학계의 연구 결과다.

이런 질투의 화신들을 위한 몇 가지 조언이다. 첫째, 질투하고 있다는 것을 인정해야 한다. 질투란 가치가 떨어지는 감정이기는 하지만, 정상적이고 자연스러운 감정이며 건강한 사람의 심리적 도구이다. 조선시대 뿐만 아니라 모든 시대를 살아가는 사람들은 질투심을 느낄 수 있다. 따라서 질투심을 느낀다고 해서 스스로 탓하지 않아도 된다. 물론 늘 질투심을 지나치게 가지고 사는 것은 곤란하다. 그렇게 되면 질투심에 눈이 멀게 되고 이를 통제하는 것이 불가능해질 수도 있다.

둘째, 질투심을 표현하라. 질투심을 표현한 뒤 나타나는 상대의 행동은 그 사람이 당신을 얼마만큼 중요하게 생각하는지 알 수 있는 지표가 된다. 상대방에게 질투하고 있다며 원색적으로 표현하기보다 '부럽다'는 온건한 표현을 사용하는 것이 좋다. 이렇게 하면 어떤 효과가 있을까?

우선 상대에게 당신이 관심을 갖고 있음을 알려줄 수 있다. 또 당신이 힘들어하는 점을 상대에게 알릴 수 있다. 나아가 질투심의 원인을 알게 되어 스스로 질투심을 더 잘 다스리게 된다.

물론 이 같은 조언은 양쪽 모두 안정적인 관계 유지에 대한 의미가 있을 때만 그 힘을 발휘하게 된다. 만일 상대방이 나와의 관계에서 일방적으로 우위를 점하고 싶어 한다거나 나를 무시하고 싶어 하는 사람이라면 오히려 상대방이 나를 도발할 수 있는 근거를 만들어주는 셈이 된다. 그렇기 때문에 이와 같이 질투심을 털어놓는 전략은 상대방의 성향에 따라 잘 판단해서 실행해야 한다.

❺ 두려움

두려움은 무언가 하는 것을 꺼리고 무서워하는 감정이다. 그렇다면 불안감과 두려움은 어떻게 다를까?

발달장애를 가지고 있는 아이를 키우는 부모들은 대게 매일매일 두렵고 불안한 감정을 느끼며 살아간다. 아이가 어릴수록 치료에 대한 예후가 좋아 매일같이 여러 센터를 돌며 치료를 받지만, 매일 반복되는 치료 행위가 희망을 주기보다는 두렵고 무서운 감정을 불러일으키기도 한다. 치료센터에서는 우리 아이보다 훨씬 더 큰데도 치료가 잘 되지 못한 아이들이 드나든다. 그런 아이들의 모습을 보며 내 아이의 미래도 그렇게 될까 봐 두려운 마음이 생기는 것이다.

내 아이가 정상적인 아이들과 얼마나 어울려 살 수 있을까에 대한 불안함이 두려움으로 변화하여 하루하루를 지배한다. 이런 경우 두려움을 조절하는 방법을 익혀야 한다. 어떻게 하면 될까?

대부분의 사람들은 자동차보다 비행기로 여행을 할 때 더 많은 두려움을 느낀다. 그런데 실제로 연간 교통사고로 인한 사망자 수가 항공기 사고로 인한 사망자 수보다 훨씬 비율이 높은 것으로 나타나면서 비행기가 자동차보다 더 안전한 교통수단이라는 것이 입증되었다. 통계적으로 보면 항공기 사고로 사망할 확률이 번개에 맞아 죽을 확률보다 낮다. 심지어 핵 사고로 인해 죽을 확률보다도 더 낮다. 걸어가다가 넘어지거나 추락해 죽을 확률이 약 2만 번 중에 한 번 꼴이라면, 번개에 맞아 죽을 확률은 약 2백만 분의 1, 핵 사고로 사망할 확률이 1천만 분의 1인 데 비하여 항공기 사고 사망률은 대단히 낮음을 알 수 있다.

하지만 자동차는 비행기와 달리 우리가 가는 길을 파악하는 것이 가능하고, 속도가 어느 정도인지 자각하고 있을 뿐 아니라, 언제든 멈출 수 있다. 그렇기 때문에 우리는 비행기와는 달리 스스로 통제할 수 있는 가능성이 높은 자동차를 탈 때 두려움이 훨씬 줄어들게 된다. 이와 같이 두려움에 대한 통제력을 높이는 방법은 그와 관련된 정보를 확보하는 것이다. 결국 가장 효율적인 처방전은 두려움을 극복하기 위해 보다 적극적인 태도를 취하는 것이다.

❻ 불안

불안이란 마음이 편치 않고 조마조마한 상태를 말한다. 대개 일상적인 상태에서 사람들은 20% 정도의 건강한 불안감을 느끼며 살고 있다. 하지만 이 불안이 40%까지 올라가면 치료적 개입이 필요해진다. 제때 치료를 받지 못하고 60%까지 불안의 수치를 높인 경우 제대로 숨을 쉴 수 없을 정도로 극도의 공포를 느끼게 된다. 대중매체에서 종종 등장하는 공황장애 역시 불안장애의 대표적인 증상이다.

아이를 키우면서 불안을 느끼게 되는 경우는 아무래도 아이에게 교육적 지원을 본격적으로 시작하게 되는 5세 이후가 된다. 우리 아이만 뒤처지는 것은 아닌지, 또 나만 다른 엄마에 비해 우리 아이를 제대로 서포트하지 못하는 것은 아닌지에 대한 불안감을 늘 갖게 된다.

이러한 불안을 제대로 다스리기 위해서는 우선 불안이라는 정서를 정당한 것으로 받아들여야 한다. 불안함을 느끼는 대상에 대한 다양한 사람들의 시각과 그 정당성을 다시 돌아보고, 문제가 되는 신념이나 가치관에 대해서는 다시 떠올려보는 것이 좋다. 그리고 지인이나 다른 사람들에게 시원하게 속내를 털어놓는 것도 한 방법이다.

육아를 하면서 불안함을 느끼는 경우 육아서를 두루 읽어보며 다른 아이들의 발달상황이나 다른 이들의 육아법을 참고하며 위안을 얻는 방법 또한 도움이 된다. 다른 사람의 육아 일기를 읽으며 공감대를 형성하는 방법 또한 불안감을 많이 해소할 수 있는 좋은 방법이다.

36

분노 조절에도
연습이 필요해!

감정을 무시하면 자존감이 낮아진다.

때때로 우리는 '어, 이게 뭐지?', '왜 눈물이 나지?', '왜 물건을 던지고 싶지?'와 같이 자신이 느끼는 감정의 정체가 무엇인지, 왜 그런 감정이 드는지 스스로 이해할 수 없는 경우가 있다. 이러한 일이 발생하는 이유는, 우리는 매순간 감정을 경험하지만 그 감정을 올바로 이해하고 인지하는 능력이 부족하기 때문이다. 스스로 자신의 감정을 잘 이해하지 못하거나 혹은 타인에게 감정을 이해받지 못하면 그 사람은 계속해서 혼란스럽고 불안정한 상태에 머무르게 된다. 따라서 자신의 감정을 잘 이해하는 것은 그 사람의 자존감과 관련이 높다.

만약 본인의 감정을 이해하는 것이 미숙한 사람에게 호통을 치거나, "왜 상황에 맞지 않는 행동을 하느냐?", "왜 우느냐?", "왜 소리를 지르느냐?"는 식의 부정적인 반응들을 보이면 그 사람은 정서적으로 다른 사람을 대하는 것을 꺼리며 두려워하게 된다. 그리고 자신의 존재 자체를 낮게 여기며 자신을 믿지 못하고 아예 자신의 존재 자체를 부정해버리게 된다.

바로 우리가 아이를 대할 때 주의해야 할 사항들이다. 아이들은 자신의 감정을 이해하는 것이 미숙하다. 짜증을 내고 신경질을 내지만 자신이 왜 그런지 잘 모르는 채인 경우가 많다. 하지만 우리는 그런 아이들을 대상으로 호통을 치며 아이들의 입을 틀어막기에만 급급하다. 그러한 경험이 쌓이고 쌓이면 아이의 정서가 부정적인 방향으로 형성될 수 있다.

감정 조절의 방법

심리상담센터에서 내담자들에게 힘들 때 어떤 행동들을 하는지 물으면 '그냥 가만히 있는다'거나 'TV나 영화를 본다, 술을 마신다, 컴퓨터 게임을 한다, 잠을 잔다' 등 특별한 방법 없이 그냥 감정들을 방치한다는 대답을 종종 듣게 된다고 한다. 아마 우리도 크게 다르지 않을 것이다.

이렇게 많은 사람들은 불쾌한 감정을 경험할 때 효과적으로 조절할 수 있는 방법을 잘 알지 못한다. TV를 보거나 잠을 자는 방법들은 일시적으로 효과는 있지만 궁극적으로는 불쾌한 감정을 제거하지 못한다. 그런데 성인들의 이런 미숙한 감정 조절 방법들은 영유아기의 경험에서 오는 경우가 대부분이다. 그렇기 때문에 영유아기에 제대로 된 발달 과정을 거치는 것이 매우 중요하다. 이는 각 성장 단계에서 어떤 경험을 했는지에 따라서 성인이 됐을 때 분노에 영향을 미치는 요인이 달라지기 때문이다.

내 경우 어린 시절부터 부모님이 바쁘셔서, 부모님의 따뜻한 품속을 느껴본 적이 거의 없었다. 부모님의 무관심 속에 자라온 나는 '부모님은 원래 바쁘시니까'라며 애써 자신을 위로하곤 했다. 그리고 점점 더 내성적인 성격이 되었다.

어린 시절, 항상 사람을 대할 때면 그 사람이 나와 가까워지고 싶어 하지 않으면 어쩌지 하는 괜한 걱정을 했다. 그래서 다른 사람과 가까워지더라도 이후에 버림을 받거나 사랑을 받지 못할 거라는 두려움을 남모르게 가지고 있었다. 남자 친구가 생기는 경우 나에게 집착하고 귀찮게 하는 행동을 사랑이라고 믿었다. 그런데 이것은 당사자인 자신도 지치게 하는 행동이었다. 하지만 결혼해서 살고 보니 집착은 사랑이 아니라는 것을 깨달았다.

나의 경험은, 어렸을 적 부모님과의 애착 관계를 형성하지 못해서 내성적 성격이 되었음을 보여준다. 아줌마가 되고 애를 낳은 뒤로 외향적인 성격이 되었지만 나는 여전히 타인이 나를 어떻게 생각하는지에 대해 매우 민감한 편이다. 나는 항상 버림받을 것을 두려워하고 불안해한다. 사회적 발달을 제대로 하지 못했을 때, 사회생활에 어려움을 겪는 것과 마찬가지로, 어렸을 적 애착 관계를 제대로 형성하지 못하면 나의 사례와 같이 내성적인 성격을 가지거나 감정 조절을 잘 하지 못하는 등의 문제행동을 보이는 경우가 있다.

한편, 내 동생은 어려서부터 밖에 나가서 놀거나 친구들과 어울리지 않고 하루 종일 집안에서 컴퓨터 게임을 했다. 부모님이 집을 지키지 못하는 틈을 타서 동생은 초중고등학교 내내 게임에 빠져 지냈다. 현재 동생은 게임 개발자가 되어 게임을 업으로 삼고 산다. 하지만 일상생활에서도 대부분의 여가 시간을 여전히 게임을 하며 지낸다. 다 큰 성인이 된 동생에게 나나 부모님이 게임을 못 하게 하면 극도로 분노를 드러내거나 신경질을 부리기도 한다. 자기 직업과 관계된 일이라며 간섭하지 말라는 대답이 돌아올 뿐이다.

　내 동생의 사례는 놀이를 통해 제대로 된 발달을 하지 못한 경우다. 게임·인터넷 중독은 살인·성폭력 등 강력 범죄를 일으키기도 하는 만큼, 어렸을 때부터 바람직한 인터넷 및 게임 이용 습관을 들이는 것이 무엇보다 중요하다.

　나와 내 동생의 사례는 아이들이 어렸을 때, 제대로 된 발달 과정을 거치지 못한다면 성인이 되어서 문제행동으로 나타날 수 있다는 것을 보여준다. 그러므로 우리가 아이들을 키울 때 정상적인 애착 발달과 놀이발달을 잘 시켜주는 것이 무엇보다 중요하다고 하겠다.

　효과적인 분노 조절 방법은 분노가 순간적으로 치밀어 오를 때 심호흡을 하고 내가 무엇 때문에 화가 났는지 문장으로 정리를 해보는 데서 출발한다. 여유가 된다면 종이와 펜을 가지고 화가 난 부분에 대해 구체적으로 적어보는 것이 매우 도움이 된다. 그런 후 분노가 자기 자신에 대한 것일 경우와 타인으로 인한 것일 경우를 구분한다. 자기 자신에 대한 것일 경우 노래를 부르거나 청소 등 몸을 써서 1차적인 해소를 해볼 것을 권한다. 타인에 대한 것일 경우 그것을 최대한 중립적인 태도로 당사자에게 조곤조곤 전함으로써 나의 감정을 해소한다. 타인에 대한 분노는 소리 지르는 것과 조용하게 이야기하는 것 두 가지 방법 중 후자가 더 효과적이다. 전자는 일시적인 내 감정 해소에는 도움이 되지만 타인이 스스로 행동을 교정하지 않기 때문에 2차적인 분노를 키울 수 있다. 반면 후자는 타인을 설득하여 내가 원하는 모습으로 만들어 나갈 수 있기 때문에 후폭풍을 막을 수 있어 더 효과적이다.

분노를 조절하는 연습을 하면 점차 화를 내는 횟수가 줄어든다. 반대로 계속 화를 내 버릇하면 습관이 되어 별로 화낼 상황이 아닌데도 폭발하는 화를 내게 된다. 분노는 학습되기 때문이다.

화안키의 본격 시작

    분노와 화를 비롯한 감정 조절에 대해 이해했다면, 이제 화안키를 시작할 수 있는 마음의 준비는 끝난 셈이다. 하지만 마음의 준비만으로는 부족하다. 아이와 함께 반드시 화안키를 성공시키기 위해 시작 단계에서 반드시 정리하고 점검할 사항들을 살펴보자.

37

우리 아이만의
애칭 만들기

경상도 지역에는 동네에서 흔하게 들을 수 있는 아이들을 부르는 애칭으로 '예삐'라는 단어가 있다. 내가 처음 이 말을 들었던 것은 베이티시터 이모를 고용했을 때였다. 갓 두 돌 정도 되었던 준이는 말 그대로 '예삐'였다. 시터 이모는 준이를 부를 때 항상 '예삐'라고 불렀다. 그래서 준이는 한때 자기 자신을 '예삐'라고 부르기도 했다.

서양에서는 자녀를 부를 때 흔히 '스위티sweetie'나 '허니honey'라는 애칭을 사용한다. 특히 뭔가를 요구하거나 타이를 때 많이 사용하는 것 같다. 이렇게 꿀 떨어지는 애칭으로 불리는 아이들은 자신이 불릴 때마다 행복감을 느낄 것이다.

우리나라에서는 자녀를 부를 때 애칭이나 별명을 잘 사용하지 않는다. 다른 집들에서 아이를 어떻게 부르는지 잘은 모르겠으나 적어도 공공장소나 타인이 있는 앞에서는 자녀의 이름을 그대로 부르는 부모가 많다.

아기가 돌에서 세 돌 사이 아장아장 걸을 때만큼 예삐라는 애칭이 어울릴 때도 없다. 아이가 말썽을 부리거나 고집을 부릴 때도 '예삐야!' 하고 훈육을 시작하면 아주 효과적이다. 다 큰 아이들에게도 마찬가지다.

예삐라는 애칭에서는 예쁜 아이, 어린 아기, 귀여운 아이라는 뜻이 복합적으로 느껴진다. 대상에 대한 애정도 듬뿍 느껴지는 것은 두말하면 잔소리다. 그렇기 때문에 나는 일곱 살이나 된 준이에게 아직도 예삐라고 종종 부른다. 그러면 아이는 애교를 피우면서 내 품에 파고들곤 한다.

특히 아침에 늦잠 자는 아이를 깨우거나 유치원 숙제를 시킬 때, 아이에게 뭔가를 타일러야 할 때 예삐라고 부른다. 포문을 그렇게 열면 아이도 내 말을 더 잘 듣는다. 그러면 아이는 부끄러워하면서도 그 애칭을 좋아한다. 싫은 애칭이라면 하지 말라고 할 텐데, 아직까지는 그렇게 부르지 말라는 요청을 한 적이 없는 걸로 봐서 부끄럽지만 기분은 좋은 모양이다.

아이는 다섯 살이 되면서부터 한창 자기 자신을 '형아'라고 인지하기 시작했다. 동생이 없는 아이였지만 동생이 있건 없건 사회적인 자아를 '형아'로 세팅했던 것이다. '형아'라는 자아정체성 부여를 통해 아기 시절과 선 긋기를 했던 것이리라. 하지만 부모로부터는 여전히 예삐이고 싶은가 보다. 자기를 아기라고 부르면 싫어하는데, 예삐라고 부르면 좋아한다.

나는 화안키를 시작하려는 가정에서는 반드시 아이를 부르는 애칭이 있어야 한다고 생각한다. 예삐라는 말도 좋고, 귀염이, 사랑이라는 애칭 등 무엇이든 좋다. 특히 엄마가 화날 상황에 이 애칭을 부르며 시작하면 아무리 반어법이라도 아이에게는 먹힌다.

그저 부르는 말인데도 그 안에 사랑과 애정과 관심이 듬뿍 담겨 있는 말, 애칭. 남자아이건 여자아이건 관계없다. 자녀를 예쁘게 바라보는 마음은 다 같기 때문이다. 화안키의 시작은 아이에게 나만의 애칭을 만들어주는 일이다.

38

사랑의
재료 주기

화만 내지 않으면 아이가 바뀔까? 많은 엄마들이 화안키를 시작할 때 그냥 덮어놓고 화를 참는 것부터 시작한다고 한다. 그러나 참고 참은 화는 더 큰 분노로 폭발되기도 한다. 화안키는 단순히 화만 참는 방법이 아니라 화를 인지하고, 다스리고, 더나아가 내 기존의 육아법도 바꾸는 육아법이다.

아이에게 사랑의 재료를 듬뿍 주면서 화안키를 해보자. 아이에게 사랑의 재료를 주는 나 자신도 아름답게 정화되고, 재료를 듬뿍 받은 아이도 당연히 긍정적으로 변화할 것이다.

사랑의 재료 '관심, 배려, 지지, 인정, 격려, 칭찬'

어려운가? 아이에게 '관심, 배려, 지지, 인정, 격려, 칭찬'이라는 사랑의 재료를 주는 일이? 하지만 부모라면 당연히 아이에게 이미 주고

있어야 하는 재료들이다. 그동안 이런 사랑의 재료 없이 아이를 키워
왔다면 오히려 그게 더 이상한 일이다.

관심은 간섭이 되어서는 안 되고, 배려는 무제한적 허용이 되어서
는 안 되며, 지지는 방종이 되어서는 안 된다. 그리고 인정, 격려, 칭찬
에 인색한 부모가 되어서도 안 된다.

알고 지내는 여러 부모들이 '아이가 자기가 진짜 이쁜 줄 알까 봐
이쁘다는 말을 안 한다'거나, '아이가 진짜 자기가 잘하는 줄 알까 봐
잘한다는 칭찬을 아껴서 한다'는 말을 종종 한다. 하지만 부모가 자신
을 이쁘다고 말하지 않으면 자신이 못났다고 생각하게 되며, 부모가
자기에게 잘한다는 말을 해주지 않으면 자신은 못한다고 생각하게
된다. 바로 내 경우가 그랬다. 나는 부모로부터 예쁘다는 말을 들어본
적이 없다. 그래서 지금까지도 내 외모에 대해 자신감이 없는 편이다.

부모가 왜 아이에게 객관적이어야 할까? 부모는 이 세상 누구보다
내 아이에게 주관적이어야 하는 유일한 사람이다. 세상 모두가 아이
에게 등을 돌려도 나만은 아이 편을 들어주어야 한다. 그게 부모다.

아이가 부모로부터 사랑의 재료를 제대로 못 받았을 경우 객관적
인 아이가 되는 것이 아니라 자신이 상처를 받았다고 인지하게 된다.
부모가 아이에게 줄 수 있는 상처는 직접적인 학대와 같은 상처뿐만
아니라, 당연히 받아야 할 것을 받지 못하는 데서 오는 상처도 포함
된다.

사고 트라우마	숨겨진 트라우마
없어야 하는 것을 당함 예) 폭언, 폭행, 성폭행, 대형사고 등	있어야 하는 것을 얻지 못함 예) 보금자리, 보살핌, 양육, 지지, 지도

이와 같이 따뜻한 사랑의 재료를 제대로 받지 못하고 자라는 것 역시 아이에게 트라우마가 된다.

초등학교 고학년이 되면 아무리 자뻑(?)에 심취한 아이라도 객관의 눈을 뜨게 된다. 더 이상 자기 자신이 세상에서 가장 예쁜 아이라고 생각하지 않게 된다는 것이다. 다만 아이는 엄마로부터 들었던 '네가 최고'라는 말을 엄마의 사랑으로만 기억하게 될 뿐이다.

또한 유치원에 입학만 해도 다른 아이들이 잘하고 못하는 것을 보면서 자신의 능력치에 대한 객관적인 판단을 하게 된다. 이럴 때 부모가 '너는 정말 잘한다'라고 칭찬과 지지를 해주면 아이는 그것을 곧이곧대로 믿는 것이 아니라, 격려받았다고 생각하게 된다. 그러면 아이는 노력이란 보답으로 우리의 칭찬에 대해 보답을 하게 될 것이다.

아이에게 사랑의 재료를 듬뿍 주자. 사랑의 재료를 주면서 저절로 화안키가 될 수 있을지도 모른다.

39
아이의
자정 능력을 믿어라

심리학에서는 인간을 유기체라고 규정한
다. 인간 스스로 상처를 치유할 수 있는 능력이 있고, 스스로 좋은 사
람으로 거듭나고자 하는 노력을 할 수 있다는 말이다. 그러니 부모로
부터 아무리 상처를 많이 받고 자란 사람이라도 스스로 상처를 치유
하고 회복하고자 하는 노력을 하며 산다는 것이다. 이는 우리 아이들
에게도 해당하는 말이다.

아이들은 스스로 더 좋은 사람, 더 잘하는 사람이 되고 싶어 한다.
일곱 살짜리 우리 준이도 늘 나에게 "나는 더 똑똑한 사람이 되고 싶
어요"라며 책을 가까이한다. 그리고 나로부터 착하다는 말, 듬직하다
는 말을 더 자주 듣기 위해 자기가 할 수 있는 한에서 그런 행동들을
기꺼이 한다. 최근에는 자기가 효자가 되겠다는 말까지 하며 내 반응
을 살핀다.

하지만 어떤 사람이 더 좋은 사람이고 어떤 행동이 더 좋은 행동인지에 대한 가이드를 제대로 받은 적이 없다면, 아이 스스로 과연 그런 행동들을 하려고 할 수 있을까?

가정교육이란 것은 다른 게 없다. 매 순간 아이에게 좋은 것과 나쁜 것을 구분해주고, 옳은 것과 그른 것을 알려주는 것이다. '때 되면 알겠지, 사람이니까 저절로 깨닫겠지' 하고 놔두면 아이는 그대로 방치된 채 자랄 수도 있다.

때문에 가정교육을 제대로 하려면 일단 엄마가 말이 많아야 한다. 엄마에게 자기 짐을 모두 떠안기고 혼자 빈손으로 유유히 걸어가는 아이의 뒷모습을 그냥 보고 있지 말고, "네가 이거 한 개만 들어주면 엄마는 너무 행복해지고, 너도 착한 사람이 될 수 있을 것 같은데…"라며 아이가 그때그때 했으면 좋을 행동들에 대해 구체적으로 지시해주면 좋다. 그에 대한 효용을 함께 이야기해주어야 하는 것은 당연한 일이다.

아이에게 공부를 시켜야 할 때도 모래시계 같은 것을 이용해서, "이 모래시계가 다 떨어질 때까지 집중해서 한 장 같이 풀면 너는 엄청 똑똑해지고, 인내심 강한 사람이 될 수 있어. 그러면 엄마는 너무 행복해지고, 똑똑한 딸(아들)을 가진 사람이 될 수 있겠지?"라며 아이를 북돋아 주는 말을 해보자. 혹시나 아이가 모래시계 자체에 관심을 보이며 모래시계만 뚫어져라 쳐다보고 있다면 아이가 질릴 때까지 모래시계 놀이를 하게 한 후 시작해도 된다. 아이가 모래시계만 본다고 바로 시계를 빼앗는다거나, 한숨을 쉬기 시작하면 절대 안 된다.

나는 아이가 허튼소리를 할 때도 "엄청 좋은 생각을 해냈네!"라며 북돋아 주곤 한다. 그러면 아이는 다음번에도 또 좋은 생각을 해내기 위해서 노력하고, 엄마에게 인정받기 위해서 "나 이번에도 똑똑한 생각 해냈어요?" 하고 확인하는 질문을 한다. 모든 것은 선순환이다. 한번 선순환의 노선에 오르면 엄마도 아이도 계속 선순환의 사이클을 타게 된다.

주위 엄마들은 "준이 같은 애를 키우면 셋도 낳지. 육아서 같은 것도 무슨 필요가 있어? 애가 저렇게 순한데…"라며 아이 자체가 순하게 타고난 것이라고들 얘기한다. 하지만 나는 아이의 자정작용에 대한 확신을 가지고 꾸준히 아이를 길들여왔다. 착한 아이, 똑똑한 아이, 올바르게 행동하는 아이, 지혜로운 아이, 좋은 생각을 해내는 아이, 엄마를 사랑하는 아이 등 그동안 무수히 아이에게 세뇌해왔던 다양한 정체성들이 쌓이고 쌓여서 오늘날 남들에게 칭찬받는 아이가 된 것이다.

아이가 스스로 확신을 가질 수 있도록 도와라. 말 몇 마디면 충분하다.

40

심리상담 기법을 이용한 화안키

　　　　　　　　엄마들이 아이에게 화가 나는 경우는 크게 두 가지다. 엄마가 뭔가 지시를 했는데 그대로 따르지 않을 때, 그리고 아이가 짜증을 낼 때. 전자의 경우는 내려놓기를 해야 한다. 성인이자 엄마인 우리도 누군가 일방적으로 지시를 하면 잘 따르지 않지 않는가. 그러니 아이에게 화를 내고 다그치기보다 기분 좋게 얘기하고 설득해야 한다. 후자(아이의 짜증)의 경우에는 아이가 나에게 하고자 하는 이야기가 있다는 뜻으로 이해해야 한다. 아이가 왜 짜증을 내는지 눈과 귀와 마음을 열고 아이를 받아들여야 한다.

　심리상담센터에서는 '공감, 수용, 반영, 경청'의 방법으로 내담자의 심리를 이끌어 내고 치유한다. 우리도 때로는 우리 아이들의 심리상담자가 되어 상처받은 아이의 마음을 이끌어주고 치료해주어야 한다.

❶ 공감

아이의 마음에 객관적인 입장을 유지하면서 공감을 해주는 것이다. "○○때문에 짜증이 났구나. 속상하겠다"라며 아이에게 우선 공감을 해준다.

❷ 수용

내가 아이의 말을 잘 듣고 있다는 것을 충분히 전달하는 행동이다. "응. 그래그래. 그랬어?"와 같은 짧은 추임새와 공감하는 눈빛, 눈 맞추기 등이 여기에 해당한다.

❸ 반영

'충분히 그럴 수 있어'라는 메시지를 주는 것이다. "○○때문에 짜증이 났구나. 짜증날 수 있는 일이야. 괜찮아!"란 말로 아이가 짜증난 문제에 대해 객관적인 말로 풀어 설명해주어, 아이가 그 상황을 정리해서 받아들일 수 있게 해주는 일이다.

❹ 경청

내가 아이의 말을 잘 알아들었음을 확인시켜주는 일로 수용과 비슷해 보인다. 적극적인 경청의 경우 '미러링'이란 기법이 사용되기도 하는데, 아이가 "○○가 ○○해서 화났잖아!"라고 하면 "○○가 ○○해서 화났구나" 하고 그대로 아이의 말을 되돌려 주면 된다. 경청은 몸짓으로도 표현할 수 있는데, 키가 큰 엄마가 무릎을 꿇고 아이의 눈높이에 맞추어 아이의 얼굴을 쳐다보며 들어주는 것 역시 아이가 매우 큰 위안을 얻는 경청 방법이 될 수 있다.

크게 어렵지 않은 방법들이다. 아이의 말을 진심을 다해 들어주고, 미러링을 통해 아이의 말을 제대로 들어주고, "그럴 수 있어. 괜찮아"라며 툭 털어주는 것. 이런 방법에 훈련이 잘 된 아이들은 자라서 자기감정을 스스로 컨트롤 하는 방법을 배우게 된다.

화안키 화 안내고 아이 키우기

　　　　　이제 몇 가지 화안키가 집중적으로 필요
한 상황들에 대해 알아보자. 바쁜 아침 시간에 아
이가 딴청을 부릴 때, 어린이집에서 돌아와 짜증
을 낼 때, 아이가 밥을 먹지 않을 때 등 일반적인
엄마들이 화를 폭발시키기 쉬운 상황들에 화안키
로 대처하는 방법들을 소개한다.

41

바쁜 아침, 화안키로 가뿐하게

아침준비 시간이 전쟁인 이유는 단 하나, 아이에게는 시간개념이 전혀 없기 때문이다. 엄마는 급하고, 아이는 느긋하다. 더 나아가 아이는 어린이집에 가도 그만 안 가도 그만이다. 아이를 어린이집에 보내야 하는 입장은 엄마만의 입장일 뿐이다.

부러우면 지는 거다. 아쉬울 것이 전혀 없는 아이가 밉고 화가 난다면 엄마가 이미 졌다는 것을 인정하자. 그리고 아이가 좋아하는 놀이로 아침준비 시간을 바꿔보자.

아침에 아이와 함께 해내야 할 미션은 '씻기기, 옷 입히기, 밥 먹이기' 3가지다.

1단계 씻기기

일단 아이를 화장실에 데려가는 것이 어렵다면 어부바 놀이를 통해 아이 스스로 엄마 등에 업히게 해보자. 아이를 팔 힘으로 안고 드는 것은 힘들지만 업는 것은 아이가 어느 정도 무거워도 가능하다. 엄마가 업어준다고 했을 때 싫다고 할 아이는 없을 것이다. 아이를 기분 좋게 화장실에 데리고 들어가서 수건 둘러주고 세수를 시키자.

2단계 옷 입히기

아이들은 이상하리만치 옷 입자고 하면 도망 다닌다. 엄마가 곤란해 하는 표정이나 행동을 보며 깔깔대고 웃기까지 한다. 여자아이들의 경우 단순히 옷 입히기가 힘들뿐만 아니라 옷을 고르는 문제로 30분 넘게 허비하기도 한다.

아이가 옷 고르는 문제로 엄마를 힘들게 한다면 우선 전날 밤에 다음날 입을 옷을 같이 골라놓자. (그래놓고도 다음 날 아침 다시 옷을 고르겠다고 실갱이를 하는 아이들이 있다는 것을 나도 안다.)

옷 입자고 하면 도망 다니는 아이의 경우 휴대폰 알람을 이용하는 방법이 도움이 된다. 아이가 옷을 입어야 할 시간에 알람을 해놓고 "어? 지금부터 ○○ 옷 입을 시간이네?" 하면서 능청스럽게 아이 앞에 옷을 갖다 준다. 아이가 혼자 옷을 입을 수 있는 나이라면 아이에게 옷을 가져다주고 슬쩍 뒤로 물러난다. 그런 후 "○○가 옷을 혼자 다 입으면 엄마가 상으로 ○○○ 해줄게" 하며 보상을 제시한다. 칭찬 스티커라든지 작은 캐러멜 같은 것이 좋다. 그냥 뽀뽀 열 번이라고 해도 통한다.

아직 아이가 어리다면 혼자 옷 입기 시도를 하다가 실수를 하거나 실패할 수 있다. 그런 경우 자연스럽게 가서 도와주면 된다. 단 "엄마가 해줄게"란 말은 금물. "이 부분만 이렇게 도와줄게. 혼자서 다 할 수 있네…"라며 아이를 지지해주고 치켜세워주면 성공.

3단계 밥 먹이기

30% 정도의 아이들은 먹성이 좋아 밥 먹이기에 어려움이 없다지만 나머지 부모들은 먹이는 문제가 육아 고충의 대부분을 차지할 정도로 힘들다. 스스로 먹지 않고, 골고루 먹지 않고, 많이 먹지 않는 우리 아이.

먹이는 문제는 전적으로 엄마 마음의 문제다. 당사자인 아이는 아쉬울 것이 전혀 없다. 가만히 앉아 있으면 엄마가 먹여주고, 싫은 음식은 안 먹으면 그만이고, 적당히 배가 찰 때까지만 먹고 숟가락을 내려놓고 싶으면 그렇게 하면 된다. 세상 편한 팔자다.

바쁜 아침 시간에 아이의 식습관까지 잡겠다고 하면 그게 바로 욕심이다. 바쁜 시간에는 바쁜 시간에 맞춰 행동해야 한다. 스스로 먹지 않으면 먹여줘서라도 빨리빨리 먹여야 하고, 골고루 먹지 않으면 아이가 좋아하는 음식이라도 입에 넣어줘야 한다. 많이 먹지 못하는 문제는 엄마도 해결할 수 없는 문제려니 하고 넘어가야 한다.

아침은 다섯 숟가락으로 족하다. 잘 먹는 아이들도 아침만은 잘 먹지 못하는 경우가 많다고 한다. 아이와 함께 숟가락 수를 세면서 다섯 숟가락을 다 먹은 경우 함께 "만세!"를 외치며 기분 좋게 양치를 하러 가는 편이 낫지 않을까.

42

고된 오후,
화안키로 신나게

아이가 어린이집에서 집으로 돌아오면 엄마의 자유시간은 끝이다. 엄마들끼리 점심을 같이 하거나 차를 마시는 날이면 아이가 하원할 시간에 다 같이 죽상이 된다. 지옥으로 끌려가는 사람마냥 과장된 농담을 던지며 각자 아이들을 데리러 집으로 돌아간다.

내 경우는 반반이다. 아이가 돌아와서 괴롭기도 하고, 아이를 만나게 돼서 기쁘기도 하다. 나는 아이의 얼굴을 보는 것이 즐겁고, 아이와 함께 있는 편이 안심이 된다. 아이가 예쁘게 행동하니까 아이와 같이 있는 것이 괴롭지 않다. 이렇게 되기까지 3년이란 시간이 걸렸다.

많은 엄마들이 아이와 함께 있으면서도 최대한 떨어져 있고 싶어한다. 놀이터에 풀어놓고 힘을 빼거나, 하원 후 또 다른 개인 교습을 붙이거나 학원에 넣는 등 라이드는 해줄지언정 아이와 같이 살을 부비며 특별한 활동을 같이 해주길 어려워한다. 그런데 아이들이 간절히 원하는 것은 엄마와 함께 대화하고 노는 시간이다.

나는 최근 초등학생들을 대상으로 세계지리 개인교습을 해주고 있는데, 내가 고안해낸 수업 중에 세계지도 위에 클레이로 기후 표시를 하는 과정이 있다. 아이들은 이 시간을 만들기 시간으로 인지한다.

나는 슬쩍 아이들에게 물어보았다. "이렇게 클레이하며 만들기 하는 것, 엄마랑 하고 싶니 아니면 잘 가르쳐주는 선생님이랑 하고 싶니?" 그랬더니 아이들이 모두 "엄마랑요!" 하고 대답했다. 엄마가 클레이 전문가든 아니든, 아이들은 엄마와 놀고 싶어 한다. 시중에 다양한 놀이 육아법이 나와 있지만 아이들과 같이 놀아주기는 사실 참 힘들다. 놀이 육아법 프로세스 대로 아이들이 놀아주지 않기 때문이다. 놀이 육아법대로 따라하다 보면 아이들은 언제나 샛길로 새버린다. 그러면 은연중에 그런 아이를 보며 또 화가 난다.

이럴 경우 아이들과 집에서 미술 활동을 함께 해보는 것이 매우 큰 도움이 된다. 엄마가 아이들을 데리고 앉아서 공부를 시키면 오히려 더 큰 화를 불러일으키는 경우가 많지만 서로 마주 보고 앉아서 뭔가를 같이 그리고 만들면서 쓰레기를 만들어내는 과정은 놀이에 가깝다. 미술 활동은 미술치료라는 치료기법이 있을 정도로 아이들의 스트레스 해소에도 큰 도움이 되는 방법이다. 그리고 미술 활동을 함께 하면서 아이들과 다양한 대화를 나눠볼 수 있다.

미술은 잘하고 못하는 것에 대한 기준이 약하고, 성공과 실패에 대한 강박도 없다. 아이와 함께 앉아서 종이접기도 하고, 스케치북에 자유그림도 그리고, 책 만들기도 하고, 색칠공부도 해보면서 시간을 보내자. 그러면서 슬쩍 어린이집 생활도 물어보고, 아이가 좋아하는 것이 무엇인지, 잘하는 것이 무엇인지도 얘기해주자. 그리고 엄마가 어렸을 때는 무슨 생각을 하고 살았는지, 뭘 잘했고, 뭘 못했는지, 할머니와는 어떻게 지냈는지 이야기해주자. 그 시간만큼은 아이가 엄마를 최고로 느끼는 시간이 될 것이다.

43

밥 안 먹는 아이,
짜증 내지 말고 화안키로

창원에서 오은영 박사님의 특강을 들은 적이 있었다. 오은영 박사님은 본인의 이야기를 해주면서 밥 안 먹는 아이를 키우는 부모들에게 강력한 육아 조언을 하나 해주었다.

오은영 박사님은 10살 때까지 편식이 매우 심한 아이였다고 했다. 그리고 먹는 양도 매우 적었다고 한다. 성인과 다르게 어떤 아이들은 혀가 매우 예민해서 세상의 다양한 맛을 신체적으로 받아들이지 못하는 경우가 있다고 한다. 그러한 혀의 예민함이 열 살은 되어야 비로소 조금씩 풀려나간다는 것이다. 그러니 아이가 편식이 아무리 심하더라도 열 살까지는 기다려주는 편이 좋다고 했다.

그러면 어떤 음식을 먹이면 좋을까? 아이가 좋아하는 음식, 몇 가지가 안 되더라도 특정 음식 몇 가지를 아이에게 제공해주며 때를 기다려야 한다고 했다. 아이도 생물인지라 굶어 죽지 않을 만큼은 먹는다고 했다.

많이 먹고, 골고루 먹고, 스스로 먹는 아이를 기대하는 것은 어쩌면 우리 욕심이다. 학교에 들어가면 누구나 다 스스로 먹는다. 다만 우리가 그때까지 기다리기 힘들어하는 것일 뿐이다.

그리고 다이어트에 늘 실패하는 우리 자신을 돌아보자. 많이 먹는 것을 줄이는 일이 쉬운가, 적게 먹는 양을 늘리는 것이 더 쉬운가. 아이의 적은 양은 성장해가면서 점차 늘어나게 되어 있다. 하루하루 조바심 내지 않아도 된다. 영양 불균형이 걱정된다면 영양제의 도움을 조금 받는 것도 좋다. 많은 육아 전문가들도 밥 안 먹는 아이에 대해 똑 부러지는 해결책은 내놓지 못하고 있는 실정이다. 간혹 밥 먹는 습관을 고치는 내용이 방송을 타기도 하지만, 기본적으로 먹는 것을 좋아하는 아이여야만 가능하다. 우리 준이는 초콜릿이나 아이스크림에 조차 관심이 없을 정도로 먹는 것에 대한 관심이 없다. 나는 준이에게 아이스크림을 먹일 때도 떠먹여 줘야만 했다. 그나마 한 스쿱을 다 먹지도 못한다. 이런 나는 어떻게 해야 했을까? 좋다는 식습관 고치기 육아 조언은 다 따라 해봤다. 하지만 전혀 먹히지 않았다. 마지막 나에게 남은 방법은 내려놓기 뿐이었다.

내 남동생 역시 어린 시절 갈비씨였다. 밥 세 숟가락 먹이기가 힘든 아이였다. 하지만 지금은 183cm의 거구로 자라났다. 때가 되면 다 먹는다. 엄마가 최선을 다했다면 거기까지다.

아이에게 화를 내고, 억지로 입을 벌리게 하고, 강압적인 식탁 분위기를 만든다면 오히려 역효과만 가져올 뿐이다. 아이는 왜 먹을 것에 관심이 없는지 스스로도 잘 모른다. 그냥 그 아이의 신체가 그렇게 타고난 것이다. 나는 포기하고 나니까 마음이 한결 편했다. 준이 밥을 뜰 때는 아예 3분의 1 공기만 채운다. 3분의 1 공기에서 한 숟가락만 더 떠도 아이는 반드시 그 한 숟가락을 남긴다. 공연히 내가 오버해서 스트레스를 받느니, 아이가 할 수 있는 만큼만 미션을 제시하고, 그것을 해냈을 때 칭찬을 해주는 편이 낫다. 그러면 아이는 적어도 부정적인 엄마의 모습은 보지 않아도 되니까.

44

시간 안 가는 주말,
화안키로 여유롭게

　　주 5일 내내 어린이집 생활로 힘겹게 보낸 아이들에게 주말 오전만큼은 충분한 자유시간을 주어야 한다. 아이에게 특별하고 재미있는 경험을 시켜주고자, 또는 여행을 떠나고자 주말 아침부터 부산을 떤다면 아이에게도 힘든 일이다. 아이가 빈둥대는 모습을 보며 알게 모르게 불안함을 느낀다면 그런 불안함은 곱게 접어두어도 좋다.

혼자 노는 시간 확보해주기
　아이들은 혼자 노는 시간, 빈둥대는 시간에 뇌를 재정비한다. 아이들은 어른들이 특별히 이것저것을 가르치지 않아도 타고난 호기심 때문에 이것저것 여러 가지 정보를 탐색하고 습득하는데, 이 정보들을 정리하고 솎아내는 작업을 할 시간이 필요하다. 이런 작업은 대개 혼자 노는 시간과 잠자는 시간에 이루어진다.

아이가 혼자 놀면서 혼잣말도 가끔 하고, 노래를 흥얼거리기도 하는데, 아이가 받아들였던 여러 가지 정보를 스스로 재해석해보고, 기억하고, 떠올려보면서 자기 스스로 필요하다고 생각하는 정보들을 장기기억화하는 작업을 하고 있는 것이다. 그러니 평소에도 이런 시간들이 많이 주어지면 좋고, 특히 주말 오전 같은 시간대에는 엄마 아빠는 잠깐 쉬면서 TV라도 보고, 아이도 혼자 노는 휴식시간을 가지면 좋다.

어른들, 특히 엄마들도 툭하면 '혼자 있는 시간'의 필요성을 부르짖지 않는가? 아이들도 마찬가지다. 혼자 있는 시간 동안 비로소 생각이 정리되고, 가치관이나 사고방식이 정립된다.

혼자 노는 시간에 절대 금물인 것은 바로 스마트폰이나 TV를 보여주는 것이다. 그것은 혼자 노는 것이 아니라 뇌를 마비시키는 행위나 다름없다. 사람의 뇌는 동영상을 볼 때 전두엽이 거의 활동하지 않으며 정지상태가 된다고 한다. 특히 스마트폰을 하는 동안에는 손가락을 움직이고 있음에도 불구하고 뇌가 정지된 상태나 다름없다고 하니, 아이를 혼자 놀게 하기 위해 스마트폰을 쥐어주는 우를 범하지는 말자.

그렇다면 어떻게 아이를 혼자 놀게 할 수 있을까? 아이는 엄마가 자길 바라보고 있다고 느끼면 혼자 논다. 아이는 혼자 놀 때도 엄마가 필요하다. 엄마가 다른 장소에 있거나 다른 일에 집중하고 있으면 아이는 불안해서 혼자 놀지 못한다. 같은 공간에 있되 아이와 조금 떨어진 상태로 아이를 혼자 놀게 하고 싶다면 책을 집어 들자. 아이는 엄마의 시간을 존중해주면서도 자기 혼자만의 놀이 방법을 찾아낼 것이다. 물론 이것도 너무 길어지면 엄마한테 놀아달라고 찾아온다. 30~40분 정도 아이와 떨어져 있으면서 각자 혼자 노는 방법을 터득해가는 합을 맞춰나가야 한다.

평범한 일상 함께 보내기

요즘은 주5일제 때문에 주말이 이틀이나 된다. 때문에 하루는 아이와 더불어 백수놀이로 같이 빈둥거리는 일상을 함께 보내주면 좋다. 특히 맞벌이 때문에 평일에 아이와 평범한 일상을 함께 보내지 못하는 부모라면 주말 중 하루 정도는 아이와 함께 집 앞 산책이나 놀이터 놀러 나가기, 집 앞 상가 둘러보기, 친구 집 놀러 가기 등을 해보며 아이와 특별할 것 없는 일상을 함께 보내보자.

내 어린 시절 일기를 보면 평일에 출근하지 않는 엄마와 제일 하고 싶은 일로 '집 앞의 상가에 함께 놀러 가기'가 적혀 있었다. 특별할 것도 없는 작은 아파트 상가였다. 다른 아이들은 밥 먹듯 엄마 손 잡고 오가는 상가였건만 나에겐 그런 평범한 추억이 없었다. 그래서 나는 4학년이나 된 나이에 엄마와 집 앞 상가에 가보고 싶다고 일기에 적었다.

힘 빼지 않는 특별한 주말 보내기

주말 중 하루를 평범하게 무사히 잘 보냈다면 하루 정도는 아이에게 특별한 경험을 하게 해주자. 특별한 소비를 하게 해준다거나, 특별한 공간에 데려간다거나, 특별한 것을 보여준다거나, 특별한 경험을 하게 해주는 등 어떤 것이든 좋다. 특별한 소비 중 가장 좋은 것은 바로 책 소비다. 아이를 데리고 서점에 가서 아이가 책을 직접 고르게 해주자. 자기가 직접 고른 책은 몇 번이고 읽어달라고 할 것이다. 이런 식으로 서서히 독서습관을 잡아주면 좋다.

특별한 공간으로 가장 좋은 곳은 바로 자연이다. 우리의 생활은 이미 도시화가 많이 되어서 오히려 자연을 보고 느끼는 일이 특별한 일이 되어버렸다. 계곡에 놀러 가거나 논밭을 보여준다거나, 주말농장을 가꾼다거나, 계절 따라 꽃밭을 보러 가는 등 특별한 공간에 데려가서 다양한 것들을 보여주자.

특별한 것을 보여주는 것으로는 미술관이나 박물관, 도서관이 있다. 입장료가 저렴하거나 무료인 곳 위주로 다녀보자. 동네 도서관의 경우 주말마다 무료 영화 상영도 하고 있다. 그리고 도서관에 다니면서 자연스럽게 책과 친해질 수 있는 계기도 마련해줄 수 있다.

특별한 경험으로는 엄마 아빠의 홈스쿨이 있다. 홈스쿨이라고 해서 학습지나 공부를 떠올리지 말자. 아이와 함께 미술놀이를 해준다거나, 돈 안 드는 과학실험을 해주는 등 아이와 특별한 경험을 함께 해보자. 아이는 엄마 아빠가 자신을 위해서 수고로운 무언가를 하는 것을 보고 느끼며 감사하는 마음을 갖게 된다. 효심은 특별한 계기로 자라는 것이 아니라 부모가 자신을 위해 수고하는 것을 보면서 자연스럽게 길러지는 것이다.

요즘 부모들은 '특별한 것'을 위해 돈과 시간을 무척이나 쓰려고 한다. 하지만 아이들의 눈높이에서 특별한 것은 바로 엄마 아빠와의 즐거운 시간이다. 요즘 아이들에게는 엄마 아빠와 즐겁게 시간을 보내는 것 자체가 특별해져 버렸다. 아이들은 일찍부터 원생활을 시작하고 원에서 돌아온 후에도 정해진 스케줄 대로 움직이느라 엄마 아빠와 백수놀이를 하며 즐거운 시간을 보낼 기회가 별로 없다. 우리 눈높이에서 특별한 것과 아이 눈높이에서 특별한 것에는 갭이 크다는 것, 잊지 말자.

45

장난감 사달라고
조르는 아이에게도 화안키를

다른 문제들은 다 슬기롭게 넘어가는 부모들도 장난감 사는 문제에서 SOS를 치는 경우가 많다. 요즘 아이들은 소비문화에 일찍 젖어들어 소비를 제어하고 절제하기 어려워한다. 물론 부모부터가 그러니 아이들도 그럴 수밖에.

요즘 소비 트렌드 역시 '소확행'이라고 해서 소소하고 확실한 행복을 추구하는 방법으로서의 '소비'를 들고 있다. 이러니 아이들 역시 그 트렌드에 영향을 받는 것은 당연지사.

나 역시 여러 가지 문제로 아이의 장난감 타령을 잠재워보려고 노력해보았지만 결국 가장 강력하고 확실한 방법은 '돈' 얘기밖에 없었음을 고백한다.

우리 세대 어머니들은 '돈 없어!'란 간단명료한 세 음절로 아이들의 장난감 조르기를 깔끔하게 해결하셨다. 덕분에 우리 세대 아이들은 자라면서 '우리 집은 가난하다'는 근거 없는 자괴감을 갖고 자라온 경우가 많으며, '내 아이에게는 가난한 집 아이라는 굴레를 씌우지 않겠다'는 다짐을 하기도 했다.

나 역시 그런 아이들 중 하나였다. 아이에게 돈 없다는 거짓말 대신, '절약해야 좋다'거나 '너에게 절제를 가르치기 위해서 모든 걸 다 사줄 수는 없다'는 온건한 말로 아이를 설득시켜보기도 했다. 하지만 아이에게 형이상학적인 개념과 가치관을 이해시키는 것은 생각보다 어려웠다. 아이 입장에서는 나에게 장난감을 사줄 돈이 있느냐 없느냐가 오히려 간단하고 클리어한 해법이었다.

처음에는 '지금 돈이 없다'고 둘러댔다. 하지만 아이는 곧 자라나 '카드'의 존재에 대해 알게 되었으며, 돈이 없으면 카드로 사달라고 조르기 시작했다. 아이에게 있어서 카드란 만능 도깨비방망이쯤으로 여겨지는 듯했다.

그래서 내 나름 해법을 찾은 것이 '예산'이란 개념이었다. 우리 가족이 한 달 동안 쓸 돈 중에 얼마는 음식 살 돈, 얼마는 옷 살 돈, 얼마는 준이 책값 등등 지출내역을 크게 몇 가지 알려준 후, 준이 장난감 살 돈은 얼마인데 이걸 오늘 쓰면 다음에 더는 장난감을 살 수 없게 된다고 알려주었다. 그랬더니 나름 수긍하는 눈치였다. 아이들도 논리적 설득을 하면 먹히는 것이, 아이들 입장에서는 우리가 아이들 장난감을 안 사주는 이유가 단순히 '사주기 싫어서'라고 여기기 때문인데, 사실은 아이들에게 장난감을 많이 사주고 싶지만 그럴 수 없는 현실 때문에 어렵다는 말을 논리적으로 해주면 아이들에게도 통한다.

아이가 어려서 논리적인 설득이 어렵다면 단순히 '돈 없어!' 세 마디로 해결하면 된다. 논리적이고 이성적인 접근은 아이에게도 논리와 이성이 생겼을 때 하면 된다. 3~4세 무지한 아이들에게는 단순히 '돈 없다'는 말로도 충분할지 모른다.

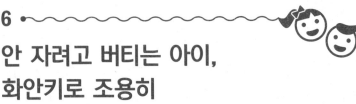

46

안 자려고 버티는 아이,
화안키로 조용히

다 큰 어른은 자려고 할 때 일단 눕고 눈을 감은 채 이런저런 생각을 한다. 잠이 들 때까지 눈을 감고 기다린다고 보는 편이 맞겠다. 하지만 어린아이들은 눈을 감는 순간 잠이 든다. 달리 말하면 아이의 눈을 감게만 하면 반은 성공이란 뜻이다.

엄마들 역시 잠을 자는 시간이 아깝다. 잠자리에 누워서 자유시간을 갖겠다며 스마트폰을 보며 2~3시간이고 놀다 지쳐 잠이 들지 않는가? 아이들도 마찬가지다. 아직 졸리지 않은데 억지로 자고 싶은 사람은 아무도 없다. 그런데 문제는 졸린 것을 참아가면서까지 안 자려고 버티는 아이들을 보는 부모 마음이 힘들다는 것이다.

그런데 왜 화가 나는가? 아이가 안 자면 그냥 놔두면 될 일을. 만약 남편이 밤늦게까지 영화나 스포츠를 본다며 잠을 자지 않는다면 '그런가부다' 하고 내가 먼저 잠자리에 들면 끝이다. 하지만 아이가 잠을 자지 않으면 나는 화가 난다. 그 이유는 3가지 때문이다.

아이의 키가 크지 않을까 봐, 내 자유시간이 줄어들까 봐, 그리고 더 나아가서 아이의 뇌가 좋아지지 않을까 봐.

나 어릴 때 우리 엄마는 나를 굳이 일찍 재우려고 노력하지 않았다. 당시는 아이가 몇 시간 자야 제대로 성장하고 뇌 발달에 좋다는 따위의 과학적 지식이 아직 일반에 퍼지지 않았던 시절이다. 애가 졸려 하면 재우면 되는 것일 뿐, 아이가 꼭 몇 시간 이상 자야 하는지, 몇 시부터 몇 시까지 성장 호르몬이 나오는지에 대해 무지했다.

아는 것이 병이라고, 우리 세대 엄마들은 아이의 잠이 아이의 성장과 뇌 발달에 관련된다는 것을 아는 것 자체로 스트레스를 받는다. 아이가 그 시간에 제대로 잠을 자주지 않으면 내 뜻대로 되지 않는다는 생각에 화가 나게 되는 것이다.

사실 잠자는 문제 말고도 아이를 내 뜻대로 키울 수 있는 방법은 거의 없다. 그러니 아이를 키우는 부모들은 마음속에 절반 정도는 항상 언제든 화가 나도 이상하지 않을 정도의 분노가 쌓여있다.

아이를 쉽게 재운다기보다, 아이의 눈을 빨리 감게 만드는 방법들을 소개한다.

❶ 아이를 피곤하게 만들기

아이들 중엔 아직 하루에 써야 할 에너지를 다 쓰지 못해서 쉽게 잠들지 못하는 경우가 있다. 이런 경우 에너지를 다 소비해서 피곤하게 만들어주는 수밖에 없다. 낮에 놀이터에 데리고 나가 실컷 땀을 빼는 방법도 적극 추천한다.

❷ 목욕시키기

목욕은 의학적으로 숙면에 도움이 된다고 알려져 있다. 우리 몸의 체온과 관계된 이야기인데, 목욕으로 인해 체온이 일시적으로 올라갔다가 떨어지게 되면 숙면에 드는 좋은 몸 상태가 된다는 것이다. 이왕이면 몸을 푹 담그는 목욕이 의학적으로 더 좋다.

❸ 재우지 말고 같이 자기

에너지 소진이 어느 정도 되었는데 아이가 안 자려고 버틴다면 아이를 재우려고 하지 말고 그냥 옆에서 같이 자버리는 방법을 추천한다. 아이와 같이 자다 보면 어느새 내가 먼저 잠드는 날이 많은데, 먼저 잠든 엄마의 모습을 쳐다보다가 아이는 자기도 모르게 잠이 들게 된다.

❹ 눈 감고 말꼬리 잡기 게임 하기

아이가 잠을 자지 않으면 일단 아이의 눈을 감겨야만 한다. 눈을 감으면 재미있는 게임을 해주겠다며 아이를 설득하여 우선 눈을 감게 해보자. 일단 눈이 감기면 아이의 활동성이 저하되고 움직임이 둔해진다. 말꼬리 잡기 게임, 끝말잇기, 좋아하는 것 대기 게임 등 아이 연령과 수준에 맞춰 말로 하는 게임을 진행해보자.

❺ 눈 감으면 옛날얘기 들려주기

아이의 눈을 감기는 데 어느 정도 성공했다면 아이의 듣는 귀를 열어주자. 눈은 감겨 있는데 귀로 솔솔 이야기가 들려오면 아이들은 어느새 스르륵 잠이 든다. 단, 절대 중간에 눈을 뜨면 안 된다는 것이 규칙이다. 중간에 눈을 뜨면 옛날이야기도 끝이다. 눈을 떠버리면 말짱 꽝이다.

❻ 아이가 잠들 때까지 기다리기

아이마다 생체시계가 다 달라서 남들보다 조금 늦게 잠드는 아이들도 분명히 있다. 내 지인 중 한 명은 아이가 새벽 두 시 전에는 결코 잠들지 않아서 걱정인 사람이 있었는데, 뱃속에서부터 그 시간에 태동이 심했다고 했다. 소아과 전문의에게 상담하니 그 아이의 타고난 수면 리듬이 이미 그렇게 맞춰져 있어서 만 4년 정도는 기다려야 한다고 했다. 물론 아홉 살이 된 지금의 그 아이에게 수면 문제는 없다.

아이 키 크는 문제가 아닌 자유시간 문제 때문에 전전긍긍인 분이 있다면 아이는 아이대로 놀라고 하고, 나는 나대로 놀면서 아이와 상대해주지 말자. 오후 9시 땡 치면 이제 서로 각자의 자유시간임을 선언하고 각자 놀자고 하면 아이는 조금 놀다가 재미없어서 같이 자자고 매달릴 것이다.

화안키 하면
내 아이 어떻게 변할까?

　　화안키는 엄마 편하려고 하는 것이 아니다. 궁극적으로 아이의 정서적, 신체적, 지능적 발달을 안정적으로 확보하기 위해 하는 것이다. 한마디로 아이를 착하고 똑똑하며 건강하게 키우기 위한 육아법이다. 그런데 화안키를 하면 정말로 울보, 떼쟁이, 말썽꾸러기 우리 아이가 어느 날 갑자기 아기천사로 변할까? 사례를 통해 화안키가 아이를 어떻게 변화시킬 수 있는지 알아보자.

47

아이가 주도하는 화안키

이제 일곱 살이 된 준이는 이쁜 말만 골라서 하는 아이로 자라났다.

"엄마, 나 잘 낳았어?"

"엄마, 내가 이렇게 얘기하니까 기분이 좋아?"

"엄마, 내가 엄마 말 잘 들으니까 기뻐?"

내가 평소에 "아유, 내가 아들 하나는 잘 낳았지…"란 말을 입에 달고 사니까 아이가 나한테 "엄마, 나 잘 낳았어?"란 말을 되돌려 주었다.

또 내가 평소에 "우리 준이가 이렇게 행동하니까 엄마가 너무 기분이 좋네!"란 말을 자주 하니까 아이가 나에게 칭찬받을 만한 말을 한 뒤 "엄마, 내가 이렇게 얘기하니까 기분이 좋아?" 하고 확인을 했다.

또 내가 "우리 준이는 엄마 말도 너무 잘 듣고 최고네!"란 말을 자주 해주니 "엄마, 내가 엄마 말 잘 들으니까 기뻐?"하며 자신의 행동이 내 기분에 끼치는 영향에 대해 확인하고자 했다.

자신이 올바르게 행동하고 착하게 행동하면 단순히 자기가 칭찬받는 데서 그치는 것이 아니라 엄마인 나의 기분이 좋아지고 행복해진다는 사실까지도 인지하는 아이가 된 것이다. 이는 엄마와 아이의 감정적 연대가 아주 공고해졌을 때에만 가능한 것이 아닐까 생각한다. 엄마와 아이는 감정 공동체니까.

보통 엄마가 아이들한테 화를 낸다고 했을 때 아래와 같은 단계를 거친다고 볼 수 있을 것이다.

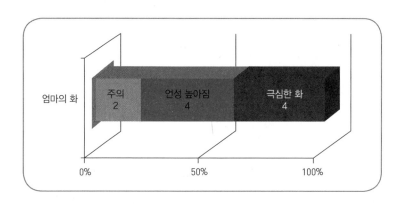

처음에는 아이에게 주의를 주는 단계에서 어떻게든 아이를 타일러 보려고 노력할 것이고, 그다음에는 점점 언성이 높아지다가 결국에는 극심한 화를 내며 폭발하는 단계에 이르를 것이다. 물론 언성 높아지는 단계에서도 큰 소리는 내지 않지만 비난하는 말로 아이의 마음을 후벼 파서 상처를 주는 일도 가능하다. 나 같은 경우에도 큰 소리를 내지는 않지만 가끔 못된 말로 아이의 마음을 다치게 하는 경우가 있었다. 가령 "엄마는 이제 너 싫어질 것 같다"거나 "엄마는 준이에게 실망했어"라는 말이 나올 때가 있었다.

아무리 잔잔한 어조로 말한다 해도, 위와 같은 말을 아이에게 할 경우 준이는 바로 울음을 터뜨렸다. 특히 실망했다는 표현을 들으면 금세 울먹울먹하는 표정이 되면서 엉엉 서럽게 운다. 준이는 엄마의 마음에 드는 아들이 되고 싶은 마음이 아주 큰 아이인 것 같다.

나는 화안키를 시작하고 나서 극심한 화의 단계에 해당하는 화를 거의 내지 않는다. 1년에 한두 번 정도 낼까 말까 하고, 언성 높아지는 단계도 한 달에 한 번 있을까 말까다. 거의 '주의 단계'에서 아이를 훈육하고 있다. 화안키에 익숙해진 아이는 주의 단계의 훈육에서도 예민한 반응을 보이면서 엄마에게 혼이 났다고 생각한다. 그래서 오히려 내가 난감한 상황도 많이 발생한다.

나는 아이에게 거의 화를 내지 않고 키우고 있다고 생각하는데, 아이는 자나 깨나 소원이 '엄마에게 혼나지 않는 것'이라고 한다. 마치 내가 매일같이 애를 혼내면서 키우는 것처럼. 매일 밤 속마음 얘기하는 시간에, 자기 속마음은 "엄마가 자기에게 화내지 않았으면 좋겠다"는 것이라는 말을 한다. 그래서 내가 "엄마가 너한테 화를 자주 내는 것 같아?"라고 물으면 "아니, 근데 언제 엄마가 화를 낼지 모르니까…"라며 언제 자신에게 닥칠지 모르는 위기를 평상시에 부단히도 방어하려고 노력하는 모습을 보였다.

이제 우리 모자의 화안키는 '아이 주도 화안키'가 되어버렸다. 아이가 매일같이 엄마가 화내지 않았으면 좋겠다고 요구하고, 또 스스로 말을 잘 들으면서 엄마의 기분을 체크하고, 일부러 엄마의 마음에 드는 행동을 골라서 하니, 나도 아이를 더욱 존중하게 되고 좀처럼 화를 낼 수 없는 입장이 되었다.

그 전에는 내가 일방적으로 내 감정을 다스리고 참는 화안키였다면, 아이 주도 화안키는 보다 효과적이고 성공적일 수밖에 없는 것 같다. 엄마가 화를 낼 수 있는 구실이 봉쇄되어버리기 때문이다. '좋게 말해주기'에 익숙해진 아이는 그 상태를 유지하고 싶어 하고, 상대방의 기분을 좋게 유지하기 위해 스스로 행동을 관리한다.

특히 아이가 6세 생일을 지난 시점부터 이러한 경향이 두드러지기 시작했다. 그 어린 나이에도 철이 든 게 아닌가 싶을 정도로 말이다.

유지하고 싶다. 유지해야 한다. 힘들고 어렵게 쌓아 올린 공을 어떻게든 나는 평생 유지하려고 한다. 이렇게 나와 잘 유지하고 쌓아놓은 사회성의 기초를 아이가 타인과의 관계에서도 잘 활용하길 바래본다.

48
순둥순둥,
정말 내 아이 맞나요?

세상 걱정 없고 아무 불만이 없는 아이.

내 아들 준이의 평상시 모습이다. 아이니까 실수하고 잘못하는 것은 여전하지만 조금만 주의를 주면 바로 알아듣고 스스로 행동을 수정한다. 엄마와 함께라면 낯선 환경이든 낯선 사람이든 안심하고 적응할 수 있게 되었다. 엄마와 함께 걸을 때면 언제나 엄마 손을 꼭 잡고 호기심 어린 눈빛으로 주위를 두리번거리며 걷는다. 어딜 데려가도 사람들에게 "순하다, 착하다, 키우기 쉽겠다"라는 얘기를 듣는다. 정서적으로 안정되어 있고, 쉽게 흥분하지 않는 성격 덕분이다.

천성적으로 조심성이 많은 아이이긴 하지만 동시에 까칠하고 예민한 기질을 가진 아이였다. 낯선 환경과 낯선 사람에 대한 거부반응이 남달랐던 슬로우 차일드였다. 툭하면 신경질적으로 울고, 쉽게 진정되지도 않았으며, 우는 이유조차 쉽게 파악할 수 없어 애를 먹었던 것은 나만의 전설이 되었다. 애가 울 때면 제발 그만 울라고 윽박지르고 혼내서 울음을 강제로 그치게 했던 시절을 떠올리면 지금의 준이는 내게 천사나 다름없다고 느껴진다.

준이는 유독 밥상머리에서 자주 울던 아이였는데, 그 이유는 나도 아직 잘 모른다. 밥을 잘 먹지 않고 애를 먹여서 자주 혼났던 탓도 있기 때문에 밥 먹는 일 자체를 싫어했을 수도 있을 것 같다. 이제 돌이켜 보면 밥 먹는 행위는 싫은 일, 밥 먹는 공간은 무서운 공간이란 생각을 했을 수도 있겠다.

그러던 어느 날 나는 밥상머리에서 아이에게 화안키를 선언했다. 이제 앞으로 너에게 화내지 않겠다, 그동안 엄마가 너에게 화냈던 것들에 대해 사과하며, 너도 앞으로 잘 따라와 주면 좋겠다고 힘을 주어서 아이에게 내 메시지를 전달했다. 툭하면 울던 아이였기에 툭하면 혼내거나 엉덩이를 때렸던 나였다. 아이는 나에게 혼나는 것이 일상이었다. 그러다 갑자기 앞으로 이제 혼내지 않고 화내지 않겠다는 나의 선언은 아이에게 신선한 충격으로 다가갔을 것이 분명했다.

"엄마가 이제 안 혼내?"

아이는 몇 번이고 내게 확인을 했다. 그 조그만 것이 얼마나 그동안 혼났던 것이 무서웠으면 몇 번이고 나에게 확인을 했을까? 겨우 만 36개월짜리 아기였다. 나는 어쩌자고 그 조그만 아가를 매일같이 혼내고 화를 냈을까? 몇 번이나 되풀이되는 아이의 물음에 짜증 내지 않고 "응 이제 혼내지 않아"라고 대답해주었다.

준이는 혼자 장난감을 가지고 놀다가도 "엄마가 이제 안 혼내…" 라며 혼잣말로 자신이 이제 혼나지 않는다는 사실을 계속 떠올리고 있었다. 그런 아이의 혼잣말을 들으며 내 가슴은 미어지는 듯했다. 저 조그만 아기의 가슴에 그동안 내가 얼마나 많은 상처를 주었던 걸까? 조그만 아기 하나 제대로 돌보지 못하면서 툭하면 어른의 기준으로 아기를 판단하고, 성인과 똑같이 화내고 벌주던 내가 너무나 바보같이 느껴졌다.

화안키 시작 이후로도 얼마간 아이는 기존처럼 자신이 무슨 잘못을 했을 때는 순간적으로 내 눈치를 보며 움츠러들었다. 하지만 나는 따뜻한 눈빛과 말투로 괜찮다고 이야기해주고, 이제 혼나지 않는다고 안심시켜주었다. 그리고 그동안 안 된다고 강제했던 수많은 기준들을 아이의 눈높이에 맞게 낮추어주고 허용치를 높여주었다. 그러자 아이의 자율성이 자라나고 자신감이 붙는 게 느껴졌다. 새로운 것에 무엇이든 도전하고자 하는 의지가 생겨났고, 성공했을 때 실컷 성취감을 맛보게 되었다. 자존감이 높아진 아이는 타인을 대할 때도 움츠러들거나 위축되지 않고 당당했다.

엄마에게 혼나지 않는다는 사실 하나만으로도 아이는 세상을 살아가는 데 크나큰 자신감과 안정감을 얻는 듯하다. 반대로 이야기하면 엄마에게 언제든 혼날 수 있다고 생각했을 때는 위축되고 불안정한 정서를 가지고 있었다는 얘기다. 불안정한 정서는 쉽게 짜증과 신경질로 연결되고, 키우기 어려운 아이로 만들었다. 반면에 안정되고 자존감이 높은 정서의 아이는 키우기 수월하고 실수가 적은 밝은 아이로 자라나게 해주었다.

엄마와의 강한 신뢰 관계와 유대감은 아이로 하여금 엄마가 좋아하는 일이 무엇인지를 먼저 생각해보게 만들고, 스스로 실수를 줄이고 엄마가 좋아하는 행동을 하는 수준까지 발전하게 했다. 밥을 지지리도 잘 먹지 않아 속썩이던 아이가 "내가 밥을 잘 안 먹으면 엄마가 속상해. 내가 밥을 잘 먹으면 엄마가 좋아해"라고 말하며 밥을 잘 먹으려고 노력했다. 엄마가 싫어할 만한 행동을 하고 싶을 때면 항상 나를 쳐다보며 그 행동을 해도 되는지 안 되는지 먼저 허락을 구했다. 안 된다고 하면 "아쉽다…"라며 빠르게 포기했고, 된다고 하면 "예에~!"라며 뛸 듯이 기뻐했다. 스스로 자신의 행동을 통제하고 엄마의 동의를 구하는 것, 갓 36개월을 넘긴 아이가 가지기에는 어려운 절제력이다.

아이는 정말 빠른 속도로 순둥이로 변해갔고, 나는 어느 날 갑자기 순둥이를 쉽게 키우는 엄마가 되어 있었다. 밖에 나가서도 아이가 위험한 행동을 스스로 자제하고 엄마 주위를 맴돌며 허락을 구하니 아이에게 "위험해, 그만해!"라며 소리치고 쫓아다닐 일이 없었다. 화안키 초반에는 정말 작은 야단조차 치지 않았기 때문에 아이에게 되는 것과 안 되는 것에 대해 일일이 설명하고 설득하는 일이 조금 어려웠다. 하지만 시간이 지나서 엄마와 아이의 컨센서스가 잘 맞아떨어지자 아이가 어떤 것이 되고 어떤 것이 안 되는지에 대해 스스로 기억하고 나와의 코드를 맞추기 시작했다.

무엇보다 엄마를 너무나도 좋아하는 아이로 변했다. 엄마 껌딱지가 되어 자신의 감정과 기분보다 엄마의 감정과 기분을 더 보살피는 아이가 되었다. 화안키가 공감 능력을 키워준 것이다. 준이는 요즘에도 내가 화난 얼굴만 하고 있어도 울면서 "웃는 얼굴 해주세요…. 나는 엄마 웃는 얼굴이 좋단 말이에요"라고 말한다. 아이는 항상 나의 웃는 얼굴이 보고 싶은가 보다. 그런 말을 들을 때마다 가슴 한쪽이 또 뭉클해진다. 아이가 엄마인 내게 원하는 것은 어렵고 대단한 그 무엇이 아니다. 그저 자기에게 웃어주고 따뜻하게 대해주는 모습, 그것뿐이다.

아이를 훈육하고, 습관을 들이고, 규칙을 설명하는 것…, 그런 어려운 길보다 더 쉬운 길이 있다. 바로 화안키를 하는 것이다. 화안키를 하면 아이가 엄마의 감정을 읽고 엄마의 생각을 자기 행동의 기준으로 삼는다. 그 결과, 일일이 되고 안 되고를 어렵고 힘들게 설명하는 것보다 훨씬 더 강력한 통제력을 발휘한다. 어떤 행동이 되고 안 되는지 인지적으로 이해하고, 옳고 그름의 가치를 알게 해주는 일도 중요하지만, 엄마가 싫어하는 행동임을 알게 하는 것이 영유아들에게는 먼저인 것 같다. 엄마의 마음에 드는 아이가 되는 것이 아이가 추구하고자 하는 인생의 목표가 되어버리기 때문이다. 그래서 사랑의 힘보다 강력한 것은 없다고 하는 것인가 보다.

화안키가 부리는 놀라운 마법을 모두 겪어보시길 바란다.

49

스스로 행동수정?
오 마이 갓!

화안키를 통해 자존감이 높아진 아이는 매사에 자신감을 가지고 자기 주도성을 되찾는다. '되찾는다'는 표현은 화안키를 하지 못하고 키운 동안 잃어버렸던 자기 주도성을 회복했다는 의미에서 사용한 것이다.

보통 일반적인 영유아들은 똑같은 말을 아무리 되풀이해주어도 같은 실수를 반복하곤 한다. 외출하고 집에 들어와서 손 씻기, 벗어놓은 양말 세탁실에 가져다 놓기, 엄마가 허락하지 않으면 스마트폰 만지지 않기, 가지고 논 장난감 스스로 치우기 등 집집마다 아이들에게 끊임없이 이야기하는 규칙들이 있게 마련인데, 이런 규칙들을 아무리 되풀이 설명해도 아이들은 이런 규칙들을 인지는 할망정 지키지는 못한다. 이유는 한마디로 너무 어리기 때문이다. 자기 주도적으로 행동을 계획하고 실행에 옮기기까지는 초등학교 고학년이라는 시기가 올 때까지 기다려야 한다고 한다.

내가 화안키를 시작한 후 6개월쯤 지났을까. 그 무렵 준이는 다섯 살이 되었다. 하은맘의 책 《불량육아》에 따르면 다섯 살이 '잠깐의 황금기'라고 한다. 일반적으로 키우기 수월해지는 나이라는 뜻이다. 그 황금기 다섯 살을 맞은 탓도 있겠지만, 나에겐 화안키의 황금기이기도 했다. 준이는 다섯 살 시절 내내 정말 화안키 성공사례의 대표적인 아이였다. 아이가 실수나 잘못을 저질렀을 때 주의를 두세 번, 많게는 다섯 번까지만 주면 아이가 같은 잘못을 반복하지 않는 것이었다. 아무리 다섯 살이 잠깐의 황금기라고는 하지만 다른 집에서는 다섯 살 아이들을 키우느라 힘들다는 하소연이 여전히 끊임없이 들려왔다. 그런 것을 보면 아마도 준이는 화안키로 잘 다져진 아이임이 분명해 보였다.

가령 준이는 외출했다가 집에 돌아오면 양말부터 벗어던지는 습관을 가진 적이 있었다. 아이가 양말을 아무 데나 벗어놓는 데다가 두 짝을 한 곳에 가지런히 모아놓는 것이 아니었기 때문에 아이의 양말이 여기저기 널려 있기 일쑤였다. 나는 시험 삼아 아이에게 "양말을 벗은 후엔 세탁실에 가져다 놓으라"고 두어 번 부탁을 했고, 얼마 지나지 않아 실로 놀라운 일이 벌어졌다. 어느 날 유치원에 다녀온 아이가 집에서 놀고 있는데, 두 발에 양말이 벗겨져 있는 것이었다. 그런데 아이 주변을 아무리 둘러봐도 벗어놓은 양말 두 짝이 보이지 않았다. 그래서 준이에게 "너 양말 어디에 벗어놨니?"라고 물었더니 세탁실을 가리키는 것이었다. 그 때의 감격이란… , 눈시울이 뭉클해질 정도였다. 서른일곱 살이나 먹은 아빠도 잘 해내지 못하는 행동수정을 다섯 살 아이가 해낸 것이다.

또 하나의 감격은 바로 '장난감 정리하기'였다. 사실 나는 아이에게 아무리 잔소리를 해도 스스로 장난감을 정리할 것이라고까지는 기대도 하지 않았다. 서른네 살 먹은 내 남동생도 아직까지 제 방 정리를 스스로 하지 않기 때문이다. 우리 집에는 터닝메카드 장난감이 너무 많다. 시아버님과 친정엄마가 터닝메카드를 늘리는 데 일조를 하신 탓이다. 다른 장난감은 내가 대충 정리해줄 수 있다고 해도, 터닝메카드 장난감의 경우에는 나 혼자 정리하지 못한다. 이 장난감들은 변신 자동차이기 때문에 정리함에 차곡차곡 넣으려면 모두 자동차 모드로 변신을 시켜야 하기 때문이다. 그런데 나는 수십 개나 되는 자동차의 변신 방법을 모르기 때문에 내가 대신 정리해주기가 어려운 것이다. 이런 사정을 아이에게 잘 설명하고, 장난감을 스스로 정리해 줄 것을 부탁하니 아이가 그 이후부터는 장난감을 가지고 논 후 내가 "이제 치워줄래?" 한마디만 하면 "알았어요" 하고 깨끗하게 정리를 해놓기 시작했다. 터닝메카드 장난감 외에도 종종 "이제 다 갖고 놀았으면 치워줄래?" 하고 한마디 하고 부엌으로 들어가 설거지를 해놓고 나오면 깨끗하게 장난감이 정리되어 있곤 했다. 감동이고 감격이었다.

이 밖에도 준이는 내 스마트폰을 가지고 놀고 싶으면 반드시 나에게 먼저 허락을 받는다. 허락해주지 않을 경우 "아쉽다…"라고 한마디 하고 바로 포기한다. 자기 마음대로 내 스마트폰을 가지고 놀다가 몇 번 야단을 맞은 후로는 이 규칙을 철저히 지킨다. "엄마 핸드폰 봐도 돼요?" 하고 꼭 허락을 구하고, 된다고 허락할 경우 동영상을 딱 약속한 개수만큼만 보고 스스로 절제하고 동영상을 끈다. 아이에게 있어 스마트폰은 절대로 차단해야 할 '악의 축'이라기보다는 '약속한 만큼 사용하고 절제할 수 있는 도구'로 접근하게 하는 것이 낫다는 게 내 의견이다. 실제로 게임중독이나 스마트폰 중독 치료를 받기 위해 심리상담센터를 방문하는 사람들에게 적용하는 치료법이기도 하다. 완벽하게 차단시키기보다는 규칙을 정해서 일정 시간을 할 수 있게 하되, 정해진 시간이 끝나면 절제할 수 있도록 연습을 통해 중독증상을 치료해나간다고 한다.

이런 다섯 살의 화안키 황금기를 보냈던 나도 아이가 갑자기 여섯 살이 되고부터 일시적으로 위기를 맞이한 적이 있었다. 2017년 1월 1일이 되자마자 아이가 스스로 여섯 살이 되었음을 인지하기 시작하더니, 자기 마음대로 행동해도 된다고 오해를 한 것 같았다. 여섯 살의 반항기는 최초 2주간 강하게 진행되다가 차츰 누그러지기 시작했고, 한 달쯤 지나니까 다시 본모습으로 돌아오기 시작했다. 넉 달이 지난 후쯤에는 다섯 살 때보다 훨씬 성숙하고 체계가 잡혀 있는 모습으로 다시 태어났다. 다섯 살 때는 엄마가 설명하고 설득하면 표면적으로 이해하고 따르는 듯했는데, 여섯 살이 되자 좀 더 본질적인 문제에 접근하는 느낌이었다. 어떤 지시나 설득을 접할 때 "왜요?"라는 질문을 통해 해당 내용의 본질을 좀 더 파악하고 싶어했던 것이다. 아이의 질문에 따라 나는 설명을 계속 깊이 있게 이어나가게 되고, 충분히 이해한 아이는 자신의 행동을 수정해나갔다. 확실히 아이가 여섯 살이 되니 인지능력과 생활지능이 높아진 느낌이었다.

아이를 키우면서 내가 더 성장하는 느낌을 자주 받게 된다. 아마 다른 부모님들도 나와 같은 기분일 것이다. 원초적인 상태에 머물러 있던 아기가 점점 성장하며 자아를 발견해나가고 세상을 이해해나가는 모습을 지켜보며 인간의 지능과 정서, 감정과 자아 성찰에 대해 좀 더 깊이 있게 이해하게 된다. 인간의 본질적인 모습을 마주하게 되면서 인간 자체에 대한 이해도가 높아지고, 아이의 행동에 공감하게 되니 더 이상 화가 나지 않는다. 화를 내지 않고 아이를 키우니 아이도 엄마도 같이 성장해나간다.

오늘부터라도 화안키를 시작하자. 나와 내 아이를 성장시키는 좋은 길잡이가 되어줄 것이다.

50

"엄마가 좋아요"란 말을
스무 번도 넘게 하는 아이

요즘 엄마들은 의식적으로 아이들에게 사
랑한다는 말을 자주 한다. 우리가 어릴 때는 부모로부터 그런 낯간지
러운 표현을 거의 듣지 못했기에, 더더욱 의도적으로 우리 아이들에
게 스킨십과 함께 사랑한다는 말을 자주 해주는 것인지도 모르겠다.

헌데, 우리 아이들도 우리에게 사랑한다는 말을 엄마처럼 자주 해
줄까? 애교 많은 딸내미들이라면 간혹 표현을 잘 하는 아이가 있을
수 있겠지만 무뚝뚝한 아들을 키우는 집에서는 아들 입에서 엄마를
사랑한다는 말을 자주 듣기가 쉽지 않을 것이다.

흔히 아들은 애교가 없고 딸은 살갑고 애교가 많기 때문에 아들만
있는 집에는 반드시 여자 동생을 낳으라는 말을 많이들 한다. 딸을 낳
아서 자식 키우는 보람과 기쁨, 행복을 누려보라는 뜻이다.

하지만 화안키하고 아이가 사랑으로 자란다면 아들도 딸 못지않은

애교와 표현력을 가지게 된다. 공감 능력 또한 눈부시게 발전한다. 딸과 아들, 그 태생적인 차이를 화안키가 어느 정도 극복시킬 수 있다는 얘기다.

준이는 한동안 나와 눈만 마주치면 "엄마, 사랑해요"라고 말하며 나에게 달려와 안기곤 했다. 한 다섯 살 무렵이었던 것 같다. "엄마가 좋아!"란 말을 하루에 스무 번도 넘게 했다. 듣기 좋은 소리도 한두 번이란 말이 있지만, 아들의 "사랑한다, 엄마가 좋다"는 말은 100번 들어도 결코 질리지 않았다.

'스테이앳홈' 카페를 통해 화안키를 해보신 분들의 사연을 읽어봐도 비슷한 내용들이 많았다. 아이들이 엄마를 너무나 좋아하게 되었다는 것이다. 아이가 무한한 애정을 엄마에게 퍼부으면 엄마 역시 아이의 기대에 부응하기 위해서 자세를 낮추고, 아이에게 더 애정어린 태도를 취할 수밖에 없다. 선순환의 고리가 만들어지는 것이다.

다만 이 선순환의 고리는 학습 강요가 일단 배제된 상태에서라야 유효하다. 3~5세 정도의 유아들에게 화안키가 가장 잘 먹히며, 6~7세 아이들에게 한글 공부나 학습지 강요가 들어가기 시작하면 화안키가 며칠 내로 삐걱거리기도 한다.

아이에 따라 학습 강요에 거부감을 갖지 않는 경우도 있고, 엄마가 아이를 데리고 홈스쿨을 잘하는 경우도 있다. 하지만 아이가 학습에 대해 아직 준비가 되지 않았거나 엄마의 스킬이 부족할 때 화안키는 위태로운 상황에 놓이게 된다.

특히 고학년 자녀를 키우는 경우 부모 자식 관계의 위기가 극에 달하기도 하는데, 원인 중 90%가 바로 자녀 학습 문제 때문이다. 어떻게든 엄마가 주도해서 아이에게 최소한의 공부를 시켜야겠는데 아이는 전혀 따라주지 않을 때, 단순히 아이의 성적만 오르지 않을 뿐만 아니라 부모 자식 간의 관계마저 악화되는 것이다.

그런데 명확한 것은, 관계가 먼저라는 것이다. 엄마와 자식의 관계가 최고정점을 찍은 경우에는 엄마의 학습 강요도 아이에게 그런대로 잘 먹혀든다. 때문에 화안키를 처음 시작한 시점에 아이에게 학습 강요가 같이 들어가는 경우, 즉 6~7세 이상의 아이에게 화안키를 처음 시작하려고 하는 경우 우선 관계 회복부터 먼저 충분히 한 후 학습을 아주 조금씩 증가시켜 나가야 한다.

6~7세 아이들에게 오전에 화안키 했다가 저녁에 학습지 풀자며 다시 화를 내게 되면 오히려 화안키에 대한 불신감만 키우게 될 수도 있다. 일단 가장 시급한 일은 한글을 떼는 일도, 학습지 한 장 풀리는 일도 아니다. 아이가 나를 전적으로 신뢰하고 좋아하게 만드는 것이 급선무다. 학습이 정 급하다면 차라리 선생님을 몇 달 붙여주더라도 나와 맞서는 일은 만들지 말자.

지금까지 자식 키우며 고생만 8할이 넘는다고 생각해왔던 분이라면 화안키 하면서 자식 키우는 보람과 기쁨, 행복을 8할로 누려보자. 부모 자식 간의 사랑도 쌍방향이 될 수 있다는 것을 느끼게 될 것이다.

51

화내지 않고 키운 아이는
실수가 적다

아이들은 태어나서 무한히 실수를 반복하며 커나간다. 실수를 통해 배우고 성장한다고 해도 과언이 아닐 것이다. 실수를 함으로써 해도 되는 것과 안 되는 것을 구분해나가기도 하고, 실수를 하면서 못했던 동작을 배우고 키워나가기도 한다. 이러한 실수 중에는 단순히 주의력이 부족해서 저지르는 실수도 있고, 잘 몰라서 저지르는 실수도 있다.

이렇게 다양한 아이들의 실수들 중에 아이의 정서와 관련된 실수의 경우 엄마의 양육 태도를 조금 수정함으로써 개선될 여지가 있다. 예를 들어 엄마에게 항상 잔소리를 듣고 자주 혼나는 아이의 경우 기본정서가 불안정할 수 있다. 이럴 경우 나이가 꽤 됐는데도 물을 자꾸 쏟거나 넘어지고, 음식을 잘 흘리고 옷에 묻히며, 그 밖에 주의력이 부족해서 나타나는 다양한 실수들을 저지르기도 한다.

이런 종류의 실수는 아이가 매우 어릴 때는 아이의 근육발달이 미숙해서 흔히 나타날 수 있는 실수들이며, 아이들이 어느 정도 자라게 되면 횟수가 현저히 줄어드는 것이 보통이다. 아이가 5~6세가 되었는데도 여전히 열 번 중 아홉 번은 물을 쏟거나 흘리고 식탁 위에 올려놓은 접시를 엎는다면 아이의 기본정서 상태를 주의 깊게 살펴볼 필요가 있다.

아이의 정서는 안정적으로 유지되는 것이 가장 좋다. 하루 대부분의 시간 동안 과도한 흥분이나 과도한 위축, 불안한 정서가 뒤죽박죽되어 있다면 아이의 주의력은 현저하게 떨어지고, 인지능력의 발달 기회도 줄어든다. 엄마가 가만히 있으라고 윽박질렀을 때는 얌전하다가, 무슨 생각이 떠오르거나 뭔가를 발견해서 갑자기 큰 행동을 시작한다면 십중팔구 아이는 자기 앞에 놓여 있는 물건을 실수로 쳐서 뒤엎는다. 흔히 밥그릇, 물컵 등이 타깃이 되며 위험한 경우 아이가 다치기도 한다.

즉, 엄마가 혼을 냈을 때는 과도하게 위축되어 있다가, 위축된 것이 풀어지면 또 과도한 흥분 상태가 되어 지나치게 까불거리게 될 수도 있고, 이렇게 정서가 큰 폭으로 왔다 갔다 할 경우 아이의 기본적인 정서 상태가 불안정하게 유지될 가능성이 있다. 하지만 엄마가 항상 진정된 자세로 아이를 대하고 양육 태도의 일관성을 유지한다면 아이의 기본적인 정서가 안정적으로 유지될 수 있으며, 아이의 행동 역시 안정적인 성향을 띠게 된다. 반면에 엄마가 극단적으로 화를 내거나 극단적으로 친절하게 구는 등 이랬다저랬다 할 경우 아이는 자신의 기본정서를 어디에 두어야 할지 혼란을 느낀다. 때문에 기본적인 정서가 안정적으로 유지되기 어려우며 주의력이 부족한 행동들이 나타나게 된다.

준이의 경우 화안키를 시작한 지 몇 달 만에 5세 아이가 충분히 저지를 수 있는 실수의 횟수가 현저히 줄어들기 시작했다. 멀쩡하게 제자리에 놓인 물건을 탁 쳐서 넘어뜨리거나 액체류를 질질 흘려서 묻히거나 넘어지거나 어딘가에 부딪히는 등의 실수가 거의 사라지고 매사에 주의 깊게 행동하는 모습을 보여주었다. 충분히 주위를 살피고 자신에게 벌어질 수 있는 상황에 대해 머릿속으로 시뮬레이션을 하다 보니 가능한 일이었던 것 같다. 눈앞에 놓인 상황만 생각하거나 앞만 보고 행동하는 것이 아니라, 앞과 뒤, 옆의 상황까지 충분히 볼 수 있도록 시야가 넓어진 것이다. 이렇게 아이의 생활 시야가 넓어지려면 아이의 정서가 무엇보다 안정되어 있어야 한다.

내 친구 중 한 명은 아이에게 잔소리를 심하게 하는 편이었다. 아이는 일상생활에서 다소 주눅이 들어 있는 모습이었고, 친구도 아이가 평소에 주눅이 좀 들어 있는 것 같다고 걱정을 했다. 친구와 아이의 모습을 며칠에 걸쳐 자세히 관찰해보니 엄마가 잔소리를 자주 한다는 것을 알게 되었고, 주눅이 들어서 항상 엄마의 눈치를 살피는 아이는 스스로 행동을 조절하기보다 자신의 행동을 엄마 기준에 맞추는 데 급급할 뿐이었다. 엄마가 아무 소리도 안 하면 내적 기준 없이 행동하고, 엄마가 잔소리를 하면 그제야 외적 기준에 맞춰 행동을 수정하는 식이었다. 그런데 아이는 주눅이 들어 있을 뿐만 아니라 툭 하면 실수를 했다. 아이는 이미 6세였음에도 불구하고 2~3세 아이들이나 하는 행동 실수들을 빈번하게 반복했다. 예를 들어 엄마가 조심조심 걸으라고 얘기해주지 않으면 여기저기 부딪히곤 했다. 아이의 주의력 은 현저히 낮아 보였다. 아이가 실수를 할 때마다 아이는 엄마에게 야 단을 맞기 일쑤였고, 그럴수록 아이는 더욱 더 소심해져 갔다.

나는 친구에게 아이를 일단 신뢰해주고, 아이 스스로 자기 행동을 통제하는 힘을 기르게 하는 것이 중요해 보인다고 조언했다. 아이가 스스로 생각해서 행동을 조절하고 판단할 수 있는 기회를 주는 것이 아이의 실수를 줄일 수 있는 방법이 될 것이라고. 친구는 아이를 도저 히 못 믿겠다며 자기가 일일이 잔소리하는 것도 싫지만, 잔소리를 안 하고 아이를 믿고 지켜보는 것은 더 힘들다고 하소연했다. 하지만 용 기를 가지고 딱 하루만 그렇게 해보고, 하루가 가능하면 이틀로 늘려 보고, 또 가능하면 일주일만 그렇게 해보라고 조언했다.

결국 친구는 내 조언을 받아들였고, 아이에게 잔소리를 줄이고 아 이의 행동을 일일이 감시하는 눈을 감았다. 그랬더니 아이가 처음엔 엄마의 눈치를 보는 듯하다가 곧 자율성을 되찾게 되었다. 일단 아이 가 몰라보게 밝아졌고, 엄마의 눈치를 보는 버릇이 줄었다. 잦은 실수 도 눈에 띄게 줄어들어 여느 여섯 살짜리들의 행동 수준으로 진정되 었다. 아이의 실수가 줄어들자 엄마가 야단칠 일도 줄어들게 되었고, 그러자 아이의 자존감도 다시 높아지게 되었다. 선순환이 시작된 것 이다. 높아진 자존감으로 아이는 엄마의 관심을 끌고 칭찬을 받기 위해 스스로를 계속 성장시켜 나갔고 엄마는 아이를 야단치기보다 칭찬을 더 많이 해주게 되었다.

　소위 야단을 자주 맞는 아이는 어른에 대한 좋은 경험이 부족하여 어른에 대한 긍정적인 기대치도 낮다고 한다. 어른에 대해 기대하는 바가 좋지 못하니 어른과 함께 있는 시간을 괴롭게 느끼며, 자율성을 마음껏 발휘할 수 있는 놀이터나 키즈카페에 집착하게 될 수도 있다. 이런 아이들의 부정적 정서는 주의력 결핍이나 인지력 저하로 이어질 가능성이 있다. 하지만 긍정적 지지를 많이 받고 어른으로부터 신뢰를 많이 받아온 아이는 탄탄한 자존감과 긍정적 정서를 바탕으로 주위를 살피는 능력이 발달하고 인지능력이 계발된다. 어른이 미리 저지하지 않아도 차도에 함부로 뛰어들지 않는다거나 위험해 보이는 물건을 만지기 전에 어른의 허락을 구하는 행동들이 가능해진다.

　아이를 신뢰해주고 긍정적인 언어를 많이 사용해주자. 야단을 치기보다 너를 믿는다는 표현으로 아이의 마음을 단단하게 어루만져 주자. 잔소리를 하기보다 신뢰의 눈으로 아이를 바라봐 주자. 아이는 분명히 달라질 것이다.

52

착해진 줄로만 알았던 내 아이,
어느새 이렇게 똑똑해졌지?

심리학에서는 말한다. 아이의 인지 발달은 안정된 정서를 기반으로 한다고. 쉬운 예를 하나 들어보겠다. 수업시간에 앉아 있는데 갑자기 화장실이 급해졌다고 생각해보자. 그 순간부터 수업 내용은 전혀 귀에 들어오지 않는다. 오로지 벽에 걸린 시계 초침의 움직임에만 두 눈이 고정될 뿐이다. 이렇게 극도로 불안정한 상황에서 인간의 인지능력은 밑바닥으로 떨어진다.

너무 극단적인 예라고 생각하는가. 아이들의 정서 상태도 이와 크게 다르지 않다. 유년시절의 아이들에게는 그저 착석이 어렵고 집중력이 오래가지 못하는 정도로 나타나지만, 학교에 들어간 아이의 경우 실제적인 학습 부진 현상이 나타날 정도로 아이들 정서의 안정은 무엇보다 중요한 문제다.

정서가 안정되지 못한 아이들의 가장 큰 특징은 항상 걱정과 불안을 안고 산다는 것이다. 자기를 둘러싼 고민에 빠져 있어서 그 고민에 대한 생각을 계속하느라고 학습과 관련된 부분에는 관심을 가지지 못하는 경우가 많다. 심한 경우 자해를 하기도 하고, 우울증에 걸리기도 하는 등 아이들의 정서 문제는 해마다 심각해져 가고 있다.

반대로 정서가 안정된 아이들은 탄탄하고 안정된 정서를 기반으로 세상을 알고자 하고, 모르는 것에 대해 호기심을 가진다. 그러니 자연스럽게 배움에 대한 갈증을 가지게 된다. 책에 빠지는 아이, 선생님 수업을 열심히 듣는 아이, 스스로 동영상을 보며 공부하는 아이들의 정서가 불안정할 리가 없다.

아이들이 정서불안 상태에 있으면 반드시 그 정서불안을 해소하고자 하는 행동을 하게 된다. 손톱을 물어뜯거나, 다리를 떠는 등 약하게 나타나는 불안행동부터 시작해서 폭식과 폭력으로 불안감을 떨쳐내려는 아이들도 있다. 정서불안의 핵심은 지지와 존중을 제대로 받지 못한 데서 출발한다.

우리의 학창시절을 떠올려보자. 학교마다 '미친개'란 별명을 가진 선생님이 한 분씩은 꼭 있었을 것이고, 아이들과 두루 친하게 지내며 유머러스한 수업을 이끌어가던 젊은 선생님 몇 분도 기억이 날 것이다. 그리고 내게 남모르게 따뜻하게 잘 대해주셨던 나만의 은사가 한 분쯤은 떠오를 것이다.

이런 선생님들 가운데 아이들의 정서 안정에 도움을 줄 수 있는 선생님은 누구일까? 답은 뻔하다. 그렇다면 엄마인 우리는 어떤 엄마가 되어야 내 아이의 정서 안정을 이끌어줄 수 있을까?

미친개식 훈육은 눈앞의 상황을 제압하는 데에는 가장 효율적일지 모른다. 장기적으로 봤을 때도 아이들의 행동교정에 전혀 효과가 없다고 볼 수는 없다. 하지만 그 선생님과 개인적인 친분을 쌓거나 따뜻한 관계를 맺을 수 있는 학생이 있었을까?

서론이 길었다. 우리는 내 아이에게 평생에 기억에 남을 은사와 같은 존재가 되어야 한다. 그런 차원에서 화안키는 아이를 존중하고 지지해주는 육아법이기 때문에 아이들의 정서적 안정에 크게 도움을 줄 수 있다.

준이는 화안키를 시작하고부터 부쩍 눈에 띄게 인지능력을 키우기 시작했다. 스스로 문자습득도 하고, 호기심도 많아졌다. 엄마와 책 읽는 시간도 즐기게 되었으며, 수에도 관심을 보이는 등 슬로우 차일드였던 아이가 어느 순간 이지 차일드로 거듭났고, 인지발달 측면에서 토끼 같은 스피드를 탑재하게 되었다.

4세 때 유치원 입학을 앞두고 찾아갔던 상담에서 유치원 선생님으로부터 아이의 수준이 5세를 뛰어넘었다는 듣기 좋은 이야기를 듣게 되었고, 6세 때는 지역 최연소로 한자시험 8급에도 합격했다.

내가 화안키를 시작하지 않았다면 아이가 5세가 되었건 6세가 되었건 여전히 아이와 씨름하며 신경질 겨루기를 하고 있었을 것이다. 학습지 한 장 풀리는 데도 타이틀 매치 버금가는 싸움을 했을지 모른다. 하지만 지금 아이는 학습지 다섯 장 정도는 아무런 반항 없이 앉은자리에서 다 풀어낸다. 사실 더 하라고 해도 더 할 아이인데 내가 강요하지 않는 편이다. 영어와 수학, 국어 학습지를 앉은자리에서

1시간 내내 풀라고 해도 그런가 보다 하고 풀어낸다. 적어도 준이에겐 착석불안 문제는 전혀 없다고 해도 과언이 아니다.

지금 일곱 살인 준이에게 주위의 엄마들이 다들 '준이는 남다른 애'라고 말하는 부분이 바로 이 부분이다. 엄마가 시키면 시키는 대로 아무 반항 없이 말을 잘 듣는 그 놀랍고 신기한 모습이라니. 그런데 준이는 타고난 애가 아니다. 관계 적금이 잘 되어있는 아이일 뿐이다. 여러분도 할 수 있다.

화안키 화 안내고 아이 키우기

4장

나도 화안키
할 수 있을까?

지금까지 화안키를 하지 못했다면

　　어느 날 갑자기 화안키를 하기로 결심했다고 해서 화안키가 순풍에 돛 단 듯 저절로 되는 것은 아니다. 엄마와 아이의 노력도 필요하지만 주변 여건을 비롯하여 화안키를 성공시키는 데 필요한 요소들도 있다. 화안키의 성공에 꼭 필요한 요소들에 대해 알아보자.

아직 시작하지 못했다면
바로 오늘부터

아이를 키우는 부모들은 아이의 나이가 어리면 어린 대로 많으면 많은 대로, 화안키 시작 시기에 대해 질문을 하곤 한다. 아이가 너무 어린 경우 말이 안 통해서 아이가 사고를 너무 많이 치고, 일일이 화를 참기가 어렵다는 것이 화안키를 시작하기 어려운 이유가 된다. 아이가 좀 큰 경우 이제부터 시작한다고 한들 아이가 과연 변하겠느냐는 회의적인 시각이 화안키를 시작하기 어려운 이유다. 그렇게 치면 화안키를 시작하는 적정연령이란 것은 존재할 수 없다. 그냥 모두들 화나는 대로 화풀이를 하면서 아이들을 키울 수밖에 없다.

하지만 남들보다 조금 더 노력해서 화를 다스리며 아이를 키우면 아이 역시 남들보다 조금 다른 특별한 아이가 되어준다. 미운 네 살, 미친 다섯 살, 죽이고 싶은 여섯 살, 그때 죽였어야 했던 일곱 살로 해마다 후회를 반복하며 아이를 키울 것인가? 예쁜 네 살, 똘똘해진 다섯 살, 천사 같은 여섯 살, 효자 일곱 살로 키우는 것도 가능하다. 요즘 준이는 자기가 효자가 될 거라며 내 기분을 수시로 맞추고, 엄마를 배려하는 행동도 자주 한다.

사실 처음 화안키를 생각해내고 시작했을 때 아이가 어떻게 변할 것이라는 생각은 전혀 하지 못했다. 아이에 대한 변화를 기대했다기보다, 내 잘못을 반성하고, 아이에게 좋은 엄마가 되어주고 싶은 마음이 전부였다. 만 3년 동안 아이를 잘못 키워왔던 마이너스 포인트들을 조금이나마 해소하고자 하는 차원에서 시작한 화안키였지, 아이가 내가 계산하지도 못했던 플러스 포인트들을 가지게 될 줄은 꿈에도 몰랐다.

당시 창원에서 들었던 오은영 박사님의 특강도 화안키를 시작하는 데 큰 동기부여가 되었는데, 오은영 박사님은 본인의 아이를 대할 때 단 한 번도 화를 내본 적이 없다고 하셨다. 본인의 직업상 다른 사람들에게 화를 내지 말라고 가르치면서 자신이 그것을 지키지 않으면 안 될 것 같았다며. 그리고 본인도 그것을 지키는 게 매우 힘들었노라고 고백하셨다.

오은영 박사님은 강의에서, 부모는 아이에게 화를 낼 자격을 가지지 않았다고 했다. 아이를 위협하고 겁박하는 것은 아이를 변화시키는 데 전혀 도움이 되지 않는다고도 강조했다. 이는 아이는 부모의 소유물이 아니라는 생각이 근간이 된다.

자격증 공부를 하고 뭔가 달라져야겠다는 생각은 가지고 있었으나,

화조차 내지 않고 아이를 키우겠다는 생각까지는 미처 하지 못하고 있었는데, 그 날의 강의를 계기로 나는 한번 해보기로, 도전해보기로 마음먹게 되었다. 아이에게 화를 내지 않는 엄마가 되어보기로.

그런데 하다 보니 알게 된 것이다. 화를 내지 않기 위해서는 엄마의 마음 수련과 감정공부가 우선되어야 하고, 화안키를 하다 보면 아이와의 애착이 자라날 수밖에 없으며, 관계 개선을 바탕으로 아이는 엄마의 지시를 더 잘 듣게 되고, 안정된 정서는 인지발달을 가속화 하기까지 한다는 것을 말이다.

나는 이렇게 어쩌다 하나하나 알게 된 것들인데, 이 책을 읽는 분들은 처음부터 이 모든 장점들을 알고 시작하게 되니 얼마나 이득인가. 다만, 이 모든 장점들을 빨리 누리고 싶어서 마음을 서두르면 안 된다. 아이의 변화를 채근하듯 닦달해서도 안 된다. 아이마다 가진 재능의 분야가 다르고 변화의 속도가 다르기 때문이다. 그저 마음을 비우고, 좋은 엄마 되기에만 초점을 맞추고 쭉 밀고 나가면 된다. 좋은 엄마가 되는 것은 당장 오늘 시작해도 절대 늦지 않는다.

집에서 큰소리치는 횟수만 줄어들어도 반은 성공이다. 큰소리 내는 것도 습관이고 버릇이라, 역으로 안 하다 보면 점점 그 횟수가 줄어들게 마련이다. 사람마다 해낼 수 있는 화안키의 정도가 다르겠지만 일단 화안키를 해보신 분들 모두 '아이와 덜 싸워서 좋다'며, 자신이 좋은 엄마가 된 것 같다는 기분 자체에 일단 만족을 하셨다. 아이를 바꾸는 것보다 먼저 해야 할 일이 나를 바꾸는 일이다. 좋은 엄마가 되어주는 것에 이유가 필요한가? 다만 계기가 필요할 뿐이다.

엄마와 육아의 밸런스 찾기

요즘 워라밸work life balance이라는 말이 유행이다. 일과 삶의 균형이 맞아야 행복하다는 발상이다. 비슷한 예로 '엄마가 행복해야 아이도 행복하다'는 말도 흔히 듣게 된다.

그런데 엄마가 행복한 것이 과연 무엇인지 그 누구도 '이거다!' 싶게 이야기할 수 있는 사람은 없는 것 같다. 흔히 나오는 얘기가 '엄마만의 시간 갖기' 정도일 텐데, 나는 내 시간을 가지더라도 이게 쉽사리 충족되지 않았다. 이렇게 육아와 엄마의 밸런스가 맞지 않으면 기본적 정서가 우울감과 분노로 채워지게 된다. 그래서 이번 장에는 엄마와 육아의 밸런스를 찾을 수 있는 소소한 팁들을 공유해보도록 하겠다.

단순히 엄마 개인 시간을 가지는 것이 과연 엄마의 행복을 추구할 수 있는 유일한 방법은 아닌 것 같다. 엄마의 행복을 찾겠다고 내 시간을 가지려고 노력하면 그만큼 아이는 엄마와 함께하는 시간을 빼앗길 위험에 처한다. 엄마의 행복추구 행위가 아이의 행복과도 밀접한 관계가 있는 셈인데, 아이는 엄마와 함께 있는 것 자체를 행복으로 여기기 때문이다.

한때 나는 내 자아를 찾겠다고 아이를 내팽개치고 내 사업을 펼치며 자아실현을 도모했던 적이 있었다. 그런데 나 자신의 과도한 행복추구는 필연적으로 아이의 행복을 잠식해갔다. 아이가 불행해지면 결국 엄마인 나도 행복할 수 없었다. 그리고 사실 내 아이가 나로 인해 불행해지고 있다는 사실을 눈치채기도 힘들었다. 일단 엄마가 일이 너무 바쁘면 아이의 행복도를 관찰할 여유와 시간이 턱없이 부족해지기 때문이다. 나는 엄마인 나의 행복과 아이의 행복이 밸런스를 맞추려면 단순히 '시간'에 대한 쓰임보다는 좀 더 다각적인 자원의 투자가 필요하다고 느끼게 되었다.

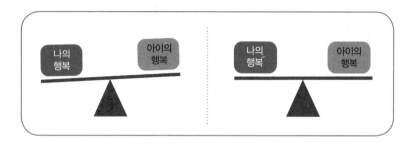

또 엄마와 아이의 행복이 이렇게 정확히 반반인 것이 가장 행복한 것인가에 대해서도 나는 조금 의문이다. 사실 나는 아이의 행복을 지켜보는 것만으로도 많은 행복을 느낀다. 7년 정도 엄마 생활을 하다 보니 모성애가 많이 늘었나 보다. 지금의 내게는 아이의 행복 쪽으로 조금 기운 상황도 내게는 적정한 밸런스라고 느껴지기도 한다.

나의 행복 속에는 자아실현 외에도 내 개인 시간과 소비성향, 여가 시간, 사회관계 시간 등 다양한 요소들이 숨어 있다. 한두 가지 요소로 행복이 충족되는 게 아니라는 얘기다. 역으로 말하면 나의 행복에 결정적인 요소가 무엇인지 알기 어렵다는 의미이기도 하다.

그래서 나는 도대체 '나'라는 게 무엇이었나에 대해서 되는대로 종이에 적어보았다. 우선 나를 중심에 놓고 과거에 좋아했던 것들을 생각나는 대로 적어보았다. 마인드맵처럼 중요도가 큰 것은 조금 크게, 작은 것은 조금 작게 표현했다. 그다음에는 엄마가 된 후 가장 부족해진 '내 시간'에 대해 적었다. 시간으로 해결할 수 있는 것들과 '돈'으로 해결할 수 있는 것들을 나누어보고, 시간과 돈 둘 다 필요한 것은 중간에 놓았다. 여행의 경우에는 돈도 돈이지만 '많은 시간'이 필요하기 때문에 그냥 시간 쪽에 두었다.

이렇게 나눠본 것들을 다시 개인적인 것들과 사회적인 것들로 나눠보았다. 나 혼자 하고 노는 것과, 다른 사람의 참여가 필요한 것으로. 이것들을 다시 몇 개의 묶음으로 분류해보았다. 나 혼자 시간 때우는 킬링타임, 나의 정체성과 관련된 것들, 자기관리와 관련된 것들, 미용이나 패션과 관련된 것들, 타인이나 가족과의 관계를 통해 충족되는 것들로 나누어볼 수 있었다.

이어서 이렇게 나누어본 것들을 현재의 나는 어떻게 하고 있는지 체크를 해보았다. 만화나 영화, 게임은 사정상 못하고 있고, 내 정체성과 관련된 부분은 취미 활동 조금, 자기관리는 귀찮아서 안 하고 있고, 쇼핑도 안 한다. 친구 만나서 수다 떠는 것은 주 2~3회 정도고, 그나마 가족들과 하는 활동들은 보통 수준으로 유지되고 있는 것 같았다. 유지가 잘되고 있는 것들은 그대로 두고, 부족하거나 보완이 필요한 영역에 대해 대안을 세우기로 했다. 그리고 현재 시점에서 못하는 것은 과감하게 포기하고, 할 수 있는 것들만 즐기자는 쪽으로 마음을 바꾸었다.

가령 직업의 경우, 직업의 중요도가 크게 줄어들 수는 없지만, 그 대신 취미 생활을 늘림으로써 내 정체성 부분을 보완하기로 했다. 영화나 게임을 좋아하지만 개인 시간이 생기면 차라리 웹툰 같은 만화를 보는 시간을 늘리기로 했다. 만화는 짧게 짧게 짬을 내서 볼 수 있고 보다가 중간에 끊어도 된다. 하지만 영화나 게임은 중간에 끊는 게 어려우니 현 상황에선 줄이는 게 맞는 것 같았다.

화장을 하지는 않지만 가끔은 화장품을 삼으로써 스트레스가 해소될 때가 있다. 개인 취향이다. 그냥 소유하는 것만으로도 내면이 충족되는 느낌이랄까. 그래서 한동안 안 샀던 화장품을 다시 조금씩 사면서 '소확행, 탕진잼'을 누려보려고 한다. 사놓고 안 쓰면 아까우니까, 화장도 조금 더 하게 될 것이다. 시간 없다고 안 하고 있던 자기관리의 경우 운동의 비중을 늘림으로써 꼭 지켜나가려고 한다. 거창한 운동은 어려우니 가볍게 '홈트'라도 꾸준히 하려고 한다.

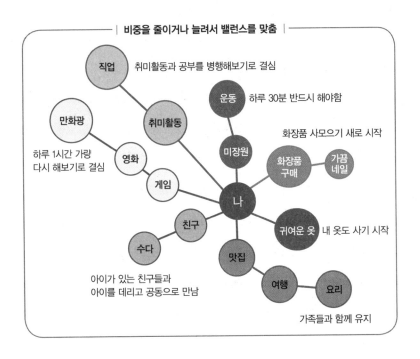

│ 비중을 줄이거나 늘려서 밸런스를 맞춤 │

직업
취미활동과 공부를 병행해보기로 결심

운동 하루 30분 반드시 해야함

만화광

하루 1시간 가량
다시 해보기로 결심

영화

취미활동

화장품 사모으기 새로 시작

미장원

화장품
구매

가끔
네일

게임

나

귀여운 옷 내 옷도 사기 시작

친구

수다

맛집

아이가 있는 친구들과
아이를 데리고 공동으로 만남

여행

요리

가족들과 함께 유지

엄마의 삶을 살면서 자기를 지킨다는 것은 무조건 '내 시간'을 확보하거나 내가 좋아하는 것을 꼭 고집하는 것으로만 해결되는 게 아닌 것 같다. 줄일 건 과감하게 줄이고, 대체할 건 대체하고, 확보할 건 확보하면서, 엄마인 나의 행복과 아이의 행복 두 마리 토끼를 모두 잡아야 한다. 엄마만의 시간을 누리기 위해 아이의 시간을 희생하면 아이는 신경질과 떼가 는다. 그렇게 되면 결국 화안키도 어렵게 된다.

소비로 해결되는 것도 놓치지 말고 조금은 가지고 있으면 '시간이 해결해주는 것들'에 조금 덜 의존하게 되는 것 같다. 아이에게 내 시간을 양보하더라도, 나에게 뭔가 보상 같은 선물이 돌아온다면 버틸 수 있는 힘이 생긴다. 이렇게 소확행을 실천하다 보면 아이가 가끔씩 큰 행복을 가져다줄 때가 있다. 바로 아이의 성장을 지켜보는 기쁨이다. 아이는 늘 매일매일 자라고 있지만, 부쩍 자란 티가 나는 날이 한 번씩 있다. 다들 느끼실 거라 믿는다.

나는 그런 날이 유독 엄마로서 행복하다. 부쩍 어른스러운 말을 한다든지, 그림 솜씨가 갑자기 늘었을 때, 그냥 쳐다봤는데 많이 자란 것 같을 때, 내면에서 뿌듯한 느낌이 쫙 올라온다. 나의 행복은 이제 나 하나만의 개인적인 행복이 아니다. 육아를 통해 얻는 행복도 분명한 행복이니까.

아이 낳기 전의 '나'도 지켜져야 하지만, 새롭게 추가된 엄마라는 자아 역시 소중하게 여겨야 한다. 지금으로서는 육아가 가장 중요하고 큰 비중을 차지하기 때문이다.

54

함께하면 더 쉬워지는 화안키

도무지 혼자 하기 어려운 몇 가지 육아법이 있다. 홈스쿨, 책 육아, 엄마표 영어, 그리고 화안키다. 홈스쿨을 하는 엄마들은 반자동으로 블로그나 SNS에 홈스쿨 실행 내역을 기록하는 습관을 가지곤 하는데, 스스로를 다잡기 위한 목적이 크다. 처음에는 기록용이던 블로그에 방문자가 쌓이면서 반#공인이 되어가고, 다른 사람들과 홈스쿨의 과정을 공유하게 되면서 더욱더 기계적이고 적극적으로 홈스쿨을 하게 된다.

내 경우 홈스쿨 과정을 포스트에 올리며 의무감의 힘을 빌렸다. 그리고 책 육아와 엄마표 영어는 다행히 주위에 같이하는 친구가 있어서 서로 정보를 교환하고 의지를 다잡아주며 꾸준히 해오고 있다. 그리고 마지막으로 화안키의 경우, 나는 내가 만든 것이기 때문에 잘하고 있지만 다른 분들의 경우 혼자 해내기 어려워하는 모습을 많이 보았다. 그때그때 발생하는 돌발상황들에 대해 대처하는 방법을 누군가가 조언해주고 이끌어주길 바라는 분들이 많았다. 그래서 나는 '스테이앳홈' 카페를 통해 화안키 기수를 모집해서 진행해보았는데 생각보다 많은 분들이 동참을 희망해주셨다. 매일매일 화안키 진행 상황을 공유하며 서로 의지를 다져나가는 프로그램이었는데, 포상이나 외적 강제가 없다 보니 애석하게도 뒷부분에 흐지부지되는 경우도 적지 않았다. 하지만 분명히 알게 된 건, 엄마들이 화안키를 같이했을 때 좀 더 동기부여가 되고 힘을 얻는다는 점이었다.

이 책이 출간되면 사비를 들여서라도 화안키 프로그램을 공적으로 운영해볼 계획이다. 기회가 된다면 화안키 캠프 같은 것을 열어서 서로의 육아 방식을 점검해보고 아이들의 속마음도 알아가는 프로그램을 진행해보고 싶다. 화안키 프로그램에 관심이 있는 분들이라면 네이버 카페 '스테이앳홈'을 검색해보시길 바란다.

55

자식 농사의 시작은
관계 설정

　　　　　자식 농사는 뿌린 대로 거둔다는 말이 있다. 심리학 강의를 들으면서 여러 번 반복해서 들었던 말이다. 나는 처음에 이 말을 내가 노력한 만큼 아이가 유능하게, 혹은 심성 바르게 잘 자란다는 의미로 이해했다. 인풋 대비 아웃풋이 있을 것이란 생각으로 받아들인 것이다.

　아이의 재능이든 인성이든 생활 습관이든, 그 어떤 분야가 되었든 엄마가 노력하면 아이가 그 분야에서만큼은 좋은 결과를 보여줄 것이라 생각했다. 이런 기대심리로 많은 엄마들이 좋은 육아서를 탐독하는 것이 아닐까?

　헌데 꼭 그렇지만은 않았다. 아이는 농작물도 아니고 기계도 아니었다. 농부의 노력만큼 수확량이 달라지고 조절되는 식물이 아니었다.

　한 부모 밑에서 자란 여러 명의 자식들도 저마다 재능과 능력이 각기 다르며, 성격과 가치관, 사고방식 또한 다 다를 수 있다. 또 태어난 순번에 따라 부모의 양육 태도가 미묘하게 달라지기 때문에 부모와의 애착 관계 또한 각기 다를 수밖에 없다.

어떤 아이는 아무 인풋 없이도 엄청난 아웃풋을 내는 경우도 있다. 〈영재발굴단〉 같은 프로그램을 보면 간혹 그런 아이들이 정말 있더라.

그래서 나는, "부모의 노력 ≠ 아이의 능력치"라는 소박한 결론을 내리게 되었다. 대신 뿌린 대로 거둔다는 말의 의미를 조금 다른 곳에서 찾아보려고 한다. 바로 부모와 아이의 '관계'다.

심리상담협회 회장 이영선 교수님은 "자식은 부모에게 받은 대로 되돌려 준다"는 말을 자주 하셨다. 부모가 자식을 학대하면 자식이 늙은 부모를 반드시 학대하게 되고, 부모가 자식을 방임하면 자식도 늙은 부모를 방임하게 된다고.

뿌린 대로 거둔다는 말은 바로 이 '관계'에 대한 격언이 아니었을까 싶다. 그렇다면 부모 자식 사이의 관계는 어떻게 만드는 것이 좋을까?

몇 년 전부터 한창 유행하는 '감정코칭'이 이제 양육법에까지 번지고 있다. 사실 우리나라 사람들에게는 감정코칭 대화법이 낯설고 익숙하지 않다. 게다가 대등한 커뮤니케이션이 불가능한 부모 자식 간에는 더더욱 감정코칭식의 대화가 어렵다.

나도 감정코칭식 대화를 몇 년 전부터 시도해보았으나 5세 미만의 어린아이에게는 잘 통하지도 않고, 내가 원했던 기대효과를 얻기도 어려웠다. 그래도 중단하지 않고 꾸준히 감정코칭식 대화를 해주었더니 7세가 된 최근에는 문득 아이의 감정선이 매우 세분화되어 있다는 것을 느끼게 되었다. 그리고 아이와 나의 관계가 매우 단단해진 것 같다는 느낌을 받았다. 감정코칭식 대화는 아이의 자존감을 높이는 수단이 아니라 엄마와 아이의 '관계'를 끈끈하게 이어주는 요인이 되어주었다.

부족한 살림에도 아이들에게 정서적 지지와 사랑을 주고 아이를 키운 부모에게는 성공해서 평생 은혜를 갚아나가고자 하는 자식들의 발길이 끊이지 않는다.

아이의 자존감, 성격, 교우관계, 성적, 재능에 긍정적인 영향을 끼칠 것이라 기대하며 아이에게 뭔가를 투자하는 대신 아이와의 관계를 다지기 위한 노력에 더 관심을 기울여보자. 나와 내 아이가 평생 가지고 가야 할 것은 '가족'이라는 관계다. 그리고 그것이 또 다른 모습의 화안키다.

56

화안키 육아의
부작용은 없나?

전업주부 생활을 하면 자연스럽게 다른
집 아이들의 모습을 장시간 관찰할 수 있게 되고, 다른 집 엄마들이
그 아이들을 대하는 평상시 모습도 당연스레 함께 보게 된다. 때문
에 내가 보아왔던 많은 아이들의 사례는 상담실에서 엄마들이 고백
하는 고해성사식 리포트가 아니라 살아있는 육아의 현장이었던 적
이 많았다.

수없이 많은 엄마와 아이들을 봐왔지만 나에게 조금 특별한 인상
을 주었던 두 가지 케이스가 있다. 바로 화 안 내고 대화로만 훈육하
는 엄마들의 이야기다.

❶ 아이를 전혀 통제하지 못하는 타입

아이에게 화를 내거나 강압적으로 대하면 안 된다는 강박이 깊게

자리하고 있는 이런 엄마들은 아이가 잘못된 행동을 할 때도 속수무책인 경우가 많다. 아이가 선천적으로 순한 타입이라면 엄마가 그렇게 키워도 큰 문제가 없지만 아이가 활달한 타입이라면 조금 문제가 생길 수 있다.

집에서야 어떻게 지내든 엄마가 감당할 수 있다면 그렇게 하면 되지만, 공공장소나 타인과 합석하는 자리에서는 규칙과 규준이 필요하다. 나는 자기 아이가 다른 집 아이를 마구 때리는 데도 "하지마…"라며 영혼 없이 한두 마디로 말리고 아줌마들의 수다로 회귀하는 타입의 엄마들을 여럿 본 적이 있다. 이럴 경우 아줌마들은 그 집 엄마와 아이를 슬슬 피할 수밖에 없게 된다. 아이의 문제행동은 전혀 고쳐지지 않을 것이 명약관화하고, 그렇다고 남의 집 육아 문제에 감 놔라 배 놔라 하고 싶은 마음은 없기 때문이다.

아이가 타인에게 피해를 주는 경우 아무리 화안키 중이라도 따끔한 훈육이 필요하다. 소리 지르고 화를 내라는 것이 아니라, 그런 상황은 절대 일어나선 안 되는 상황이라는 메시지를 분명한 어조와 목소리, 표정으로 전달해야 한다는 것이다. 학생주임 선생님이 회초리를 휘휘 휘두르며 서서히 다가오는 그런 분위기를 떠올리면 쉽다.

자기 아이가 공공장소에서 말썽을 부리거나 다른 아이를 때릴 때 그 모습을 본 즉시 아이에게 달려가서 무릎을 꿇은 후 아이의 어깨를 잡고, 아이의 눈을 응시한 채, 꼭 해야 할 말을 하면 된다.

"널 사랑하지만 너의 잘못된 행동은 혼날 수 있으니 하지 말라"고.

❷ 화 대신 폭풍 잔소리를 퍼붓는 타입

아이에게 무슨 일이든 '대화'로 설득하고 설명하면 된다는 생각을 가진 엄마들이 자주 저지르는 실수가, 1절로 끝날 훈계를 4절까지 한다는 것이다. 교장선생님 훈화 말씀을 1시간 이상 듣고 싶던 학생들은 아무도 없었을 것이다. 엄마의 지나치게 긴 잔소리를 듣고 있는 아이의 표정을 보면 기가 빨린 듯하다. 그리고 긴 잔소리의 끝을 알리는 엄마의 마지막 멘트, "알았어, 몰랐어?"

아이가 안 듣고 있는 것 같다는 느낌을 받은 불안한 엄마는 아이 입에서 '응'이라는 확답을 받아내고 싶어 한다. 하지만 아이의 대답에는 영혼이 실려있지 않다.

잔소리가 많은 엄마들은 아이가 꼭 잘못했을 때만 잔소리를 하는 것이 아니라, 아이가 별다른 잘못을 하지 않은 상황에서도 방어적인 잔소리를 퍼붓는 경우가 많다. 앞에서 소개한 내 친구의 이야기에서 알 수 있듯이, 잔소리가 지나치면 아이들에게는 엄마의 말 자체를 잘 듣지 않는 부작용이 생긴다.

아이에게 전하고 싶은 메시지는 짧고 굵게 해야 한다. 그리고 아이를 신뢰하는 마음의 베이스가 반드시 필요하다. 잔소리쟁이 엄마들의 마음속 기저에는 아이를 믿지 못하는 마음이 깔려있기 때문이다.

좋은 엄마, 더 좋은 엄마, 더더 좋은 엄마

한우를 사본 사람들은 모두 알겠지만 한우의 등급은 1등급부터 시작한다. 1등급, 1+등급, 1++등급으로 구분되고 있는 것이다. 내가 알기론 우유 역시 비슷한 체계라고 한다. 2등급, 3등급짜리는 없다는 것이다. 2등급 이하의 원유들은 우유로 유통되지 못하고 버터나 치즈 재료로 사용되고 있다고 한다.

엄마도 그렇지 않을까?

아이에게 있어 엄마란 그저 좋은 존재다. 심지어 나에게 상처를 주더라도 마냥 좋은 존재가 바로 엄마다. 그냥 두어도 좋은 엄마인데 조금 더 노력하면 '더 좋은' 엄마가 될 수 있다. 그러니 혹시나 나쁜 엄마 컴플렉스에서 헤어나오지 못하는 분들이 있다면 '더 좋은' 엄마가 되겠다는 것만 생각하고 죄책감은 덜어두시라고 말씀드리고 싶다.

'좋은 엄마'라는 것은 아이들의 일방적인 감정이다. 아무것도 하지 않고 인형처럼 앉아 있는 엄마라도 아이들은 엄마를 좋아한다. '더 좋은 엄마'는 아이들을 적극적으로 사랑해주고 안아주고 이야기를 들어주는 엄마다. '더더 좋은 엄마'는 아이의 여섯 가지 기본 감정이 균형 있게 자랄 수 있도록 이끌어주는 엄마다. 앞으로 더더 좋은 엄마를

1++등급 엄마라고 부르겠다.

6가지 기본 감정 : 기쁨, 슬픔, 분노, 혐오, 놀람, 두려움
① 기쁨 : 기쁨을 적절히 표현할 수 있게 허용해주고 공감해주자.
② 슬픔 : 슬픔을 다 털어낼 수 있을만큼 표현을 허용해주고 상처를 잘 치유해 주자.
③ 분노 : 분노의 감정을 쏟아낼 수 있게 잘 받아주고, 분노를 서서히 조절하는 방법을 알려주자.
④ 혐오 : 본능적으로 발생하는 혐오의 감정을 자연스러운 것으로 여길 수 있게 허용하되, 표현에 신중할 수 있도록 도와주자.
⑤ 놀람 : 놀란 마음을 잘 다독여주고 그로 인해 발생할 수 있는 두려움을 소거해주자.
⑥ 두려움 : 두려워하는 마음을 잘 받아주고 공감해주자. 그리고 괜찮아진다는 믿음을 심어주자.

인간의 기본적인 6가지 감정을 '겁쟁이, 울보, 버릇없는 아이' 등의 이유로 무조건 억압할 경우 감정조절 능력 및 표현에 있어 어려움을 겪는 사람으로 자랄 가능성이 있다. 반면 6가지 기본 감정의 충분한 지지와 공감을 받고 자란 아이는 타인에 대한 공감 능력이 뛰어난 사람으로 자랄 수 있다. 엄마에 대한 긍정적인 추억과 이미지, 믿음과 신뢰는 기본으로 얻게 될 것이다.

화가 나서 울고 있는 아이에게 '울지마!'라고 함께 소리 지르고 다 그칠 것인지, 안아주며 진정을 시켜줄 것인지 결정하는 일은 생각만큼 쉽지 않다. 엄마도 감정의 동물이기 때문에 나에게 짜증내는 상대방이 아무리 작은 사람이라도 일단 화부터 나기 때문이다.

나 역시 아이가 짜증을 내면 '왜 짜증을 내니? 울지 마!' 하며 아이의 울음부터 막고 싶은 생각이 든다. 왜 우는지에 대한 공감 시도는 늘 한 박자 뒤에 이루어진다.

아이의 두려운 감정을 처리하는 것은 또 어떤가? 어른스럽지 못하게 아이를 놀려먹고 조롱하며 즐거워한 경험도 수차례 있다. 아이가 사소한 어떤 것을 무서워하거나, 별 것도 아닌 일에 소심한 모습을 보일 때 "에이, 겁쟁이구나! 겨우 이런 거 가지고 무서워하는 거야?"라는 식으로 대처하곤 했다.

하지만 반대로 1++등급 엄마가 되면 아이는 엄마를 '그 어떤 고민과 걱정을 나누어도 좋은 존재'로 받아들이고 의지한다. 사소한 감정 변화나 생각도 엄마에게 이야기하고, 그 해결책을 구한다. 그렇게 되면 아이를 키우면서 발생하게 되는 그 어떠한 문제라도, 문제가 많이 커지기 전에 예방할 수 있게 된다.

나는 1++등급 엄마가 되기 위해 아이가 부정적 감정을 표출할 때면 "괜찮아, 엄마도 어렸을 때 똑같이 그랬어!"라는 말로 아이를 위로한다. 그러면 아이는 자신의 감정을 공감 받을 뿐만 아니라, 엄마도 나와 같은 사람이라는 생각, 엄마가 완전히 나를 이해할 것이라는 믿음을 가지게 된다. 반면 "너는 누굴 닮아 그러니? 난 어릴 때 너처럼 안 그랬는데…"란 말을 들은 아이는 자신이 이상한 사람이라는 생각을 가지게 되는 동시에, 자신의 이상한 점을 들키지 않기 위해 감정을 억누르고 억압하는 연습을 하게 된다.

'엄마도 똑같았구나.'

'누구나 다 그렇구나.'

'나만 이상한 게 아니구나.'

'괜찮다.'

'다행이다!'

일곱 살이 된 준이는 내가 뭔가 조금이라도 야단을 치거나 혼자 속 상한 일이 있으면 울먹울먹하며 울음을 참는다. 일곱 살이 되니 울음을 조절할 수 있는 능력이 생겼다. 울먹울먹하고 있을 때 내가 허용해주면 마음 놓고 "우왕~" 하고 울면서 나에게 안기고, 내가 모른 체하거나 울지 말라고 하면 끝까지 울음을 참는다. 이렇게 감정조절이 가능해진 7세에 엄마로서 조금 더 섬세하게 아이의 감정을 받아주고 이끌어줘야겠다는 생각이 든다. (자기가 우는 것도 나의 눈치를 봐가며 하다니, 아이들에게 있어서 엄마란 얼마나 절대적인 존재인지······.)

〈치즈인더트랩〉을 보면 주인공 홍설이 울고 싶은데 눈물이 나지 않아서 고생하는 장면이 나온다. 나 역시 그렇다. 아주 어려서부터 내 울음을 받아준 사람이 없었기에 알게 모르게 '울면 안 되는 것'이란 도식을 내 마음속에 가지고 있었다. 울어야 하는 상황에 울지 못하면 그 열기가 가슴 한복판에 답답함으로 쌓인다. 부부싸움을 할 때도 불리하다. 여자가 좀 울어줘야 남자가 보듬어주면서 져줄 텐데, 도무지 울지를 않으니 남편 입장에서도 뭐 이런 강적이 다 있나 할 것이다.

아이의 감정받기 ➡ 공감 ➡ 감정의 잔여물 제거

1++등급의 엄마가 되기 위해 얼마간 이런 노력을 해왔다. 그랬더니 아이의 울음이 짧아졌고, 떼를 쓰지 않게 되었으며, 안 좋은 일이 있더라도 금방 툭 털고 금세 괜찮아졌다. 잘못된 습관도 교정해주면 금세 고친다. (연필을 쥐는 자세가 틀려서 한 번 고쳐주려고 했더니, 자존심이 상했는지 들으려 하지 않다가, 다음날 슬쩍 고쳐 쥐고는 내게 "이렇게 해보니까 글씨가 더 예뻐졌다"고 자랑을 하더라.) 이제 엄마의 말을 들으면 뭐든지 더 좋아진다는 것을 경험적으로 느끼게 된 것 같다.

어떤 날에는 이런 말을 했다. "엄마가 나한테 잘못한 일이 있더라도 내가 다 용서해줄거야." 남편도 하기 힘든 위대한 사랑을 보여주는 아들을 보며 아이를 키움에 있어서 '감정'을 잘 관리하는 일이 얼마나 중요한지 다시 한 번 느꼈다.

화안키로 달라진 아이들

　　지금까지는 나와 우리 아이의 이야기를 중심으로 화안키의 필요충분조건과 그 긍정적 결과들에 대해 설명했다. 독자의 입장에서는 어느 특별한 한 가정의 이야기쯤으로 여길 수도 있을 것이다. 이번 장에서 나처럼 화안키를 통해 행복하고 즐거운 육아에 성공한 몇몇 엄마와 아이들의 이야기를 전해보려고 한다. 화안키는 엄마라면 누구나 할 수 있고, 누구나 성공할 수 있다.

57

극단적으로 숙제 거부하던
영재 S군

'초등학교 4학년, 강남엄마 스타일 육아.'

내 친구의 이야기다. 어린 나이에 결혼하여 남다른 아들을 낳은 친구. 아이의 인지발달 검사를 받아보더니 당당히 '영재'라는 판정을 받았다. 하지만 그때부터 시작된 '강남엄마식' 극성 육아가 아이의 마음을 다치게 하고 말았다.

4~5세 때부터 집으로 오는 선생님만 무려 4명. 영어유치원은 기본, 남다른 인지능력 덕에 초등학교 시절 내내 전교 1등을 도맡아 하는 아들내미. 겉으로 보기에 너무 부러워 보이는 이 집안, 뭐가 문제였을까?

엄마가 토로했던 문제들

① 아이가 엄마 말을 완전히 무시한다.

② 아이가 엄마가 했던 말을 하나도 기억하지 못한다.

③ 공부는 잘하는 반면, 물건을 흘리고 다니고 사소한 자기 앞가림조차 잘 하지 못한다.

④ 늘 공부가 싫다고 토로하며 숙제 한번 시키는 것도 엄청난 전쟁을 치른 후에야 가능하다.

⑤ 세상에서 영어가 제일 싫다며 극도의 거부감을 나타낸다.

한마디로 요약하면 '엄마와 사이가 너무 나쁘다'였다. 엄마와의 애착과 신뢰 관계가 엉망이기 때문에 엄마는 24시간 내내 잔소리를 하고 따라다니며 뒤치다꺼리를 했고, 아이는 그렇게 엄마 잔소리를 들으면서도 자기 앞가림 하나 제대로 하지 못하는 칠칠치 못한 아이가 되었던 것이다.

솔루션

① 잔소리를 10분의 1 수준으로 줄일 것

② 공부하란 소리를 절대 하지 말 것

③ 영어 학원을 당장 끊을 것

엄마의 잔소리가 도를 넘어 하루 24시간 내내 이어진다면, 어떤 자식이라도 미치지 않고서야 견딜 수 없을 것이다. 엄마는 다 아이를 위하는 마음에서 하는 이야기들이라지만 그 집에 놀러 갔을 때 내가 지켜보는 앞에서도 내내 아이를 쥐잡듯이 계속 잡는 친구의 모습을 보면서 '자식에 대한 신뢰가 전혀 없음'을 직감적으로 느낄 수 있었다.

아이가 스스로 생각하고 행동을 결정할 틈을 전혀 주지 않고, 모든 행동에 엄마의 의견을 집어넣고, 모든 시간 스케줄을 엄마가 짜주는 대로 행동하길 바라는 엄마였다. 그래서 아예 엄마가 하는 말에 대해 귀와 마음을 닫아버린 아들. 이 아들은 엄마가 했던 말을 전혀 기억하지 못하는 증상을 나타내어 소아정신과 상담치료까지 받을 정도였다고 한다.

헌데 내가 아이를 직접 관찰해보니, 이 아이는 타고난 스타일의 영재이기 때문에 잔소리가 전혀 필요치 않았다. 공부를 잘하는 아이들은 크게 2가지 스타일로 나눌 수 있는데, 머리가 반짝이는 형과 꾸준한 노력형이다. 머리가 반짝이는 타입들에게는 절대 금기시해야 할 원칙이 있는데, 바로 공부하라는 잔소리를 하는 것이다. 이런 타입의 아이들은 자존심도 강하고 스스로 자기가 정한 원칙과 목표가 있기 때문에 엄마가 굳이 목표를 정해주지 않아도 스스로 알아서 계획을 세우고, 목표한 양만큼의 공부를 한다. 이런 아이들에게 타인이 이래라 저래라 간섭을 할 경우 심한 반항을 하게 되고 심지어 정신과적 증상을 나타내기까지 한다. 특정인(엄마)의 말을 못 듣는 증상, 특정인 앞에서 이상행동을 하는 등의 증상들이 나타나기도 하는 것이다.

이 가족이 주로 싸우는 원인은 이런 식이었다.

토요일과 일요일 이틀의 휴일이 있을 경우 엄마는 토요일에 숙제를 다 해놓고 일요일에 맘 편히 놀기를 원해서 강압적으로 토요일에 숙제를 시키려고 닦달하고, 아들은 일단 토요일에 놀고 일요일에 숙제를 하겠다고 주장하며 반항을 한다.

타인이 보기엔 토요일에 숙제를 하나 일요일에 숙제를 하나 어쨌든 숙제만 하면 될 일인데 엄마는 엄마대로, 아들은 아들대로 한 치의 양보도 없이 자신들의 주장만을 서로에게 강요하며 험악하게 싸워댔다.

헌데, 이 아들내미는 토요일에 놀았다고 해서 일요일에도 계속 노는 타입이 아니다. 실제로 일요일이 되면 기어이 잠을 줄여가면서라도 숙제를 해내는 타입이었다. 그럴 경우 '숙제를 한다'는 결과만 놓고 보면 아무 문제가 없을 텐데, 엄마는 아들이 잠을 줄여가며 숙제를 하고 난 뒤 자는 게 안타까워서 토요일에 미리 숙제를 해놓고 마음 편히 일요일을 보내기를 강요했던 것이다.

내가 친구에게 물었다.

"숙제를 안 할까 봐 그러는 거니?"

친구가 대답했다.

"숙제를 할 거 같긴 한데, 일요일에 잠까지 줄여가면서 고생하는 모습이 안타까우니까 미리 시켜놓는 게 맞지."

"그럼 아들의 일이니 네가 신경을 끄고 한번 믿고 맡겨보면 어떨까?"

사실 그렇다. 엄마의 역할은 '너에게는 숙제가 있으니 그걸 해야 한다'는 사실을 상기시켜주는 것일 뿐, 몇 날 몇 시 몇 분부터 숙제를 하고 그다음엔 또 어떤 놀이를 해야 하고 등 아이의 모든 스케줄을 강요할 권리는 없다. 만약 숙제를 안 했다면 학교에서 선생님께 혼나게 되고, 아이는 이를 통해 반성의 기회를 얻게 될 것이다. 매번 혼나는 것을 익숙하게 받아들일지, 혼나지 않게 숙제를 미리미리 하게 될지는 아들이 직접 느껴보고 결정해야 할 일이다. 적어도 4학년이나 된 아이라면 말이다. 이런 자기반성의 기회를 당사자에게 전혀 주지 않고 다만 '내가 먼저 살아봐서 알게 되었던 시행착오를 완벽하게 아이에게 적용시키겠다'는 마음만을 가지고 강요한다면, 우리는 그저 흔해 빠진 기성세대, 꼰대에 불과할지도 모른다.

친구의 평소 잔소리 수준은 도를 넘은 정도였다. 하루는 내가 있는데, 아들이 집에 돌아와서 장난감 바이크를 타려고 했다. 엄마는 아들이 바이크를 타는 시간과 자세에 대해서까지 일일이 잔소리를 했다. 이 아들이 집에 와서 자기 의지대로 맘 편히 할 수 있는 활동은 오직 숨쉬기뿐이었다. 밥을 먹을 때도 뭘 먼저 집어야 될지, 숟가락은 어떻게 쥐어야 될지, 이 물건은 만져도 되는지 안 되는지를 4학년이나 된 아이에게 계속 잔소리로 퍼붓는 친구의 모습을 보면서 손님인 나 역시 숨이 막혀오는 것을 느꼈다.

꼭 새겨듣지 않아도 될 말들을 너무 많이 하니까 아이의 무의식은 '엄마의 잔소리는 굳이 안 들어도 될 말'이라고 간주하고 아예 엄마 말 자체를 못 듣는 증상으로까지 발전시켰던 것이다.

그래서 나는 첫 번째 솔루션으로 잔소리를 줄이라고 했던 것이다.

아이가 집에 돌아와서 손을 씻지 않더라도, 그 더러운 손으로 뭔가를 집어 먹더라도 그냥 두고 보라고 했다. 정 못 참겠으면 한 번 정도는 말하되, 아이가 손을 씻을 때까지 열 번이고 반복하는 그 버릇을 고쳐 보라고 했다.

그리고 두 번째, 공부 잔소리.

친구는 아이에 대한 믿음이 전혀 없었다. 학교에서 늘 전교 1등을 하지만 자기가 잘 관리해주지 않으면 금방 성적이 떨어져 버릴 것이라는 확신을 가지고 있었다. 왜냐하면 아이가 공부만 잘할 뿐, 행동거지가 자기 보기에 엉망이었기 때문이다.

나는 일단 아이에 대한 믿음을 심어주려고 했다. 정말 똑똑한 애고, 스스로 알아서 할 수 있는 자질을 타고난 아이라고. 내가 지켜보니 집에 오면 자기가 알아서 읽고 싶은 책을 골라서 읽고 특별히 문제 되는 행동을 하지도 않는 아이였다. 아이들이 다 좋아한다는 게임도 하지 않고 오로지 밖에 나가서 야구나 하면서 에너지를 사용하는 성실한 아이였다. 도무지 문제 될 것이 없는 아이를 못마땅하게 여기며 잔소리를 퍼붓는 것은 세상천지에 그 아이 엄마뿐이었다.

친구는 자기가 노력형 인간이었기 때문에 아들이 자기와 같을 것이라고 생각하고 꾸준히 스케줄을 잡아주었지만, 아들은 머리가 반짝이는 영재형이었기 때문에 공부할 때 집중적으로 몰아쳐서 공부하고, 놀 땐 놀게 놔둬야 에너지가 충전되는 타입이었다. 나는 서로 다른 인간형에 대한 이해를 시켜주기 위해 머리 좋은 타입의 사람들에 대한 전반적인 설명을 해주며, 그 아들이 실제로 그런 타입의 인간이라고 예를 들어 설명해주니 결국 친구도 수긍하게 되었다.

세 번째는 영어학원.

그 아이는 초등학교 4학년인데 고등학교 수능반의 영어학원에 다니고 있었다. 물론 그 진도를 잘 따라가면서였다. 엄마는 진도를 잘 따라가니까 조바심이 나서 '지금 잘하니까 조금만 더 영어를 해놓으면 앞으로 중학교와 고등학교가 편할 것'이라는 생각을 가지고 있었다. 그 친구에게 나는 이렇게 말했다.

"야, 고등학교 공부는 고등학교 때 가서 하라고 만들어 놓은 거야. 왜 초딩이 고등학교 진도까지 억지로 하면서 엄마랑 싸워야 하니?"

머리가 좋으니까 진도를 따라가긴 하는데, 아직 마음은 4학년이기 때문에 어려운 공부를 자기가 지금 왜 해야 하는지에 대한 동기부여가 되지 않고, 꾸역꾸역 해내긴 하지만 내용이 너무 어렵기 때문에 아이에게 큰 부담이 되었던 것이다. 너무 당연하지 않은가?

내가 영재창의지도사 자격증 과정을 공부하면서 가장 인상 깊었던 부분이, 아무리 지능지수가 또래보다 10년을 앞선다고 해도 마음지능은 자기 연령 그대로라는 것이었다. 애는 애로 봐야지, 아무리 대학 공부를 소화할 수 있는 천재라고 하더라도 마음까지 대학생은 되지 못한다는 것이다.

친구는 "조금(1년)만 더 해놓으면 앞으로 영어 공부 안 하고 편하게 갈 텐데…"란 말을 반복하면서 영어학원에 계속 다니게 하고 싶어

했다. "영어유치원도 다녔기 때문에 쟤 영어 잘해, 충분히 할 수 있다고…"라면서.

이 글을 읽는 독자들 모두 그 엄마의 간섭과 욕심이 과하다고 느끼겠지만, 그건 어디까지나 나라는 제3자가 분석한 것이라 그렇게 읽힐 수 있는 것이다. 사실 가정마다 엄마들이 자신만의 논리에 갇혀서 상황을 객관적으로 보지 못하는 경우가 많다. 처음에 그 친구가 나에게 상담을 신청했을 때만 해도 "우리 아이가 너무 문제다"라는 이야기로 시작했었다. 원인을 찾다 보니 아이에게는 전혀 문제가 없고, 부모가 문제였던 것으로 밝혀져 버렸지만.

나는 친구에게 영어학원을 끊는 것이 좋겠다고 했다. 이미 잘하고 있고, 영어의 베이스가 충분히 잘 다져진 아이이기 때문에 중학교, 고등학교에 가서도 충분히 남은 공부를 마저 해낼 수 있으니 제발 아이를 좀 믿으라고 했다.

솔루션 이후

친구는 내 말을 들은 것인지, 아들과 싸우는 것에 지친 것인지, 결국 영어학원을 끊었다. 그리고 어느 순간 공부에 대한 집착을 낮았다. 또 잔소리도 줄였다.

그래서 어떻게 되었을까?

한 달 정도 만에 효과가 나타났고, 세 달 정도 후에는 실로 놀라운 변화가 나타났다.

① 엄마와 아들 사이의 완전한 관계 회복

② 완벽한 자기주도 학습 모드로 돌변

③ 엄마가 힘든 것까지 알아주는 든든하고 듬직한 아들내미로 돌변

모든 아이들은 엄마를 좋아한다. 그건 부정할 수 없는 사실인데, 아무리 엄마가 좋더라도 엄마가 자기를 힘들게 하는 것까지 기꺼이 받아들일 아이는 없다. 이 아들은 엄마는 좋지만 엄마가 자기를 힘들게 하는 것에 지쳐 있었는데, 이제는 엄마가 자기를 힘들게 하지 않으니 다시 '엄마가 너무 좋은' 상태가 되었다.

학교에서 엄마가 자기를 힘들게 하는 것에 대해 적어보라는 시간이 있었다고 한다. 다른 아이들은 '숙제하라고 잔소리한다, 동생과 사이좋게 놀라고 강요한다' 등 엄마에 대한 불만을 다양하게 적어냈다고 한다. 그런데 친구 아들은 거기다 뭐라고 적었을까?

'없다.'

친구는 그 종이를 받아보고 눈물을 흘렸다고 한다. 자기가 그동안 애를 너무 괴롭혔던 것 같다고…, 무엇보다 자기 아들이 자기를 사랑하고, 둘의 관계가 서로 좋은 것이 진짜 중요한 문제라는 걸 그동안 왜 몰랐는지 모르겠다고 했다.

그리고 엄마가 공부와 숙제에 대한 잔소리를 끊으니 아이가 처음에는 이상해 하고 어색해 하다가, 결국 자기가 알아서 숙제를 하기 시작했다고 했다. 자기가 스스로 직접 챙기지 않으면 숙제를 놓칠 수 있다는 사실을 알고는 더더욱 알아서 척척 숙제도 하고 시험공부도 미

리 해놓는 모습까지 보여주었다고 한다. 심지어 자기가 어떤 부분이 부족한 것 같다며 보충수업을 시켜달라고 엄마에게 스스로 요구하기까지 했다고 한다.

영어의 경우 영어학원을 끊어서 처음에는 애가 너무 해맑아지고 행복해 하다가 갑자기 한 달 뒤에 "그래도 나 영어 좀 해야 하지 않아?" 하면서 스피킹맥스를 해보겠다고 스스로 결정해서 엄마에게 요구를 했단다. 당연히 스스로 원해서 한 것이기 때문에 더 노력하고 집중하며 열심히 하고 있다.

가장 감동적인 것은 아들이 엄마를 관찰하고 보살펴주기 시작했다는 것이다. 엄마와의 관계가 너무 좋아지니까, 자기가 먼저 엄마가 힘든 것이 없나 살펴보고 기특한 소리들을 펑펑 내뱉는다는 것이다.

"엄마가 새 청소도구를 사서 요즘 청소에 재미를 붙이신 것 같아요. 그래도 너무 힘드니까 좀 적당히 하세요."

"엄마가 동생 학원 데려다주느라고 너무 힘드신 것 같아요. 제가 학원을 끊으면 좀 나아지지 않을까요?"

잔소리 끊고 효자 만들기, 참 쉽다.

친구는 처음에는 아들과의 관계가 좋아져서 단순히 그것에만 만족하며 살다가, 속으로는 성적이 떨어질 수도 있다는 의심을 가지고 있었는데, 1년이 지난 요즘은 진짜로 아들을 믿기 시작했다. 진심으로 아들이 스스로 알아서 공부를 챙겨서 잘하고 결과도 좋을 것이라는 것을 믿게 되었다는 것이다. 아들을 진심으로 믿으니 아들은 또 엄마의 진심에 진심으로 부응을 하게 되었다.

요즘은 친구와 통화하면 "우리 애는 이제 아무 문제 없어…"라고 자신만만한 이야기를 한다.

이렇게 꾸준한 칭찬과 완전한 애착이 스스로 자립하는 아이를 만든다.

58

엄마가 시키는 건
무엇이든 거꾸로만 하던 J군

무녀독남을 키우는 내 지인은 아이의 두 돌 무렵부터 영재교육을 시킨다고 난리였다. 모 대학 교수에게 직접 개인과외를 시키는 등 전형적인 극성 엄마의 모습을 그대로 보여주었다.

영어유치원부터 온갖 유명하다는 영재수업과 과학수업들을 섭렵하며 강남식 팀플로 열심히 키워온 이 아이는, 그런데 초등학교에 입학하자 잠재되어 있던 문제를 터뜨리기 시작했다. 아이가 난독증 비슷한 증상을 보였을 뿐만 아니라, 엄마가 시키는 것은 무엇이든 거꾸로 하는 증상을 나타냈던 것이다.

가령 한국어 지문을 읽으라고 시키면 어절을 파괴하여 이상한 방식으로 읽고, 과도하게 더듬는 증상을 보였다. 착석이 제대로 되지 않았으며, 숙제 시간은 하루 중 가장 애먹는 고된 시간이 되었고, 아주 사소한 것조차도 엄마가 지시하면 무조건 거부하는 모습을 보였다.

세수하라면 이 닦겠다고 하고, 이 닦으라면 밥 먹겠다고 하고, 밥 먹으라면 이 닦겠다고 하는 무한 돌림노래였다. 숙제하라고 하면 너무 피곤해서 자겠다고 하고, 그럼 자라고 하면 놀겠다고 했다. 초등학교 1학년 때의 일시적인 모습이 아니었다. 초등학교 3학년이 될 때까지 지속된 현상들이었다.

엄마는 강남 출신의 반듯한 모범생 타입으로, 자신과 전혀 다른 아들을 이해하지 못한 채 규칙적이고 체계적인 일과를 아이에게 강요해오고 있었다. 아이가 학교에 적응하지 못하는 모습을 보이자 그 엄마는 여러 번 전학까지 시켜가며 극진하게 애를 써보았다. 하지만 아이는 환경이 달라질 때마다 반짝 좋아지는 듯한 모습을 보이다가 다시 본래 모습으로 돌아가곤 했다.

내가 제시한 솔루션은 역시나 '관계'의 회복이었다. 엄마는 화도 내보고 타일러도 보고, 자식이 보는 앞에서 자기 자신에게 회초리도 들어보는 등 모든 방법을 다 동원해보았다고 했다. 그렇게 해서 엄마가 아이에게 원했던 것은 단 하나, 겨우 숙제 좀 하자는 것이었다. 엄마는 다른 문제들은 다 참아낼 수 있어도 자신이 한 달에 수백만 원을 들여서 시키고 있는 학습 부분을 그대로 허공에 날리는 것이 너무나도 아까웠던 것 같다.

내가 제시한 나는 일단 아이가 지금 너무 힘들어하고 있는 엄마와의 관계를 회복하는 것이 가장 중요하다고 말해주었다. 아이는 엄마와 함께 있는 것을 힘들어하고 있으며, 비정상적인 방법을 동원해서라도 자기가 힘들다는 사실을 알리고 싶어 한다는 사실을 일러주었다.

엄마는 충격을 받았다. 아이가 힘들 게 뭐가 있느냐는 것이었다. 모든 스케줄은 엄마가 직접 관리해주며, 아이는 자기가 떠먹여 주는 것을 받아먹기만 하면 되는 것이고, 스스로 공부를 하라고 시킨 적도 없이 단순히 숙제나 조금 하자는 것인데, 왜 그것도 못 해내느냐는 것이었다.

하지만 그놈의 숙제가 애를 잡을 정도로 어렵거나 아이가 느끼기에 양이 너무 많았다면, 당연히 부모로서 조절을 해주어야 한다는 것을 몰랐다. 아이가 온몸으로 힘들다는 것을 표현하고 있는데, 엄마만 그것을 모르는 상황이었다.

나는 그 지인에게 아이의 자율성을 회복시켜주는 일이 관계를 되돌려 놓는 가장 최우선적인 방법이라고 얘기해주었다. 무엇이든 아이 스스로 결정해보고 행동해볼 기회를 주는 것, 그리고 엄마는 그런 아이의 결정을 지지해주고 인정해주는 연습을 해보라고 조언했다. 아이에게는 그런 경험이 전무하다시피 했다.

지인은 겉으로는 내 말을 잘 알아듣는 듯 보였으나 쉽사리 자신의 관성을 놓을 것 같이 보이지는 않았다. 강남식 육아 스타일의 신화는 그렇게 쉽게 깨질 수 있는 게 아니었던 것 같다. 하지만 그렇다고 자신의 육아 방식을 그대로 고집한다고 해서 아이가 말을 들어주는 것도 아니었다. 지인은 거의 반강제 울며 겨자 먹기로 아이에 대한 공부 강요를 포기할 수밖에 없었다.

솔루션 몇 달 후 아이의 거꾸로 병은 말끔히 나았으며, 아이의 난독증 역시 많이 개선되었다는 답이 돌아왔다. 내 말을 듣긴 들었지만 마음 깊이 깨달아서 따라한 것은 아니었는데, 일단 자기가 아이의 공부 강요를 놓고, 아이가 원하는 대로 살게 해주니 아이가 너무 행복해 해서 좋았고, 아이가 말을 잘 듣고 착해져서 좋다고 했다. 그리고 아이의 공부 부분은 엄마 본인이 아닌 선생님이라든가 주변인을 통해서 간접적으로 해결하고 있다고 했다. 역시 무엇보다 '관계 회복'이 가장 우선이었던 것이다.

워낙 어려서부터 영재교육을 받아왔던 아이라 역시 자질도 좋았다. 아이의 공부는 그렇게 걱정할만한 수준까지 내려가진 않았다.

제발 숙제 한 장만 하자고 울며 매달리던 과거에서 벗어날 수 있어 가장 좋은 사람은 엄마 본인이었다. 그깟 숙제 한 장보다 아이의 행복과 본인의 행복이 더 중요하다는 것을 깨달은 엄마는 아이에 대한 관심을 덜만한 다른 대상을 찾아보게 되었다.

지나친 관심은 간섭이 되어 아이를 옥죄고 만다. 엄마도 엄마의 인생을 살아야 하는 케이스가 바로 이 경우였다.

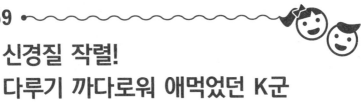

59

신경질 작렬!
다루기 까다로워 애먹었던 K군

어느 지인의 아이는 심심하면 남을 때리는 버릇이 있는 아이였다. 이렇게 겉으로 드러나는 문제를 보이는 아이는 은연중에 동네 엄마들 사이에서 기피 대상이 되곤 한다. 이렇게 남들한테는 단순히 폭력적인 아이로 보였지만, 이 아이에게는 다른 문제도 있었다. 집에서도 역시 다루기가 너무나 힘든 신경질쟁이 예민한 아이였던 것이다.

헌데 이 집에서는 절대 아이에게 해서는 안 되는 행동 한 가지를 해오고 있었다. 아이 훈육의 방법으로 엄한 체벌을 해오고 있었던 것이다. 그것도 회초리와 같은 도구를 사용하는 것이 아니라, 손찌검의 방법이기에 더 나빴다.

부모 입장에서는 아이를 도저히 다루기가 어려워서 체벌을 시작했던 것인데, 나중에는 심한 체벌을 가하지 않으면 도무지 아이를 제어할 수가 없게 되었다. 하지만 더 문제였던 것은 체벌을 해도 그때뿐이고, 아이는 여전히 다루기 힘들고, 어렵고, 남을 때리는 아이 그대로였다는 점이다.

부모에게 맞는 아이의 기본 정서는 어떨까? 누가 생각해도 단번에 '불안'이라는 답안을 쉽게 찾아낼 수 있을 것이다. 자신이 언제 맞을지 모른다는 공포를 안고 사는 사람의 정서가 평온하고 안정되어 있을 리가 없다. 그리고 그러한 불안의 정서는 공격성이나 예민한 기질로 표출될 수밖에 없다.

부모는 나름대로 여러 번 참아주고 타이르다가 도저히 안 되면 한 번씩 매를 든다고 했다. 그것도 아빠가 방문을 걸어 잠그고 폐쇄된 공간에서 체벌을 진행했다고 했다. 아이의 공포심이 느껴지는가?

나는 우선 아이에게 엄청나게 무시무시했을 체벌의 공포를 소거해주는 것이 가장 시급하다고 조언했다. 그리고 어느 날부터 체벌을 안 하겠다고 마음속으로 혼자 티 안 나게 정할 것이 아니라, 부모가 아이에게 말로 확실하게 약속을 하고 인지시키는 과정을, 아이가 납득할 때까지, 여러 번 가져야 한다는 것을 강조했다.

체벌의 공포를 소거해준 후에는 아이에게 안정감을 주는 작업이 필요했다. 아이가 사랑받고 있다는 느낌, 대접받고 있다는 느낌을 충분히 느낄 수 있도록 아이에게 하루 열 번 이상 사랑을 표현하고 안아주고 뽀뽀를 해주라고 조언했다.

다른 사람을 때리는 아이는 보통 공감 능력이 없어서인 경우가 대부분인데, 공감 능력이 길러져야만 타인이 자신으로 인해 받는 고통을 이해할 수 있으며, 그제야 타인에 대한 공격성을 제어할 수 있게 된다.

그래서 자신이 사랑받고 있음을 인지하고 충분히 느끼게 된 아이에게 마지막으로 해주어야 할 작업이 바로 공감 능력 키워주기였다. 아이의 감정을 읽어주고, 반영해주는 것이 이 부모들에게 주어진 마지막 과제였다.

"지금 너무 화가 났구나. 인형을 때리고 장난감을 부숴버리고 싶을 정도로 화가 났구나. 네 감정을 엄마가 잘 알았어. 이 인형과 장난감도 네 기분을 잘 알았을 거야. 그런데 이 인형과 장난감은 아프고 슬프대. ○○와 계속 사이좋게 지내고 싶었는데, 이제 그럴 수가 없게 되었대. 같이 호~ 해주고 토닥토닥 해주자. 그리고 앞으로는 사이좋게 지내자."

이런 프로세스로 아이의 감정을 일단 다 받아주고 공감해주는 작업이 필요했다. 그런 후에 상대방의 감정도 함께 알려주고, 상대방이 아이를 어떻게 생각하는지에 대해서도 알 수 있는 대화를 많이 해주라고 조언했다.

처음 솔루션을 시작했을 때 아이의 나이가 4세였는데 6세인 지금은 어린이집에서 가장 모범적인 아이로 칭송을 받는다. 장난감을 혼자 가지고 놀면서도 싸우고 부수는 놀이를 많이 했던 과거에서 아픈 사람 고쳐주기 놀이, 소꿉놀이 등의 평온하고 온건한 놀이를 하는 현재로 변화하였다.

아이는 자신의 과거를 금방 잊는다. 자기가 어릴 때 무슨 행동을 했는지 기억조차 하지 못하는 새롭게 변한 아이를 보면서, 문제행동이 나타나는 아이들에 대한 조기 개입이 얼마나 중요한지를 다시 한 번 깨닫게 된 케이스였다.

60

엄마 껌딱지로
돌변한 S양

주양육자가 할머니와 엄마 두 명이었던
S양은 할머니와 상대적으로 더 강한 애착 관계를 쌓고 있었다. 그래
서 엄마가 아이를 돌보게 되면 강한 거부반응을 보이며 다루기 힘든
아이의 모습을 보여주었다. 엄마는 그런 아이를 훈육한다며 더욱 엄
하게 아이의 잘못된 행동을 꾸짖고 억압하게 되었다.

허용적인 할머니와 낮시간을 실컷 보내다가, 안 되는 것이 많은 엄
마와의 밤시간을 버티는 일이 아이 입장에서는 고역이었다. 아이는
신경질이 많았고, 소리를 지르며 우는 등 반항아적인 면모를 보이게
되었다.

이 아이에게 가장 필요했던 것은 일관성 있는 양육환경과 엄마와
의 애착 회복이었다. 다소 힘든 솔루션이었지만 할머니도 함께 변해
주지 않으면 아이의 막가파식 떼를 막을 방법이 없어 보였다.

세 사람 중 가장 아쉬웠던 것은 엄마였으므로, 엄마 위주의 솔루션이 진행되었다. 엄마가 아이 행동에 대한 허용수준을 높여주고, 아이의 감정과 교감할 수 있는 스킬을 몇 개 가지는 것으로 1차 솔루션이 진행되었다. 당시 아이의 나이는 3세에 불과하여 실수가 많았고, 자기 뜻대로 해보고자 하는 자율성에 대한 추구가 높은 시기였다. 때문에 엄마는 아이의 버릇을 잡는다며 안 된다는 제약을 많이 해오고 있었는데, 우선적으로 위험하거나 용납될 수 없는 최소한의 몇몇 가지를 제외하고는 엄마가 아이의 행동을 받아주기 시작했다.

그리고 아이에게 칭찬을 많이 해줄 것을 당부했는데, 아이가 어떤 행동을 잘하거나 높은 성취를 보였을 때에만 칭찬을 하는 것이 아니라, 아이의 존재 자체와 아이와 함께 있는 시간에 대한 칭찬을 많이 하는 쪽으로 방향을 잡았다.

"엄마는 우리 ○○랑 함께 있는 시간이 너무 즐거워."

"엄마는 우리 ○○가 태어나서 너무 행복하단다."

"엄마는 우리 ○○ 얼굴을 바라보고 있으면 기분이 너무 좋아."

"엄마는 우리 ○○와 손을 잡는 느낌이 너무 좋아. 보들보들하고 따뜻해서 기분이 좋아지거든."

이런 식으로 아이의 존재 자체가 엄마에게 주는 기쁨과 감동에 대해 될 수 있는 한 자주 말해주고 스킨십을 해줄 것을 주문했다.

솔루션 시작 후 며칠 만에 아이는 엄마 주위를 맴돌며 엄마의 표정을 살피기 시작했다. 과연 엄마가 자기와 함께 있어서 행복한지, 기분이 좋은지 자기 눈으로 보고 느끼고 싶어 했다. 그럴 때마다 엄마는 아이를 내치지 않고, 한 번이라도 더 안아주며 '할머니보다 엄마가 더 사랑한다'는 말을 해주었다. 그 후로 아이는 수시로 '엄마는 ○○가 있으면 행복해'라며 엄마가 했던 말을 되뇌는 횟수가 늘어갔다.

할머니 역시 엄마가 정해놓은 몇 가지 룰을 잘 지켜주셨다. 아이가 단 것을 지나치게 먹지 않도록 제한하는 일이 가장 힘든 부분이었는데, 아이가 떼를 쓰더라도 할머니가 단 것을 주지 않게 되면서 아이도 자율과 허용의 사이에서 서서히 규칙을 배워갔다.

엄마는 한 달 후 아이가 엄마 껌딱지가 되었다며, 도무지 혼자 놀지 않는다고, 집안일을 할 시간이 없다며 어떻게 하면 아이를 떼어낼 수 있느냐는 상담요청을 다시 해왔다. 행복한 비명이었다.

나는 집안일은 빨래와 음식 등 생존에 필요한 최소한의 것들에만 집중하고 나머지 것들에 대해서는 조금 더 느슨해질 것을 요구했다. 하루 중 단 3시간만 엄마와 함께 보낼 수 있는 아이에게 집안일보다 중요한 것은 엄마와의 행복한 시간이었다. 그중에서 요리시간과 설거지, 먹는 시간과 씻는 시간을 빼면 실질적으로 아이와 함께할 수 있는 시간은 1시간도 채 되지 않았다. 이 소중한 1시간을 청소 등에 다시 빼앗기는 것은 너무나도 억울하다. 아이 엄마는 아이를 재운 후 최소한의 청소와 정리정돈으로 집안일을 이어나가며 아이와의 관계에 집중하기로 약속했다.

생후 1년차 vs. 7년차, 준이에 대한 엇갈린 평가

~~~~~~~~~~~~~~~~

"넌 절대 둘째 낳으면 안 되겠다. 또 준이 같은 애 나오면 힘들어서 어떡해?"

준이가 돌도 되기 전, 조리원 동기 친구가 나에게 해준 말이다. 그 친구는 아이를 셋이나 낳아 키우는 프로 엄마였기에, 십수 년간 아이들을 수없이 봐온 경험자였다.

기질적으로 예민한 아이는 아니었지만 준이는 신경질이 많고, 5분에 한 번씩 악을 쓰며 울어대는 아기였다. 그러니 그 모습을 본 친구가 내게 저런 말을 한 것이다.

"준이가 원래 수월한 애라는 생각은 안 해봤어? 아무리 주위를 둘러봐도 준이만큼 순한 애는 진짜 드물어."

육아 7년차, 이제 '애 키우는 게 힘들 게 뭐가 있냐'는 나의 용감하고 무식한(?) 발언에 대해 나를 3년간 지켜봐 왔던 베프가 해준 말이다. 그 친구는 내가 화안키를 시작한 지 몇 달 후부터 나를 봐왔기 때문에, 준이의 순한 모습만 볼 수 있었던 것이다. 타인이 볼 때 지금의 준이는 떼쓰지 않고, 엄마 말 잘 듣고, 과격한 행동도 잘 하지 않는 온순한 아이 그 자체다.

준이는 태어나서부터 만 2년간 극강의 육아 고통을 안겨준 신경질쟁이 야생마였고, 그 후 1년간은 나에게 길들여져 가는 과도기였으며, 그 후 만 3년간은 세상 순한 아이였다. 준이의 생체학적 로드맵이 원래부터 그랬을 수도 있고, 나의 첫 양육방식이 나빴다가 혹은 나중에는 좋아져서 바뀐 것일 수도 있을 것이다.

타인이 보는 '떼쓰지 않고, 엄마 말 잘 듣고, 과격한 행동도 잘 하지 않는' 준이. 내가 느끼는 '하루 종일 웃고, 엄마 비위를 잘 맞추고, 장난과 유머를 좋아하는' 준이. 과연 어떻게 가능해진 것일까.

과격한 행동을 잘 하지 않는 것은 타고난 천성이 확실하다. 운동신경이 둔한 탓에 겁이 많고, 활동성이 적은 것은 어려서부터 그랬다. 떼쓰지 않는 것과 엄마 말을 잘 듣는 것은 화안키의 결과물이고, 하루 종일 웃는 것은 내가 준이에게 늘 웃고 있기 때문이며, 엄마 비위를 잘 맞추는 것은 나와의 관계가 좋아서이고, 장난과 유머를 좋아하는 것은 엄마인 나의 영향이다. 내가 원래 장난과 유머를 좋아해서 아이에게 장난을 자주 치다 보니 아이도 그걸 닮은 것이고, 하루 종일 아이에게 웃어주는 것은 부모로서 나의 의식적인 행동이다. (사실 쉽진 않다.)

떼쓰지 않는 것은 아이가 계산할 줄 알게 되었기 때문인데, 대부분의 요구를 거의 수용해주고, 소수의 상황에 대해서만 단호하게 거절하니 몇 번 정도의 거절은 아이가 참을만하게 된 것이다. 자기가 계산해봤을 때도 엄마가 자기 해달라는 것을 거의 다 해주기 때문에, 몇 번 정도는 자기가 참아도 된다는 계산이 선 것이다. 아이 나름의 양심의 결과물이다.

엄마 말을 잘 듣는 것 역시 평소에 내가 이래라저래라 거의 하지 않고, 자기 하고 싶은 대로 살다가 열 번 중에 한 번 정도 아이에게 지시를 하기 때문에 양심상 말을 잘 들어주는 것 같다.

엄마 비위를 잘 맞추는 것은 나와의 관계 덕분이다. 통상의 엄마와 아이 관계를 떠올리면 '일방적, 무조건적'이라는 형태가 떠오르기 쉬운데, 나와 준이의 관계는 그렇지 않다. 내가 준이에게 주는 것이 많은 만큼, 준이도 나에게 주는 것이 정말 많다. 내 기분을 좋게 유지시키기 위해 아이가 항상 관심을 기울이고 노력한다. 쪼그만 게 나의 집안일을 돕겠다며 뭐든지 자기에게 시켜달라고 한다. 사소한 것이지만 돕고 나면 꼭 "내가 도와줘서 엄마가 힘 하나도 안 들어요?" 하고 확인 질문을 한다. 화안키를 통한 공감 능력의 발달 덕분이다.

관계라는 것은 상호작용과 주고받음이 전제되어 있다. 친구 사이에서도 내가 한 번 사면 다음에는 친구가 한 번 사듯이 언제나 주고받음, 기브엔테이크가 이루어진다. 부모와 자식 사이에도 이 공식이 통한다는 것을 나는 강하게 느끼고 있다.

화안키를 시작하고 아이가 서서히 변해가면서 순둥순둥해지자, 나는 화안키가 아이를 순하게 변화시키는 것이라고 한동안 굳게 믿었다. 하지만 지금 느끼는 것은 조금 다르다. 화안키는 아이의 기질이나 성격을 변화시킨 것이 아니라 나와의 '관계'를 변화시킨 것이다.

자식은 돈이 없다. 할 줄 아는 것들의 가짓수도 어른에 비해 현저하게 떨어진다. 다만 아이는 자신이 할 수 있는 범위 내에서 최선을 다하려고 노력한다.

내가 쏟은 정성과 노력의 절반이라도 아이로부터 돌려받고 싶다면 우선 '아이와의 관계'부터 고민해보자. 아이는 부모와 좋은 관계를 유지하고 싶어서 스스로 많은 노력을 한다. 그것이 엄마 말을 잘 듣는 형태로 나타날 수도 있고, 공부를 열심히 하는 모습을 보여주는 형태로 나타날 수도 있으며, 엄마에게 말을 걸고 재미있는 이야기를 해주는 형태로 나타날 수도 있다.

흔히 딸을 낳으면 다 키워서 팔짱 끼고 쇼핑도 다니고 친구처럼 맛있는 것도 먹으러 다닐 수 있어서 좋다고 한다. 하지만 엄마와 딸의 관계가 서먹하다면 아무리 인성이 바르고 착한 딸이라도 엄마와 같이 다니는 것을 불편해 한다. 반면 무뚝뚝한 아들이라 할지라도 관계가 좋다면 사근사근하고 엄마 편을 잘 들어주는 아들로 자랄 수 있다. 그렇다면 자식과의 관계는 어떻게 만들어 가야 할까?

가장 쉬운 답은 '아이가 나를 좋아하게 만들어야 한다'는 것이다. 아이가 어릴 때는 부모가 필요하니까 매달리고 옆에 붙어 있다. 그렇기 때문에 많은 부모들이 '내 아이는 나를 좋아할 것'이라고 막연하게 생각한다. 하지만 아이가 좀 커서 부모의 필요가 줄어들게 되면 자기가 좋아하는 친구를 찾아 부모 곁을 떠나버린다.

대다수의 청소년기 아이들이 부모보다는 친구를 더 좋아하지만, 그래도 여전히 부모 곁을 맴돌며 엄마와 함께 많은 시간을 보내는 아이들이 가끔 있다. 그 아이들은 착해서 그런 것이 아니라 부모와의 '관계'가 좋아서 그런 것이다.

"내가 지 엄만데 제까짓 게 별수 있어?"
"가끔 크게 화를 내서 아이 기를 꺾어놔야 키우기 수월하다."
"지가 나 없이 살 수나 있어? 아쉬우면 내 말 들어야지."
"이 정도면 됐지, 애한테 뭘 더 어떻게 잘해줘?"
"내 말을 잘 듣는 게 결국 아이한테 다 도움되는 거지."
이런 생각들이 나한테도 가끔 올라오는 게 사실이다. 하지만 될수 있으면 이런 생각을 떠올리지 않으려고 노력한다. 내가 일방적으로 지시만 하는 엄마는 아닌지, 아이 뒤를 따라다니며 잔소리를 해대는 엄마는 아닌지, 내가 위고 아이는 아래라고 생각하는 엄마는 아닌지…, 여러 가지 경계해야 할 사고방식들이 있다. 오늘도 나는 그런 반성으로 하루를 마감하게 될 것이다. 그리고 만나게 되는 아이의 잠든 얼굴. 거기서 나는 어제보다 한 뼘 더 자라고, 어제보다 한결 더 착해지고, 어제보다 조금 더 똑똑해진, 그래서 어제보다 더 밝고 행복해진 나 자신을 보게 될 것이다.

화 안 내고 아이 키우기

초판 1쇄 인쇄 2018년 9월 12일
초판 1쇄 발행 2018년 9월 18일

지 은 이   소재은

펴 낸 이   김환기
펴 낸 곳   도서출판 이른아침
주   소   경기도 파주시 회동길 445-1
전   화   02-3143-7995
팩   스   02-3143-7996
등   록   2003년 9월 30일 제 313-2003-00324호
이 메 일   booksorie@naver.com

ISBN 978-89-6745-079-3   03590